特种作业人员安全技术考核培训教材

附着式升降脚手架架子工

主编　王东升　李晓东

中国建筑工业出版社

图书在版编目(CIP)数据

附着式升降脚手架架子工 / 王东升，李晓东主编. —北京：中国建筑工业出版社，2020.2
特种作业人员安全技术考核培训教材
ISBN 978-7-112-24588-8

Ⅰ.①附… Ⅱ.①王… ②李… Ⅲ.①附着式脚手架-工程施工-安全培训-教材 Ⅳ.①TU731.2

中国版本图书馆 CIP 数据核字(2020)第 011024 号

责任编辑：李 杰
责任校对：姜小莲

特种作业人员安全技术考核培训教材
附着式升降脚手架架子工
主编 王东升 李晓东
*
中国建筑工业出版社出版、发行（北京海淀三里河路 9 号）
各地新华书店、建筑书店经销
北京红光制版公司制版
天津翔远印刷有限公司印刷
*
开本：787×1092 毫米 1/16 印张：13¾ 字数：282 千字
2020 年 5 月第一版 2020 年 5 月第一次印刷
定价：**63.00** 元

ISBN 978-7-112-24588-8
(35323)

特种作业人员安全技术考核培训教材编审委员会

审定委员会

编写委员会

本书编委会

主　　编　王东升　李晓东

副 主 编　庄文光　董　良　原子超

参编人员　李　军　马　健　张振涛　宋　超　江　南　郭　倩

出版说明

随着我国经济快速发展、科学技术不断进步，建设工程的市场需求发生了巨大变换，对安全生产提出了更多、更新、更高的挑战。近年来，为保证建设工程的安全生产，国家不断加大法规建设力度，新颁布和修订了一系列建筑施工特种作业相关法律法规和技术标准。为使建筑施工特种作业人员安全技术考核工作与现行法律法规和技术标准进行有机地接轨，依据《中华人民共和国安全生产法》《建设工程安全生产管理条例》《安全生产许可证条例》《建筑起重机械安全监督管理规定》《建筑施工特种作业人员管理规定》《危险性较大的分部分项工程安全管理规定》及其他相关法规的要求，我们组织编写了这套“特种作业人员安全技术考核培训教材”。

本套教材由《特种作业安全生产基本知识》《建筑电工》《普通脚手架架子工》《附着式升降脚手架架子工》《建筑起重司索信号工》《塔式起重机工》《施工升降机工》《物料提升机工》《高处作业吊篮安装拆卸工》《建筑焊接与切割工》共10册组成，其中《特种作业安全生产基本知识》为通用教材，其他分别适用于建筑电工、建筑架子工、起重司索信号工、起重机械司机、起重机械安装拆卸工、高处作业吊篮安装拆卸工和建筑焊接切割工等特种作业工种的培训。在编纂过程中，我们依据《建筑施工特种作业人员培训教材编写大纲》，参考《工程质量安全手册（试行）》，坚持以人为本与可持续发展的原则，突出系统性、针对性、实践性和前瞻性，体现建筑施工特种作业的新常态、新法规、新技术、新工艺等内容。每册书附有测试题库可供作业人员通过自我测评不断提升理论知识水平，比较系统、便捷地掌握安全生产知识和技术。本套教材既可作为建筑施工特种作业人员安全技术考核培训用书，也可作为建设单位、施工单位和建设类大中专院校的教学及参考用书。

本套教材的编写得到了住房和城乡建设部、山东省住房和城乡建设厅、清华大学、中国海洋大学、山东建筑大学、山东理工大学、青岛理工大学、山东城市建设职业学院、青岛华海理工专修学院、烟台城乡建设学校、山东省建筑科学研究院、山东省建设发展研究院、山东省建筑标准服务中心、潍坊市市政工程和建筑业发展服务中心、德州市建设工程质量安全保障中心、山东省建设机械协会、山东省建筑安全与设备管理协会、潍坊市建设工程质量安全协会、青岛市工程建设监理有限责任公司、潍坊昌大建设集团有限公司、威海建设集团股份有限公司、山东中英国际建筑工程技术有限公司、山东中英国际工程图书有限公司、清大鲁班（北京）国际信息技术有限公司、中国建筑工业出版社等单位的大力支持，在此表示衷心的感谢。本套教材虽经反复推敲核证，仍难免有不妥甚至疏漏之处，恳请广大读者提出宝贵意见。

编审委员会

2020 年 04 月

前　　言

本书适用于建筑架子工（附着升降脚手架）的安全技术考核培训。

本书的编写主要依据《建筑施工特种作业人员培训教材编写大纲》，参考了住房和城乡建设部印发的《工程质量安全手册（试行）》。

本书主要内容包括附着式升降脚手架的概述、基本结构、施工工艺、维护保养与安全防范、常见故障和现场安装等内容，对于强化附着升降脚手架架子工的安全生产意识、增强安全生产责任、提高施工现场安全技术水平具体指导作用，另教材附有测试题库可供作业人员通过自我测评不断提升理论知识水平。

本书的编写广泛征求了建设行业主管部门、高等院校和企业等有关专家的意见，并经过多次研讨和修改完成。中国海洋大学、青岛理工大学、青岛华海理工专修学院、青岛市工程建设监理有限责任公司、山东中英国际工程图书有限公司等单位对本书的编写工作给予了大力支持；同时本书在编写过程中参考了大量的教材、专著和相关资料，在此谨向有关作者致以衷心感谢！

限于我们水平和经验，书中难免存在疏漏和错误，诚挚希望读者提出宝贵意见，以便完善。

编　者

2020 年 04 月

目　　录

1　脚手架专业基础知识

2　脚手架技术基础

3　附着式升降脚手架概述

4 附着式升降脚手架的基本结构

5 附着式升降脚手架的施工工艺

附　录

1 脚手架专业基础知识

脚手架是建筑施工中不可缺少的空中作业工具，也是集力学、电工、机械、液压、钢结构和起重吊装等于一体的施工工具。因此，脚手架特种作业人员，即架子工必须学习和掌握与脚手架施工相关的专业知识。

脚手架专业基础知识包括建筑力学、建筑识图、房屋建筑的构造、建筑结构以及相关专业的基础知识等。本章主要介绍建筑识图、房屋建筑构造、建筑结构、液压基础知识、钢结构基础知识和起重吊装基础知识。

1.1 建筑识图

建造任何建筑，都要先有一套设计好的施工图纸以及有关的标准图集和文字说明，这些图纸和文字说明把拟建建筑物的构造、规模、尺寸、标高及选用的材料、设备、构配件等表述得清清楚楚。然后，由建筑工人将图纸上的设计内容通过精心组织，正确操作，建造成实际的建筑物，这个过程就是建筑施工。图纸沟通了设计与施工的各个环节，是建筑工程技术界的语言，会施工首先必须会识图，识图也称为看图或读图。

1.1.1 识图基本知识

建筑工程的图纸，大多是采用投影原理绘制的。用几个图综合起来表示一个建筑物，能够准确地反映建筑物的真实形状、内部构造和具体尺寸。所以，要读懂建筑工程图，就要学习投影原理，具备必要的投影知识，这是识图的基础。

1. 投影原理与正投影

日常生活中，光线照射到物体上，在墙面上或地面上就会产生影子，当光线的形式和方位改变时，影子的形状、位置和大小也随之改变。如图 1-1（a）所示，灯的位置在桌面正中上方，当灯光离桌面较近时，地面上产生的影子比桌面还大。灯与桌面距离越远，影子就越接近桌面的实际大小。如把灯移到无限远，如图 1-1（b）所示，当光线从无限远处相互平行并与桌面、地面垂直时，这时在地面上出现的影子的大小就和桌面一样。

由于物体不透光，所以影子只能反映物体某个方向的外轮廓，并不能反映物体的内部情况。假设从光源发出的光线，能够透过物体，将其各顶点和各棱线都在一个平面上投出影来，组成能够反映出物体形状的图形。这样影子不但能反映物体的外轮廓，

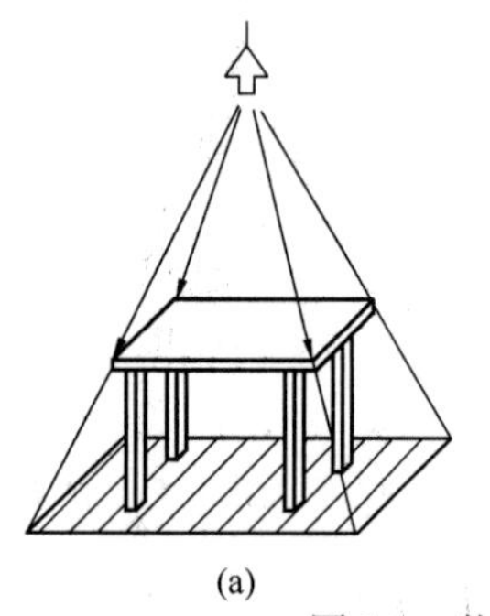

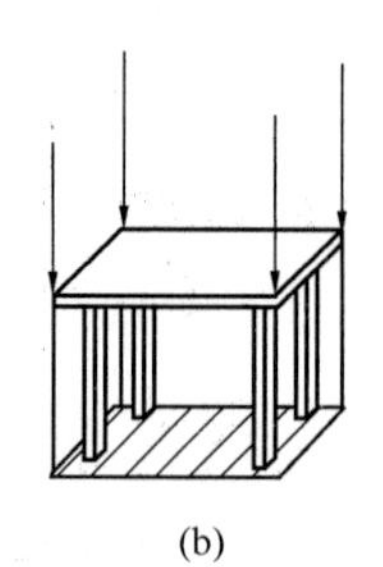

(a) (b)

图 1-1 物体的投影

(a) 点光源照射物体的投影；(b) 平行光垂直照射物体的投影

同时也能反映物体上部和内部的情况。这样形成的物体的影子就称为投影。我们把光源称为投影中心，光线称为投射线，把地面等出现影子的平面称为投影面，把所产生的影子称为投影图，做出物体的投影的方法，称为投影法。

投影法分为中心投影和平行投影两类。由一点放射光源所产生的空间物体的投影称为中心投影，如图 1-1（a）所示；利用相互平行的投射线所产生的空间物体的投影称为平行投影，如图 1-1（b）所示。

平行投影又分为斜投影和正投影。投影线倾斜于投影面时，所形成的平行投影，称为斜投影，适用于绘制斜轴测图。投影线垂直于投影面，物体在投影面上所得到的投影称为正投影。正投影也就是人们口头说的“正面对着物体去看”的投影方法。建筑工程图基本上都是用正投影的方法绘制的。

（1）点的正投影基本规律

无论从哪一个方向对一个点进行投影，所得到的投影仍然是一个点。

（2）直线的正投影基本规律

直线平行于投影面时，其投影仍为直线，且与实长相等，如图 1-2（a）所示。

直线垂直于投影面时，其投影积聚为一个点，如图 1-2（b）所示。

直线倾斜于投影面时，其投影仍为直线，但长度缩短，如图 1-2（c）所示。

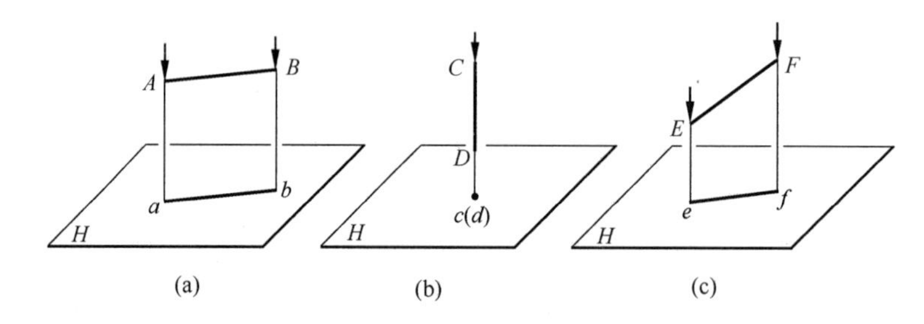

(a) (b) (c)

图 1-2 直线的投影特性

(a) 平行线；(b) 垂直线；(c) 倾斜线

（3）平面的正投影基本规律

平面平行于投影面时，其投影反映平面的真实形状和大小，如图 1-3（a）所示。

平面垂直于投影面时，其投影积聚成一条直线，如图 1-3（b）所示。

平面倾斜于投影面时，其投影是缩小了的平面，如图 1-3（c）所示。

2. 视图

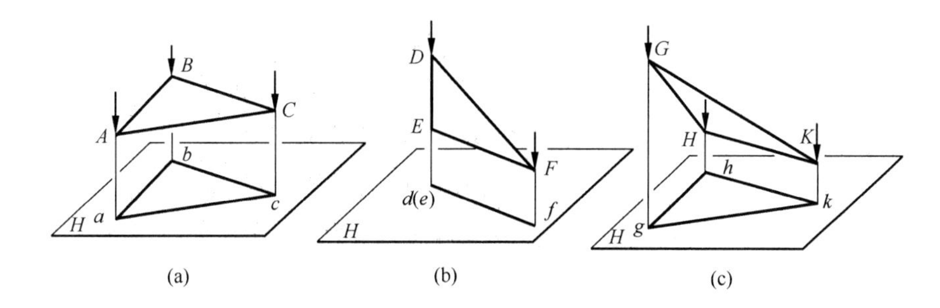

图 1-3　平面的投影特性

(a) 平行面；(b) 垂直面；(c) 倾斜面

物体在投影面上的正投影图叫视图。一个物体都有前、后、左、右、上、下六个面，以投影的方向不同，视图可分为以下几种。

(1) 俯视图：从顶上往下看得到的投影图，如建筑施工图中楼层平面图。

(2) 仰视图：从底下往上看得到的投影图，如建筑施工图中的顶棚平面图。

(3) 侧视图：从物体的左、右、前、后投影得到的视图，分别称为左视图、右视图、前视图、后视图，如建筑施工图中的东、南、西、北立面图。

大多数物体均须至少三个视图才能正确表现出物体的真实形状和大小。

如图 1-4 所示，物体的三个投影面，平行于物体底面的水平投影面，简称平面，记为 H 面；平行于物体正面的正立投影面，简称立面，记为 V 面；平行于物体侧面的侧立投影面，简称侧面，记为 W 面。三个投影面相互垂直又都相交，交线称为投影轴。H 面与 V 面相交的投影轴用 OX 表示，简称 X 轴；W 面与 H 相交的投影轴用 OY 表示，简称 Y 轴；W 面与 V 面相交的投影轴用 OZ 表示，简称 Z 轴。三投影轴的交点 O，称为原点。

如图 1-5 所示，取一个三角形斜垫块，放在三个投影面中进行投影，按照前面所讲的规律，即可得到三个不同的视图。

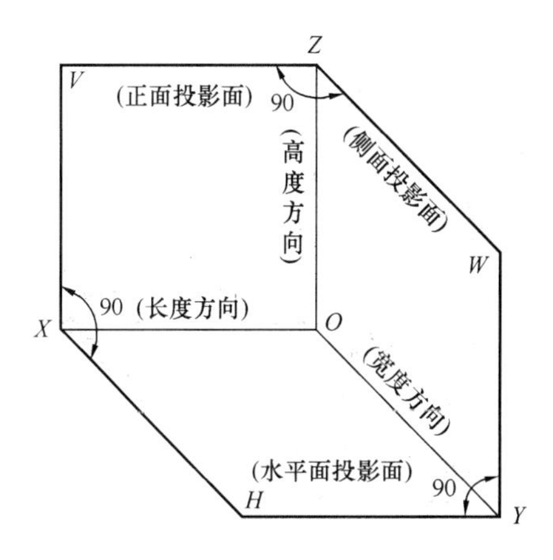

图 1-4　三个投影面的组成

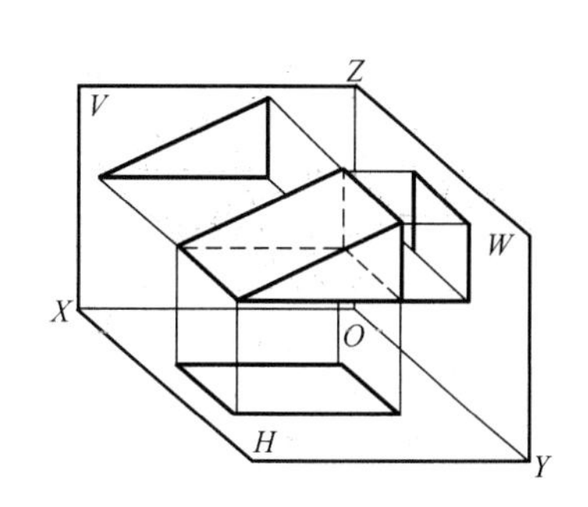

图 1-5　三角形斜垫块三视图

立面V上的投影是一个直角三角形，它反映了斜垫块前后立面的实际形状，即长和高。

平面H上的投影是一个矩形，由于垫块的顶面倾斜于水平面，所以水平面上的矩形反映的是缩小了的顶面的实形，即长和宽，同时也是底面的实形。

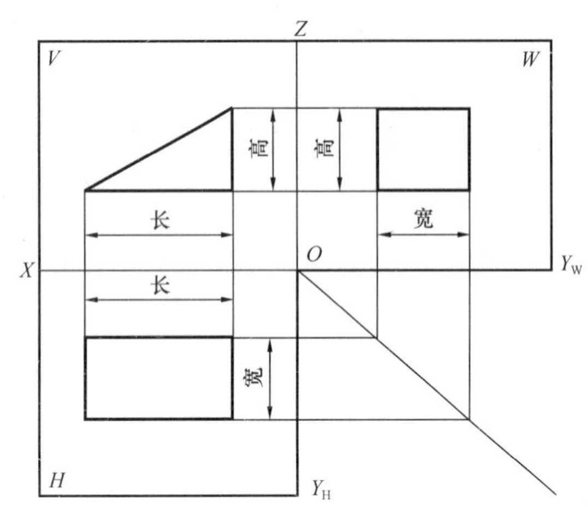

图 1-6　三角形斜垫块三面投影图

侧立面W上的投影也是一个矩形，它同时反映了斜垫块的高和宽。

在正立面上的投影称为主视图，建筑工程图中称为立面图；在水平面上的投影称为俯视图，建筑工程图中称为平面图；在侧立面上的投影称为左视图（有时还需要右视图），建筑工程图中称为侧面图。三个视图中，每个视图都可以反映物体两个方面的尺寸。三个视图之间存在以下投影关系，如图 1-6 所示。

由图 1-6 三面投影图可以得出下列规律：

主视图与俯视图：长对正。

主视图与左视图：高平齐。

俯视图与左视图：宽相等。

总之，三面视图具有等长、等高、等宽的三等关系，这是绘制和识读工程图的基本规律。

1.1.2　建筑识图的基本知识

为了使工程图样达到统一，符合设计、施工和存档要求，便于交流技术和提高制图效率，国家颁布了《房屋建筑制图统一标准》GB/T 50001—2017，自 2018 年 5 月 1 日起实施。现将一些主要规定介绍如下。

1. 图幅、图框、标题栏及会签栏

(1) 图幅

图幅是指工程制图所用图纸的幅面大小尺寸，它应符合表 1-1 的规定。这些图幅的尺寸是由基本幅面的短边成整数倍增加后得出，如图 1-7 所示。根据需要，图样幅面的长边可以按有关规定加长，而短边不得加宽。

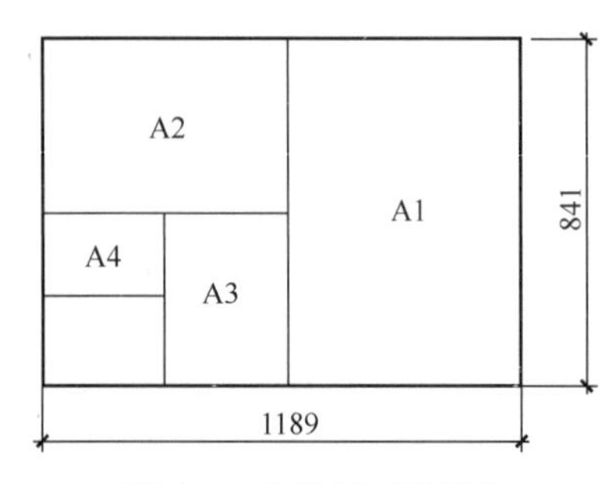

图 1-7　图样幅面的划分

图纸幅面与图框尺寸（mm） 表 1-1

幅面代号 / 尺寸代号	A0	A1	A2	A3	A4
$b \times l$	841×1189	594×841	420×594	297×420	210×297
c	10			5	
a	25				

注：表中 b 为幅面短边尺寸，l 为幅面长边尺寸，c 为图框线与幅面线间宽度，a 为图框线与装订边间宽度。

（2）图框

在图纸上必须用粗实线画出图框。留有装订边的图纸，其图框格式如图 1-8 所示，尺寸按表 1-1 的规定。

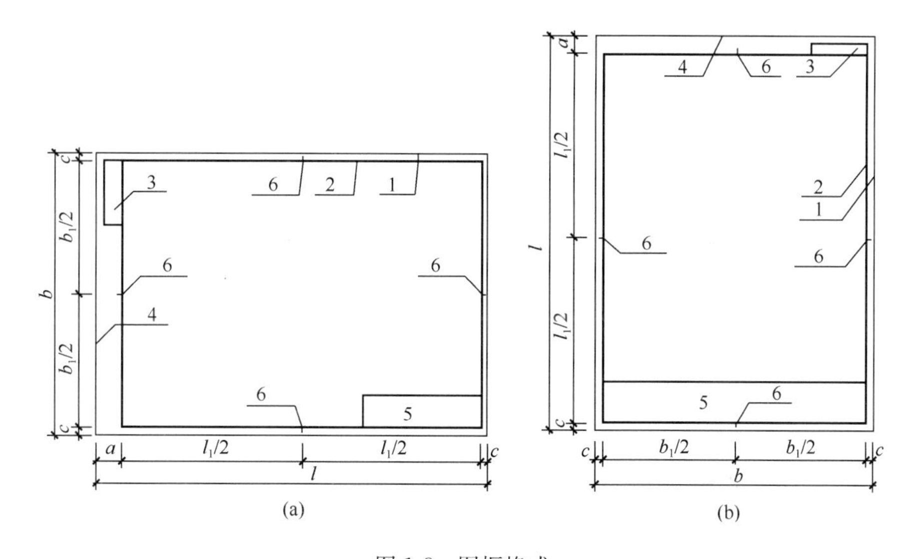

图 1-8 图框格式

（a）横式；（b）立式

1—幅面线；2—图框线；3—会签栏；4—装订边；5—标题栏；6—对中标志

为了使图样复制和缩微摄影时定位方便，对表 1-1 所列各号图纸，均应在图纸各边长的中点处分别画出对中标志。对中标志用粗实线绘制，线宽 0.35mm。长度从纸边界开始至伸入图框内约 5mm。

（3）标题栏

每张图纸上都必须画出标题栏。标题栏应填写设计单位（包括：设计人、绘图人、审批人等）的签名和日期、工程名称、图名、图纸编号等内容；标题栏必须放置在图框的右下角，使看图的方向与看标题栏的方向一致；图纸标题栏的格式与尺寸，如图 1-9 所示，根据工程需要选择确定其尺寸、格式及分区；签字区应包含实名列和签名列。对于涉外工程的标题栏内，各项主要内容的中文下方应附有译文，设计单位的上方或左方，应加“中华人民共和国”字样。

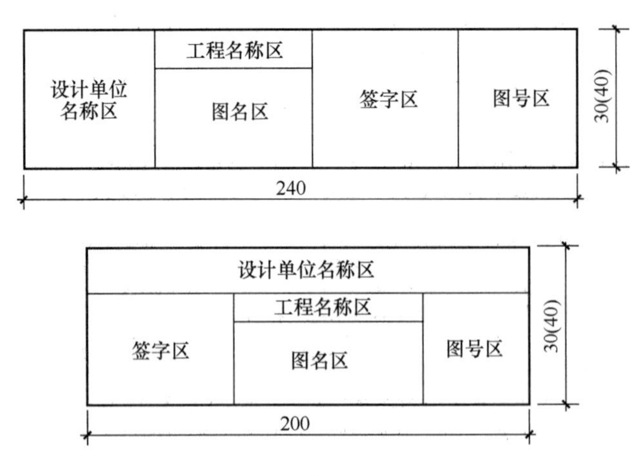

图 1-9　图纸标题栏

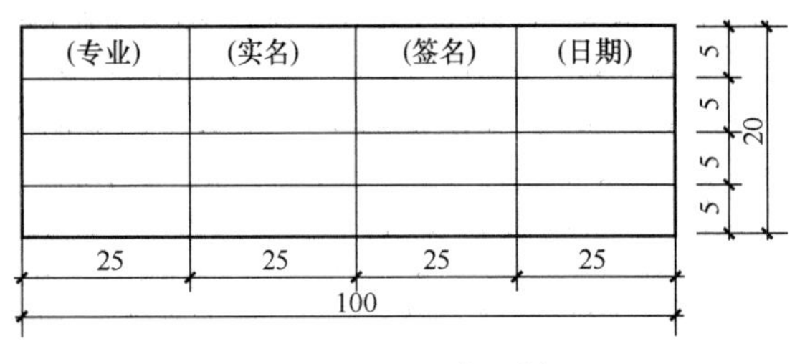

图 1-10　图纸会签栏

(4) 会签栏

会签栏又称图签，格式如图 1-10 所示，尺寸应为 100mm×20mm。它是为各专业（如水暖、电气等）负责人签署专业、姓名、日期用的表格，一个会签栏不够时，可另加一个，两个会签栏应并列。

2. 图线

各种图形都是由线条组成的，而每张图纸所反映的内容不同，所以就要采用各种粗细、虚实的线条表示所画部位的含义。在《房屋建筑制图统一标准》GB/T 50001—2017 中，规定了建筑工程施工图常用的线型及其用途，见表 1-2。

施工图常用的线型及其用途　　　　**表 1-2**

名称		线型	线宽	用途
实线	粗	————	b	主要可见轮廓线
	中粗	————	$0.7b$	可见轮廓线、变更云线
	中	————	$0.5b$	可见轮廓线、尺寸线
	细	————	$0.25b$	图例填充线、家具线
虚线	粗	— — — —	b	见各有关专业制图标准
	中粗	- - - - -	$0.7b$	不可见轮廓线
	中	- - - - -	$0.5b$	不可见轮廓线、图例线
	细	- - - - -	$0.25b$	图例填充线、家具线

续表

名称		线型	线宽	用途
单点长画线	粗		b	见各有关专业制图标准
	中		$0.5b$	见各有关专业制图标准
	细		$0.05b$	中心线、对称线、轴线等
双点长画线	粗		b	见各有关专业制图标准
	中		$0.5b$	见各有关专业制图标准
	细		$0.25b$	假想轮廓线，成型前原始轮廓线
折断线	细		$0.25b$	断开界线
波浪线	细		$0.25b$	断开界线

一般情况下，施工图中线形使用常符合下列规定：

（1）粗实线表示建筑施工图中的可见轮廓线，如剖面图中外形轮廓线，平面图中的墙体、柱子的断面轮廓等。

（2）中实线表示可见轮廓线；细实线表示可见次要轮廓线、引出线、尺寸线和图例线等。

（3）虚线表示建筑物的不可见轮廓线、图例线等；折断线用细实线绘制，用于省略不必要的部分。

（4）点划线可以表示定位轴线，作为尺寸的界限，也可以表示中心线、对称线等。

（5）波浪线用细实线绘制，主要用于表示构件等局部构造的内部结构。

3. 字体和比例

（1）字体

图纸上所需书写的文字、数字或符号等，均应笔画清晰、字体端正、排列整齐；标点符号应清楚正确。图纸及说明中的汉字，宜采用长仿宋体。

（2）比例

工程图纸都是按照一定的比例，将建筑物缩小（或放大），在图纸上画出。我们看到的施工图都是经过缩小（或放大）后绘制成。所绘制的图形与实物相对应的线性尺寸之比称为比例，用符号“：”表示。比例大小用阿拉伯数字表示，如 1：20、1：50、1：100 等。

读图时从图上量得的实际长度乘以比例，就可以知道建筑物的实际大小。

4. 尺寸标注

施工图纸除了画出建筑物及其各部分的形状外，还必须准确、详尽、清晰和合理地标注尺寸，以表达形状和大小，作为施工时的依据。尺寸标注由尺寸线、尺寸界线、尺寸起止符号（45°短线或箭头）和尺寸数字组成，如图 1-11 所示。

《房屋建筑制图统一标准》GB/T 50001—2017 规定，施工图上的尺寸大小应以标

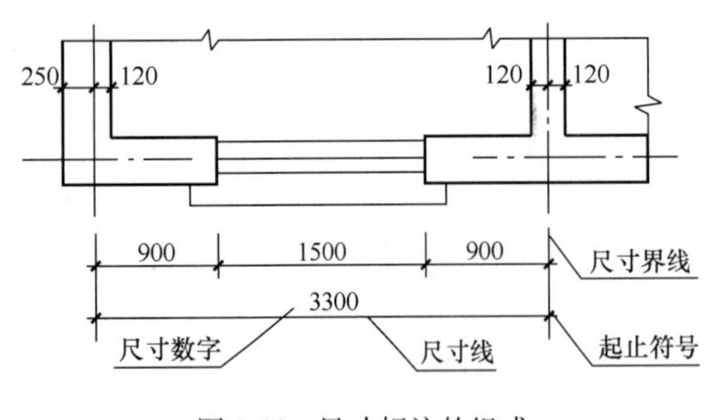

图 1-11　尺寸标注的组成

注的尺寸数字为准，不应在图中直接量取；尺寸单位除总平面图和标高以米（m）为单位外，其余均以毫米（mm）为单位。

5. 定位轴线及编号

在建筑工程施工图中，凡是主要的承重构件如墙、柱、梁的位置都要用轴线来定位。定位轴线用细单点长画线绘制，如图 1-12 所示。

轴线编号应写在轴线端部的圆圈内，圆圈的圆心应在轴线的延长线上或延长线的折线上。横向编号应用阿拉伯数字标写，从左至右按顺序编号；纵向编号应用大写英文字母，从下至上按顺序编号，其中英文字母中的 I、O、Z 不能用于轴线号，以避免与 1、0、2 混淆。除了标注主要轴线之外，还可以标注附加轴线。附加轴线编号用分数表示，两根轴线之间的附加轴线，以分母表示前一根轴线的编号，分子表示附加轴线的编号。通用详图的定位轴线只画圆圈，不标注轴线号。

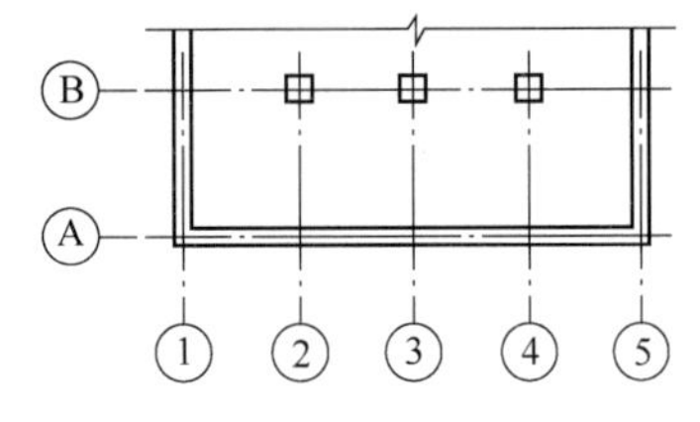

图 1-12　定位轴线及编号顺序

6. 标高

标高表示建筑物各部分的高度，是建筑物某一部位相对于基准面（标高的零点）的竖向高度，是竖向定位的依据。标高分为绝对标高和相对标高两种。

绝对标高是以海平面为零点计算的。我国是把青岛的黄海平均海平面定为绝对标高的零点，其他各地的绝对标高都以它为基础。通常在总平面图中将相对标高的起算点用绝对标高表达出来，以保证建筑物对于高度的控制。

相对标高，一般设计图上都采用相对标高来表达建筑物各部位的高度。通常把室内首层地面标高定为相对标高的零点，写作“±0.000”。高于它的为正，但一般不注“+”符号；低于它的为负，必须注明符号“－”。各种设计图上的标高注法如图 1-13 所示。

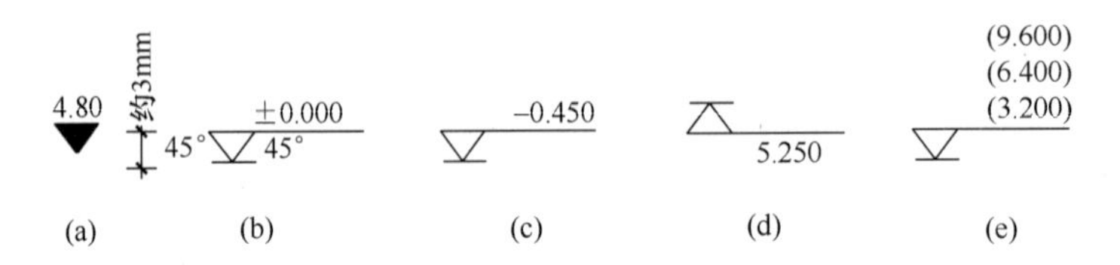

图 1-13　标高符号及标高数字的标注方法

设计图在标注相对标高时，根据所标注的位置不同可分为建筑标高和结构标高。

建筑标高是标注在建筑构配件的上面（或顶面），是装修完成后的标高。

结构标高通常标注在建筑构配件的下面（或底面），是不包括装修层的标高。

7. 图例和构件代号

图例是建筑工程施工图上用图形表示一定含义的符号；利用图例使得施工图所表达的内容简洁方便、清楚明白；对于识读施工图来说，了解图例所表示的图样内容和含义是读图的基本功。

材料图例是图例表达中使用最多的，《房屋建筑制图统一标准》GB/T 50001—2017中通过列表的方式给出了常用材料或构件的图形，如表1-3为部分材料图例。

部分常用建筑材料图例 **表1-3**

序号	名称	图例	备注
1	自然土壤		包括各种自然土壤
2	夯实土填		—
3	砂、灰土		—
4	砂砾石、碎砖三合土		—
5	石材		—
6	毛石		—
7	实心砖、多孔砖		包括普通砖、多孔砖、混凝土砖等砌体

构件代号是施工图中对常用建筑构配件使用字母表达构配件名称的一种方法。《房屋建筑制图统一标准》GB/T 50001—2017中规定了常用构配件的构件代号，如板用“B”、梁用“L”、柱用“Z”等。

1.1.3 建筑工程施工图

在建筑工程中，无论是建造住宅、学校等民用建筑，还是工厂等工业建筑，都必须依据施工图纸施工。一套完整的图纸可以借助一系列的图形，将建筑物各个方面的形状大小、内部布置、细部构造、结构、材料、布局以及其他施工要求，按照制图国家标准，准确而详尽地在图纸上表达出来。因此，图纸是各项建筑工程不可缺少的重要技术资料。另外，在工程技术界，图纸还经常用来表达设计构思，进行技术交流，相互交换意见，所以，图纸被称为工程界的共同语言。从事工程建设的施工技术人员的首要任务是要掌握这门“语言”，具备看懂工程图纸的能力。

架子工在搭设脚手架前，由于首先要了解建筑物的轮廓，看懂脚手架施工方案图，因此必须要先学会看建筑工程的施工图。施工图是建造房屋的主要依据，具有法律效力。施工人员必须按照图纸要求施工，不得任意更改。

1. 建筑工程施工图的种类

建筑工程施工图是组织、指导施工，编制施工预算，进行各项经济、技术管理的主要依据。一套建筑工程施工图纸根据内容和作用的不同一般分为：建筑总平面图、建筑施工图（简称“建施”）、结构施工图（简称“结施”）和设备施工图（简称“设施”）。设备施工图通常又包括给水排水、采暖通风、电气照明等三大类专业施工图。各专业图纸又分为基本图和详图两部分。基本图纸表明全局性的内容；详图表明某一构件或某一局部的详细尺寸和材料、作法等。

除此之外，一套完整的施工图还有图纸目录、设计总说明、门窗表等。

2. 施工图的编排顺序

一套施工图通常由几个专业的几张、几十张，甚至几百张图纸组成。为了方便识读，应按统一的顺序装订。一般按图纸目录、总说明、材料做法表、总平面图、建筑施工图、结构施工图、给排水施工图、采暖通风施工图、电气施工图的顺序来编排。各专业施工图应按图纸内容的主次关系来排列。全局性的图纸在前，局部性的图纸在后，如基础图在前，详图在后；主要部分在前，次要部分在后；先施工的图在前，后施工的图在后等顺序编排。

（1）图纸目录：主要说明该工程由哪些专业图纸组成，各类图的名称、内容、图号。

（2）总说明：主要说明工程的概况和总要求。内容包括设计依据、设计标准、施工要求等。具体包括建筑物的位置、坐标和周围环境；建筑物的层数、层高、相对标高与绝对标高；建筑物的长度和宽度；主出入口与次出入口；建筑物占地面积、建筑面积、平面系数；地基概况、地耐力强度；使用功能和特殊要求简述等。一般门窗汇总表也列在总说明页中。

（3）总平面图：简称“总施”，是表明新建建（构）筑物所在的地理位置和周围环境的总体平面布置图。其主要内容有：建筑物的外形，建筑物周围的地物或旧建筑，建成后的道路、绿化、水源、电源、下水干线的位置，有的还包括标高、排水坡度等，以及水准点、指北针和“风玫瑰”，如在山区还标有等高线。

（4）建筑施工图：主要表示新建建筑物的外部造型、内部各层平面布置以及细部构造、屋顶平面、内外装修和施工要求等。包括建筑总平面图、建筑物的平面图、立面图、剖面图和详图。

（5）结构施工图：主要说明建筑的结构设计内容。包括结构构造类型、承重结构的布置、各构件的规格和材料做法及施工要求等。其图纸主要有基础平面图和基础详图、各楼层和屋面结构平面布置图、结构构件（如柱、梁、板等）详图和楼梯、阳台、雨篷等构件详图。

（6）给水排水施工图：表示给水和排水系统的各层平面布置，管道走向及系统图，卫生设备和洁具安装详图。

（7）暖通空调施工图：表示室内管道走向、构造和安装要求，各层供暖和通风的平面布置和竖向系统图，以及必要的详图。

（8）电气施工图：表示动力与照明电气布置、线路走向和安装要求及灯具位置。包括平面图和系统图，以及必要的电气设备、配电设备详图。

（9）设备施工图：设备施工图表示设备位置、走向和设备基础及设备安装图。

3. 施工图的识图方法

识读图纸时，不能盲目地东看一张图，西看一张图，不分先后和主次，这样往往花了很长的时间也看不懂施工图。因此，必须掌握看图的方法。一般看图的方法是：由外向里看，由大到小看，由粗至细看，图样与说明互相看，建筑图与结构图对照看；重点看轴线及各种尺寸关系。采取这种看图的方法就能收到较好的看图效果。归纳起来，识读整套图纸时，应按照“总体了解、顺序识读、前后对照、重点细读”的方法读图。

（1）总体了解

在拿到建筑施工图后，不用着急，一般是先看目录、总平面图和施工总说明，以了解是什么建筑物，建筑面积有多少。大致了解工程的概况：如工程设计单位、建设单位、新建房屋的位置、周围环境、施工技术要求等，共有多少张图纸。对照图纸目录检查各类图纸是否齐全，图纸编号与图名是否符合，采用了哪些标准图并备齐这些标准图，将其准备在手边以便随时查阅。然后看建筑平、立、剖面图，大体上想象一下建筑物的立体形象及内部布置。待图纸查阅齐全了就可以开始按顺序看图。

（2）顺序识读

在总体了解建筑物的情况以后，根据施工的先后顺序，先看设计总说明，了解建筑概况和技术、材料要求等，然后按图纸目录顺序往下看。先看总平面图，了解建筑物的地理位置、高程、朝向以及相关建筑的情况等；在看完总平面图后，再看建筑平面图，了解房屋的总长度、总宽度、轴线尺寸、开间大小，一般布局等；然后再看立面图和剖面图。从而达到对这栋建筑物有一个总体的了解。最好通过看这三种施工图，能在自己的头脑中形成这栋房屋的立体形象，能想象出它的规模和轮廓。

看结构图时，可以从基础图开始一步步地深入下去。如从基础的类型、挖土的深度、基础的尺寸、构造、轴线位置等开始仔细地阅读。可以按基础→结构→建筑（包括详图）→装修这样的施工顺序仔细阅读有关图纸。

（3）前后对照

读图时，要注意平面图、剖面图对照着读，建筑施工图与设备施工图对照着读，做到对整个工程施工情况及技术要求心中有数。

（4）重点细读

根据工种的不同，将有关专业施工图的重点部分再仔细读一遍，将遇到的问题记录下来，及时向技术部门反映。

图纸全部看完后，可按与不同工种有关的施工部分再将图纸细看，以详细了解所要施工的部分。在必要时可以边看图边做笔记，记下关键的内容，以供备查。这些关键的问题是：轴线尺寸、开间尺寸、层高、楼高、主要梁和柱的截面尺寸、长度、高度；混凝土强度等级、砂浆强度等级等。同时，还要结合每个工序仔细看与施工有关部分的图纸。

1.1.4 建筑施工图的识读

建筑施工图包括：建筑总平面图、建筑物的平面图、立面图、剖面图和详图等。

1. 建筑总平面图读图要点

（1）了解比例，熟悉图例，阅读文字说明。

（2）了解工程占地范围，地形、地物、地貌、周边环境及绿化情况。

（3）明确新建建筑物的位置，与周边原有建筑物、道路、环境等相互关系；明确建筑物平面定位及高程定位的依据，明确室外场地整平标高。

（4）了解水、暖、电源及各种管线引入的位置及方向。

2. 平面图读图要点

（1）底层平面图是重点。底层平面图绘制最详细，标注也最齐全，其余各层图中，与底层相同的内容往往较为简略，读图时，应先读懂底层图。读楼层平面图时，随时对照底层图阅读。

（2）结合详图阅读。因平面图比例较小，许多部位都另配有详图（如楼梯、卫生间详图等），读图时，要结合详图阅读。

（3）要掌握主要尺寸数据。读图时，要做记录，掌握一些尺寸数据，如房屋的长宽尺寸、墙体的厚度尺寸、门窗洞口的定型定位尺寸等。

3. 立面图读图要点

（1）明确立面图的竖向尺寸。立面图中竖向尺寸均用标高表示。要明确标高的零点位置，楼层间的尺寸要用标高换算。读图时，要大致算一算，以明确各楼层间的尺寸关系。

（2）明确各立面的装修做法。一般建筑正立面是装修的重点，其余各面与之有差别。读图时，要分别读各立面的装修做法。

4. 剖面图读图要点

（1）要注意房屋平、立、剖三者之间的关系。平面图、立面图上的一些内容常在剖面图中也有表示，读剖面图时，要对照平面图、立面图阅读，明确三者之间的关系。

（2）注意建筑标高和结构标高的差别。建筑施工图中的标高为“建筑标高”，结构施工图中的标高为“结构标高”，建筑标高是标注在建筑已完成后的表面标高，而结构标高则标注在施工过程中结构构件的安装高度（顶面或底面）。两者之间有一定的差别，如层高的标注，建筑标高是指楼面面层已做好后的表面高度，而结构标高则是指结构安装后的板面（或板底）的高度。两者差数即为面层的厚度。

1.1.5 结构施工图的识读

结构施工图包括：结构设计说明、基础平面图和基础详图、各楼层和屋面结构平面布置图、结构构件（如柱、梁、板等）详图和楼梯、阳台、雨篷等构件详图等。

结构设计说明应了解主要设计依据，如±0.000 相对的绝对标高，地基承载力，地震设防烈度，构造柱、圈梁的设计变化，材料的型号，预制构件统计表，验槽及施工要求等。

1. 基础平面图读图要点

（1）定位轴线编号、尺寸，必须与建筑平面图完全一致。

（2）注意基础形式，了解其轮廓线尺寸与轴线的关系。当为独立基础时，应注意基础和基础梁的编号。

（3）看清基础梁的位置、形状。

（4）通过剖切线的位置及编号，了解基础详图的种类及位置，掌握基础变化的连续性。

（5）了解预留沟槽、孔洞的位置及尺寸。有设备基础时，还应了解其位置、尺寸。

2. 基础详图读图要点

（1）基础的断面尺寸、构造做法和所用的材料。

（2）基底标高、垫层的做法，防潮层的位置及做法。

（3）预留沟槽、孔洞的标高，断面尺寸及位置等。

3. 楼层结构平面布置图读图要点

楼层结构的类型很多，一般常见的分为预制楼层、现浇楼层以及现浇和预制各占一部分的楼层。

（1）预制楼层结构平面布置图

通常为安装预制梁、板等预制构件时使用。读图时主要了解下列内容：

1）楼层各种预制构件的名称、编号、相对位置、数量、定位尺寸及其与墙体（或构件支撑结构）的关系等。

2）梁、板、墙、圈梁等构件之间的搭接关系和构造处理。

3）阅读结构平面布置图时，应与建筑平面图及墙身剖面图等建筑图配合阅读。

（2）现浇楼层结构平面布置图

读图时同样应与相应的建筑平面图及墙身剖面图等建筑图配合阅读。

现浇楼层结构平面布置图及剖面图，通常为现场支模板、浇筑混凝土、制作梁板等时使用，主要包括平面布置、剖面、钢筋表和文字说明。图上主要标注轴线编号、轴线尺寸、梁的布置和编号、板的厚度和标高、配筋情况，以及梁、楼板、墙体之间的关系等。

4. 构件及节点详图

（1）构件详图：表明构件的详细构造做法。

（2）节点详图：表明构件间连接处的详细构造和做法。构配件和节点详图可分为非标准的和标准的两类。按照统一标准的设计原则，通常将量大面广的构配件和节点设计成标准构配件和节点，绘制成标准详图，便于批量生产，共同使用，这是标准的。非标准的一般根据每个工程的具体情况，单独进行设计、绘制成图。

1.2 房屋建筑构造

房屋建筑是指供人们生产、生活、学习、工作、居住以及从事文体活动的房屋。房屋建筑多种多样，其建筑实体一般由承重结构、围护结构、装饰装修和附属设备等不同的构造组成构成，建筑构造就是将房屋建筑的各个构造组成分离出来，确定各部分的构造做法、相互关系和组合原理的学科。

1.2.1 房屋建筑的分类

1. 房屋建筑按使用性质分类

（1）工业建筑

指工业生产用的厂房及附属配套用房屋，如建筑机械厂、钢铁厂、发电厂等的厂房、生产及辅助车间，以及与其配套的原材料和产品仓库、锅炉房、变配电室等。

（2）民用建筑

供人们居住、生活、学习、工作和娱乐的场所，如住宅、旅馆、医院、商场等。

（3）农业建筑

人们从事农业生产而修建的房屋，如粮仓、蓄舍、鸡场等。

2. 房屋建筑按结构主要承重材料分类

（1）木结构房屋

主要用木材承受房屋的荷载，用砖石作为围护结构的建筑，如古建筑、某些少数民族居住的房屋。现已很少修建这种结构类型的房屋。

（2）砖混结构房屋

主要用砖石砌体为房屋的承重结构，其中，楼板可以用钢筋混凝土楼板或木楼板，屋顶使用钢筋混凝土屋面板或屋架、木屋架及坡屋面盖瓦。

（3）钢筋混凝土结构房屋

主要承重结构，如梁、板、柱、屋架都是采用钢筋混凝土制成。目前，建筑工程中广泛采用这种结构形式。

（4）钢结构房屋

主要骨架采用钢材（主要是型钢）制成。如钢柱、钢梁、钢屋架。一般用于高大的工业厂房及高层、超高屋建筑。

3. 按建筑高度分类

依据《民用建筑设计统一标准》GB 50352—2019，民用建筑按地上建筑高度或层数进行分类应符合下列规定：

（1）建筑高度不大于 27.0m 的住宅建筑、建筑高度不大于 24.0m 的公共建筑及建筑高度大于 24.0m 的单层公共建筑为低层或多层民用建筑。

（2）建筑高度大于 27.0m 的住宅建筑和建筑高度大于 24.0m 的非单层公共建筑，且高度不大于 100.0m 的，为高层民用建筑。

（3）建筑高度大于 100.0m 为超高层建筑。

注：建筑防火设计应符合现行国家标准《建筑设计防火规范（2018 年版）》GB 50016—2014 有关建筑高度和层数计算的规定。

1.2.2 房屋建筑的基本构造组成及作用

尽管房屋的使用功能和使用对象不同，但其基本组成内容是相似的，都是由许多建筑结构的构配件组成。

1. 民用建筑构造

民用建筑一般由基础、墙或柱、楼板、地面、楼梯、屋顶、门窗等主要构件组成。虽然各组成部分作用不同，但概括起来主要是两大类，即承重结构和围护结构。如图 1-14 所示为多层砖混结构的基本组成。

（1）基础

基础位于建筑物的最下部，起支撑建筑物的作用。它承受建筑物的全部荷载，并将这些荷载传给地基。为此，要求基础必须坚固、稳定，能够承受地下水的侵蚀。

（2）墙和柱

墙是建筑物的竖向围护构件，一般情况下也是承重构件。它承受从屋顶、各楼层和楼梯等上部结构传来的荷载及自重并传递给基础。承受上部传来的荷载的墙是承重墙，只承受自重的墙是非承重墙。作为围护构件，外墙分隔建筑物内外空间，抵御自然界各种因素对建筑的侵袭；内墙分隔建筑物内部空间，避免互相干扰。墙体同时还

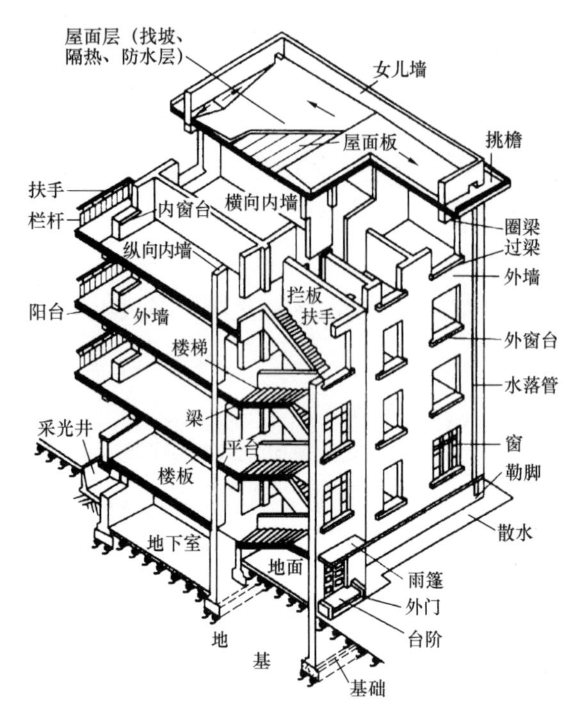

图 1-14 多层砖混结构的构造组成

有保温、隔热、隔声、防水、防火、防潮和节能等作用。

柱是建筑物的承重构件，此时，柱间墙一般为围护结构。

墙和柱基本要求是坚固和稳定，能够满足承载力的要求。

(3) 楼板和地面

楼板是建筑物水平方向的承重构件，将建筑空间分隔为若干层，承受作用在楼板上的家具、设备、人等的荷载，连同自重传递给墙或柱。楼板支撑在墙或柱上，对墙或柱起水平支撑的作用，增加了墙或柱的稳定性，因此必须具有足够的强度和刚度。另外，楼板应有一定的隔声、隔热、防水能力以及耐磨性。

地面位于首层房间，承受首层房间的荷载并传给地基，是建筑物与地基的隔离构件，应具有一定的防潮、防水、保温等功能。

(4) 楼梯

楼梯是楼房建筑的垂直交通设施，供人们平时上下和紧急疏散时使用。楼梯应有足够的通行能力，足够的强度和刚度以及具有防火、防滑等功能。

(5) 屋顶

屋顶是建筑物顶部的围护和承重构件，由屋面和承重结构两部分组成。屋面抵御自然界雨、雪等自然因素的侵袭，并将雨水排除。承重结构承受着房屋顶部的全部荷载，并将这些荷载传给墙或柱。因此，屋顶必须具有足够的强度和刚度以及保温、隔热、防火、节能和排水等功能。

(6) 门窗

门窗均属于围护构件，为非承重构件。门主要用作内外交通联系及分隔房间，有的兼起通风和采光作用，也有装饰作用，要有足够的高度和宽度；窗的主要作用是采光和通风。根据建筑物所处环境，门窗应有保温、隔热、隔声、防风沙和节能等作用。

除上述六大组成部分以外，还有一些其他构件，如阳台、雨篷、台墙阶、散水、烟囱、通风道等。

2. 工业建筑构造

工业建筑主要是指人们可在其中进行工业生产活动的生产用房屋，又称工业厂房。由于工业部门不同，生产工艺各不相同，所以工业建筑类型较多。

工业建筑按层数分为单层工业厂房和多层工业厂房。

按其主体承重结构组成的不同，分为排架结构和框架结构。排架结构是指由柱与屋架组成的平面骨架，其间用纵向支撑及连系构件等纵向拉结；框架结构是指由柱与梁组成的立体骨架。单层工业厂房常采用排架结构；多层工业厂房常采用框架结构，其构造与民用建筑相似。

单层工业厂房是工业建筑中最为常见的厂房形式，一般由组成排架的承重骨架和围护结构两部分组成。承重骨架采用钢筋混凝土构件或钢材制作。单层工业厂房主要由基础、柱子、吊车梁、屋盖系统、支撑系统和围护结构组成，如图 1-15 所示。

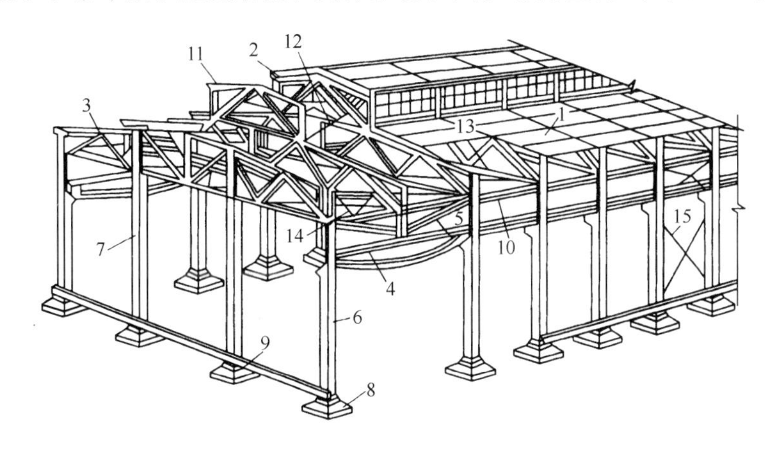

图 1-15 单层工业厂房构造组成

1—屋面板；2—天沟板；3—屋架；4—吊车梁；5—托架；6—排架柱；7—抗风柱；
8—基础；9—基础梁；10—连系梁；11—天窗架；12—天窗架垂直支撑；
13—屋架下弦纵向水平支撑；14—屋架端部垂直支撑；15—柱间支撑

（1）基础

排架结构基础通常采用柱下独立基础或柱下联合基础，用于承受作用在柱子上的全部荷载以及基础梁传来的部分墙体荷载，并将其传递给地基。

（2）柱子

为安放吊车梁，单层工业厂房柱通常采用带牛腿的牛腿柱，用于承受屋架、吊车梁、外墙和柱间支撑传来的荷载，并传给基础。

（3）吊车梁

吊车梁支承在柱子的牛腿上，承受吊车自重、起吊重量以及刹车时产生的水平作用力，并将其传给柱子。

（4）屋盖系统

屋盖系统是由屋架、屋面板、天窗架、托架等构件组成。

1）屋架：是单层工业厂房排架系统中的主构件，支承在柱子上。承受屋盖系统的全部荷载，并将其传给柱子。

2）屋面板：直接承受屋面荷载，并将其传给屋架。

3）天窗架：支承在屋架上，承受天窗架以上屋面板及屋面上的荷载，并将其传给屋架。

4）托架：设置在两柱之间，直接支撑在牛腿柱上，用于柱子间距比屋架间距大时，支承屋架的结构构件。托架承受屋架传递的荷载，并将其荷载传给柱子。

（5）支撑系统

支撑系统包括设置在屋架之间的屋架支撑和设置在纵向柱列之间的柱间支撑，主要传递水平风荷载及吊车产生的水平荷载，保证厂房的空间刚度和稳定性。

（6）围护结构

单层厂房的围护结构主要承受风荷载和自重，并将这些荷载传给柱子，再传到基础。一般包括外墙、地面、门窗、天窗、屋顶等。

1.3 建筑结构

所谓结构是指能承受和传递作用并具有适当刚度的由各连接部件组合而成的整体，俗称承重骨架。建筑结构就是房屋建筑的承重骨架系统。为实现建筑物的设计要求，并满足结构的安全性、适用性和耐久性等结构可靠性要求，房屋建筑在施工前，必须根据既定条件和有关设计标准的规定进行房屋建筑的结构设计，包括：结构选型、材料选择、分析计算、构造配置及制图工作，形成房屋建筑施工图。

脚手架的结构主要由各种杆件组成，如扣件式钢管脚手架，主要由立杆、纵向水平杆、横向水平杆、剪刀撑以及连墙杆等组成；脚手架工程施工前应编制施工方案，对脚手架的结构进行必要的结构设计计算。

1.3.1 荷载及其分类

引起结构失去平衡或破坏的外部作用主要有：直接施加在结构上的各种力，习惯上称为荷载，例如：结构自重（恒载）、活荷载、积灰荷载、雪荷载、风荷载等；另一类是间接作用，是指在结构上引起附加变形或约束变形的其他作用，例如：混凝土收缩、温度变化、焊接变形、地基沉降等，形成的附加荷载。荷载有不同的分类方法。

1. 按随时间的变异分类

（1）永久作用（永久荷载或恒载）

在设计基准期内，其值不随时间变化；或其变化可以忽略不计。如：结构自重、土压力、预加应力、混凝土收缩、基础沉降、焊接变形等。

(2) 可变作用(可变荷载或活荷载)

在设计基准期内，其值随时间变化。如安装荷载、屋面与楼面上的活荷载、雪荷载、风荷载、吊车荷载、积灰荷载等。

(3) 偶然作用(偶然荷载、特殊荷载)

在设计基准期内可能出现，也可能不出现，而一旦出现其值很大，且持续时间较短。例如爆炸力、撞击力、雪崩、严重腐蚀、地震、台风等。

2. 按结构的反应分类

(1) 静态作用或静力作用

不使结构或结构构件产生加速度或所产生的加速度可以忽略不计。例如结构自重、住宅与办公楼的楼面活荷载、雪荷载等。

(2) 动态作用或动力作用

使结构或结构构件产生不可忽略的加速度。例如地震作用、吊车设备振动、高空坠物冲击作用等。

3. 按荷载作用面大小分类

(1) 均布面荷载 Q

建筑物楼面上均布荷载，如铺设的木地板、地砖、花岗石、大理石面层等重量引起的荷载。均布面荷载 Q 值的计算，可用材料单位体积的重度 γ 乘以面层材料的厚度 d，得出增加的均布面荷载值，即 $Q=\gamma \cdot d$。

(2) 线荷载

建筑物原有的楼面或层面上的各种面荷载传到梁上或条形基础上时，可简化为单位长度上的分布荷载称为线荷载 q。

(3) 集中荷载

集中荷载是指荷载作用的面积相对于总面积而言很小，可简化为作用在一点的荷载。

4. 按荷载作用方向分类

(1) 垂直荷载

按垂直方向作用在建筑结构上，如结构自重、雪荷载等。

(2) 水平荷载

按水平方向作用在建筑结构上，如风荷载、水平地震作用等。

5. 施工和检修荷载

在建筑结构工程施工和检修过程中引起的荷载，习惯上称施工和检修荷载。施工荷载包括：施工人员和施工工具、设备和材料等重量及设备运行的振动与冲击作用。检修荷载包括：检修人员和所携带检修工具的重量。施工和检修荷载一般作为集中荷载计算。

1.3.2 建筑结构的功能要求

结构设计的主要目的是要保证所建造的结构安全适用，能够在规定的期限内满足各种预期的功能要求，并且要经济合理。具体说，结构应具有以下几项功能：

1. 安全性

在正常施工和正常使用的条件下，结构应能承受可能出现的各种荷载作用和变形而不发生破坏；在偶然事件发生后，结构仍能保持必要的整体稳定性。例如，厂房结构平时受自重、吊车、风和积雪等荷载作用时，均应坚固不坏；而在遇到强烈地震、爆炸等偶然事件时，容许有局部的损伤，但应保持结构的整体稳定而不发生倒塌。

2. 适用性

在正常使用时，结构应具有良好的工作性能。如吊车梁变形过大会使吊车无法正常运行，水池出现裂缝便不能蓄水等，都会影响结构的正常使用，需要对变形、裂缝等进行必要的控制。

3. 耐久性

在正常维护的条件下，结构应能在预计的使用年限内满足各项功能要求，也即应具有足够的耐久性。例如，不致因混凝土的老化、腐蚀或钢筋的锈蚀等而影响结构的使用寿命。

结构的安全性、适用性和耐久性概括称为结构的可靠性。

1.3.3 建筑结构体系

建筑结构主要根据房屋建筑的承重结构类型划分，常见的结构体系有如下几种。

1. 混合结构

混合结构是指由不同材料制成的结构构件所组成的结构。通常指基础采用砖石，墙体采用砖或其他块材，楼（屋）面采用木结构、钢结构或钢筋混凝土结构建成的房屋。例如，竖向承重构件用砖墙、砖柱，水平构件用钢筋混凝土梁、板所建造的砖混结构，是最常见的混合结构。

由于混合结构有取材和施工方便，整体性、耐久性和防火性好，造价便宜等优点，所以混合结构在我国，特别是县级以下和广大农村应用十分广泛，多用于7层以下、层高较低、空间较小的住宅、旅馆、办公楼、教学楼以及单层工业厂房中。

2. 框架结构

框架结构是由纵、横向的水平梁、柱和楼板刚性连接组成的结构。目前，我国框架结构多采用钢筋混凝土建造，也有采用钢框架的。

框架结构强度高、自重轻、整体性和抗震性好。墙体不承重，内外墙仅分别起分隔和围护作用，因此目前多采用轻质墙体材料。框架结构平面布置灵活，可任意分隔房间。它既可用于大空间的商场、工业生产车间、礼堂、食堂，也可用于办公楼、医院、学校和住宅等建筑。

钢筋混凝土框架结构体系在非抗震设防地区用于 15 层以下的房屋，抗震设防地区多用于 10 层以下建筑。个别也有超过 10 层的，如北京长城饭店就是 18 层钢筋混凝土框架结构。

3. 剪力墙结构

剪力墙结构是全部由纵、横向的钢筋混凝土墙体所组成的结构，如图 1-16 所示。钢筋混凝土墙除抵抗水平地震作用和竖向荷载外，还对房屋起着围护和分隔作用。由于剪力墙结构的房屋平面布置极不灵活，所以常用于高层住宅、旅馆等建筑。

剪力墙结构的整体刚度极好，因此它可以建得很高，一般多用于 25～30 层以上的房屋，但剪力墙结构造价较高。

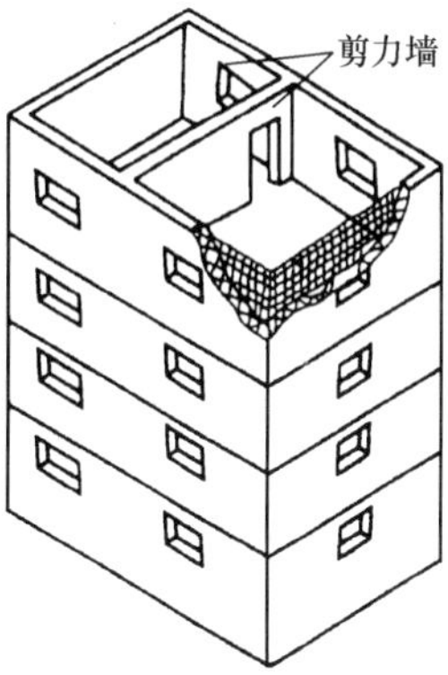

图 1-16 剪力墙结构

对底部（或底部 2～3 层）需要大空间的高层建筑，可将底部（或底部 2～3 层）的若干剪力墙改为框架，这种结构体系称为框肢剪力墙结构，如图 1-17 所示。框肢剪力墙结构不宜用于抗震设防地区的建筑物。

4. 框架-剪力墙结构

钢筋混凝土框架-剪力墙结构是以框架为主，选择纵、横方向的适当位置，在柱与柱之间设置几道厚度大于 140mm 的钢筋混凝土剪力墙而构成，如图 1-18 所示。

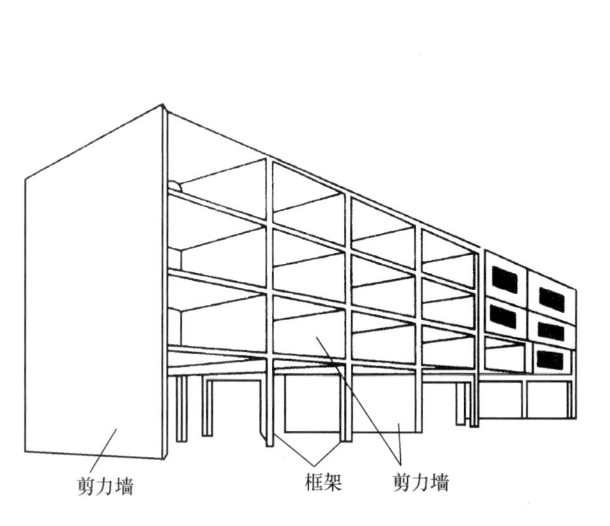

图 1-17 框肢剪力墙结构

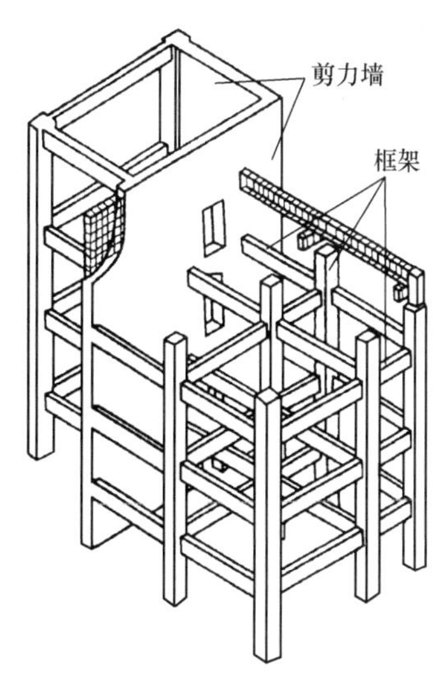

图 1-18 框架-剪力墙结构

当房屋高度超过一定限度后，在风荷载或地震作用下，靠近底层的承重构件的内力（弯矩 M，剪力 V）和房屋的侧向位移将随房屋高度的增加而急剧增大。采用框架结构，底层的梁、柱尺寸就会很大，房屋造价不仅增加，而且建筑使用面积也会减少。在这种情况下，通常采用钢筋混凝土框架-剪力墙结构。

框架-剪力墙结构，在风荷载和地震作用下产生的水平剪力主要由剪力墙来承担，而框架则以承受竖向荷载为主，这样可以大大减小柱的截面面积。剪力墙在一定程度上限制了建筑平面布局的灵活性，所以框架-剪力墙结构一般用于办公楼、旅馆、住宅等柱距较大、层高较高的16～25层高层公共建筑和民用建筑；也可用于工业厂房。由于框架-剪力墙结构充分发挥了剪力墙和框架各自的特点，因此，在高层建筑中采用框架-剪力墙结构比框架结构更经济合理。

5. 筒体结构

筒体结构是框架-剪力墙结构和剪力墙结构的演变与发展。随着房屋的层数的进一步增加，房屋结构需要具有更大的侧向刚度以抵抗风荷载和地震作用，因此出现了筒体结构。

筒体结构根据房屋高度和水平荷载的性质、大小的不同，可以采用四种不同的形式，如图1-19所示。

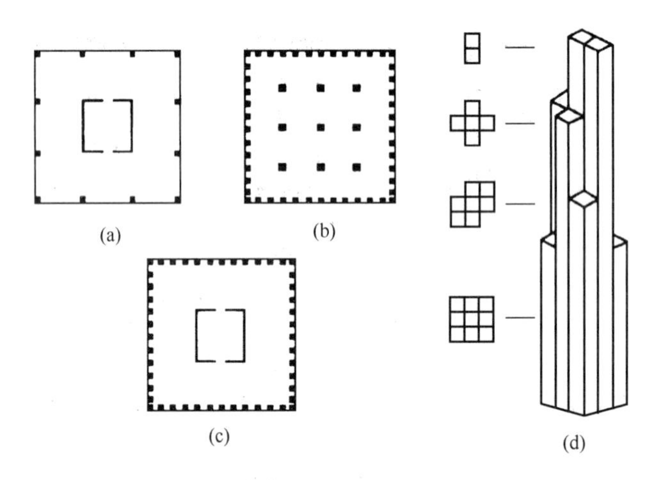

图1-19　筒体结构

（a）核心筒；（b）框架外单筒；（c）筒中筒；（d）组合筒

核心筒结构的核心部位设置封闭式剪力墙呈一筒体，周边为框架结构，如图1-20所示。其核心筒筒内一般多作为电梯、楼梯和垂直管道的通道。核心筒结构多用于超高层的塔式建筑。

为了满足采光的要求，在筒壁上开有孔洞，这种筒叫作空腹筒。当建筑物高度更高，要求侧向刚度更大时，可采用筒中筒结构，如图1-21所示。这种筒体由空腹外筒和实腹内筒组成，内外筒之间用框架梁或连系梁连接，形成一个刚性极好的空间结构。

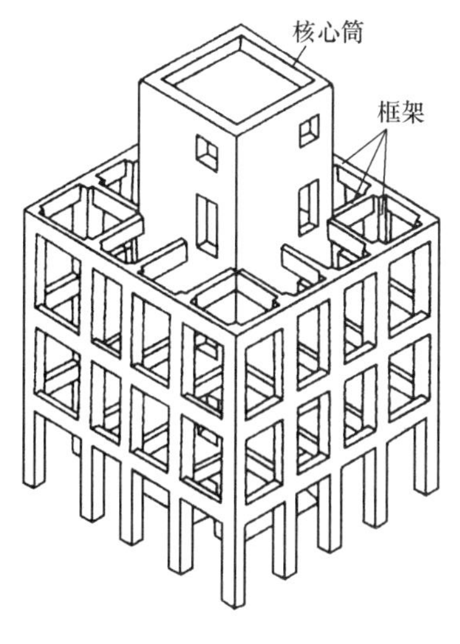

图 1-20 核心筒结构

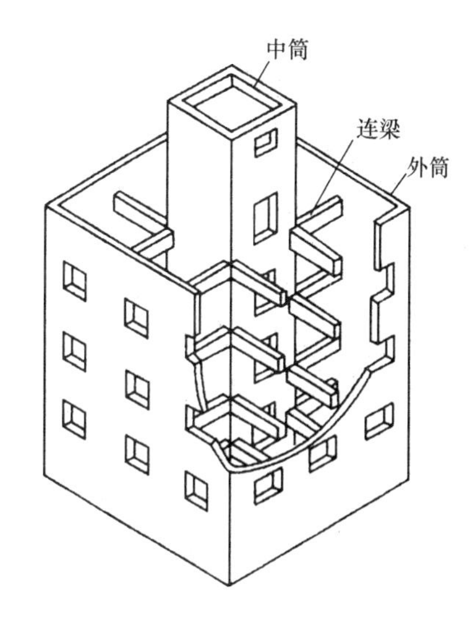

图 1-21 筒中筒

筒体结构将钢筋混凝土剪力墙围成侧向刚度很大的封闭筒体，因剪力墙的集中而获得较大的空间，平面设计较灵活，适用于办公楼等高层或超高层（高度 $h>100$m）的各种公共与商业建筑中，如饭店、写字楼等。

6. 大板结构

装配式钢筋混凝土大板建筑是由预制的钢筋混凝土大型外墙板、内墙板、隔墙板、楼板、屋面板、阳台板等构件装配而成的建筑。墙板与墙板、墙板与楼板、楼板与楼板的结合处可用焊接和局部浇筑使其成为整体，如图 1-22 所示。

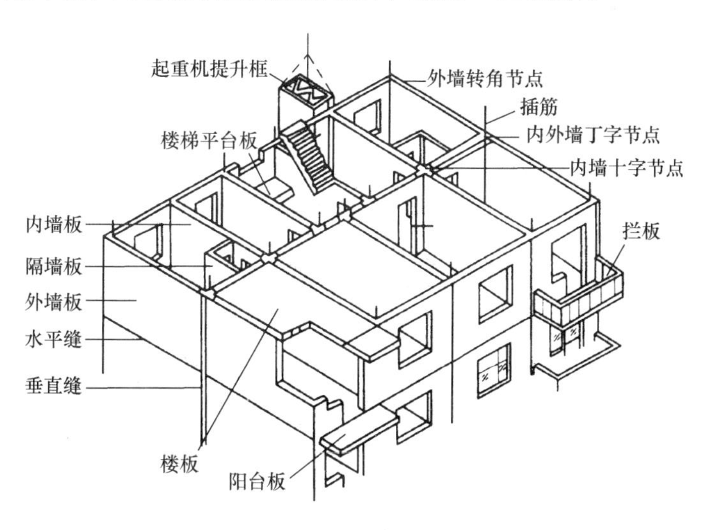

图 1-22 大板结构

大板建筑适用于高层小开间建筑，如住宅、旅馆、办公楼等。

7. 大跨空间结构

大跨空间结构是指在体育场馆、大型火车站、航空港等公共建筑中所采用的结构。在这种结构中，竖向承重结构构件多采用钢筋混凝土柱，水平体系多采用钢结构，如屋盖采用钢网架、薄壳或悬索结构等。大跨度建筑及作为其核心的空间结构技术的发展状况是代表一个国家建筑科技水平的重要标志之一。

大跨空间结构的类型和形式十分丰富多彩，习惯上分为如下这些类型：钢筋混凝土薄壳结构、平板网架结构、网壳结构、悬索结构、膜结构和索一膜结构。1956 年建成的天津体育馆钢网壳（跨度 52m）和 1961 年同济大学建成的钢筋混凝土网壳（跨度 40m）可作为网壳结构的典型代表。我国首先采用网架的建筑是北京首都体育馆，它的屋盖宽度为 499m，长度达 112.2m，厚 6m，采用型钢构件，高强螺栓联结，用钢量仅为 65kg/m^2。

近二十几年来，由于电子计算机的迅速推广和应用，使钢网架的内力分析从冗繁的计算中解放出来，大跨空间结构逐渐得到了广泛应用。

1.4 液压基础知识

液压传动是应用液体作为工作介质来传递能量和进行控制的传动方式。液压传动称为流体传动，是根据 17 世纪帕斯卡提出的液体静压力传动原理而发展起来的一门新兴技术。

1.4.1 液压传动的工作原理

液压传动的工作原理：液压系统利用液压泵将原动机的机械能转换为液体的压力能，通过液体压力能的变化来传递能量，经过各种控制阀和管路的传递，借助于液压执行元件（液压缸或马达）把液体压力能转换为机械能，从而驱动工作机构，实现直线往复运动和回转运动。简单地讲，液压传动是利用帕斯卡原理进行工作的，加在密闭液体任一部分的压强，能够大小不变地由液体向各个方向传递。

以常见的液压千斤顶为例，一个液压传动系统主要由动力源元件、执行元件、控制元件、辅助元件和工作液体组成。动力源元件是将原动机提供的机械能转换成工作液体的液压能的元件，通常称为液压泵。执行元件是将液压泵所提供的工作液体的液压能转换成机械能的元件。控制元件是对液压传动系统工作液体的压力、流量和流动方向进行控制的元件。辅助元件是上述三部分以外的其他元件，如油箱、过滤器、冷却器、管路、接头和密封件等。工作液体是液压传动系统中的重要组成部分，既是转换、传递能量的介质，也起着润滑零件和冷却传动系统的作用。

1.4.2 液压传动的主要特点

1. 液压传动的主要优点

(1) 可以方便地实现大范围内的无级调速，调速范围可达1000∶1；调速功能不受功率大小的限制，这是机械传动和电传动都难以做到的。

(2) 与电传动相比，液压传动具有质量轻、体积小、惯性小、响应快等突出优点。统计表明，液压泵和液压马达的单位功率的质量，仅为电动机的1/10左右，或者说液压泵和液压马达单位质量的“能容量”为电动机的10倍左右。

(3) 液压传动均匀平稳，负载变化时速度较稳定，并且具有良好的低速稳定性。液压马达最低稳定转速可达1r/min，这是任何电动机都难以做到的。

(4) 借助于各种控制阀，可实现过载自动保护，也易于实现其他自动控制和进行远程控制或机器运行自动化。特别是与电液控制技术联用时，易于实现复杂的自动工作循环。

(5) 由于液压元件是用管道进行连接的，所以可允许执行元件与液压泵相距较远；液压元件可根据设备要求与环境灵活安装，适应性非常强。

(6) 液压系统通常以液压油作为工作介质，具有良好的润滑条件，可以延长元件的使用寿命，这是其他传动系统难以做到的。

(7) 液压传动中的液压元件易于标准化、系列化和通用化，便于设计、制造和推广应用。

2. 液压传动的主要缺点

(1) 效率比较低。在液压系统的动力传递过程中，能量经过两次转换，由于转换时存在着机械能和液压能的损失，故其效率比较低，一般为75％～80％。

(2) 存在泄漏问题。实践证明，液压系统的泄漏是不可避免的。泄漏不仅使液压系统效率降低和影响传动的平稳性及准确性，而且还会污染环境，尤其是石油基液压液，当附近有火种或高温热源存在时，泄漏可能导致着火而引发事故。

(3) 对于污染敏感。污染的工作介质对液压元件危害极大，使之磨损加剧、性能变坏、寿命缩短，甚至损坏。液压元件磨损的同时，又使工作介质的污染加剧。据统计，液压系统70％以上的故障是由液压油的污染引起的，因此，保持工作介质的清洁极为重要。

(4) 检修比较困难。液压系统一旦发生故障，判断产生故障的原因和位置都比较困难，因此要求操作和维修人员，应有较高的技术水平、专业维修知识和判断故障原因的能力。

(5) 对温度敏感。实践充分证明，液压系统的性能和效率受温度变化影响比较大，在常温下工作比较正常，一般不适用于高温或低温环境。

（6）产品成本较高。液压元件加工精度较高，且在一般情况下需要独立的动力源，因此产品成本较高。

1.4.3 液压系统的使用和维护

1. 液压系统的日常检查和定期检查

对在使用和维护中的液压设备，通常采用“日常检查”和“定期检查”的方法，以保证设备正常运行。液压设备的日常检查项目和内容见表 1-4，液压设备的定期检查项目和内容见表 1-5。

液压设备的日常检查项目和内容　　表 1-4

检查时间	检查项目	检查内容
在设备运行中监视工况	压力	系统压力是否稳定在规定范围内
	噪声、振动	有无异常
	油温	是否在 35～55℃：范围内，不得超过 60℃
	漏油	全系统有无漏油
	电压	是否保持在额定电压－15%～5%范围内
在启动前检查	油位	是否正常
	行程开关和限位块	是否紧固，位置是否正确
	手动、自动工作循环装置	是否正常
	电磁阀	是否处于原始状态

液压设备的定期检查项目和内容　　表 1-5

检查项目	检查内容
螺钉及管接头	对于 10MPa 以上系统，每月紧固一次。 对于 10MPa 以下系统，每三个月紧固一次
过滤器、空气滤清器	对于一般系统，每月检查一次。 对于铸造系统，每半月检查一次
油箱、管道、阀板	大修时检查
密封件	按环境温度、工作压力、密封件材质等具体情况确定
弹簧	按工作情况、元件质量等具体情况确定
油污染度检验	对已确定换油周期的设备，提前一周取样化验。 对新换的油，经 1000h 使用后，应取样化验。 对精、大、稀等设备用油，经 600h 使用后，应取样化验。 取油样时应用专用容器，并保证不受污染。 取油样应取正在使用的“热油”，不得取静止油。 取油样的数量为 300～500mL/次。 按油料化验单进行化验，油料化验单应存入设备档案

续表

检查项目	检查内容
压力表	按设备使用情况，规定检验周期
高压软管	根据使用工况，规定更换的时间
液压元件	根据使用工况，规定对液压泵、液压阀、液压缸、液压马达等主要元件进行性能测定。尽可能采取在线测试办法测定其主要参数
电控部分	按电器使用维修规定，定期进行检查维修

2. 液压系统使用和维修注意事项

（1）保持油液清洁，防止系统污染

1）定期清洗油箱、滤油器、管道和液压元件，清除液压系统内部的污染物。

2）定期过滤或更换油液，并应注意下列事项：

更换的新油液或补加的油液，必须为本系统规定使用牌号的油液，油的质量必须符合规定的指标。

在新油液注入油箱前，应将油箱、管道及液压缸内的旧油液排干净，将油箱内部清洗干净。

新油液应过滤后再注入油箱，过滤精度不得低于液压系统的过滤精度。

更换工作介质的期限：因工作条件、使用环境不同而有很大的差别。在一般情况下，大约一年更换一次；在连续运转、高温、高湿、灰尘较多的情况下，应缩短换油周期。

应根据液压介质的使用寿命定期更换。表 1-6 给出了各种液压介质的更换周期，可供实际工作中参考。

3）油箱应封闭严密，所有进入油箱的管道在穿过箱壁处应采取密封措施，油箱顶盖上应设置高效空气滤清器，防止外界灰尘、机械杂质、水分等进入油箱。

4）液压缸活塞杆的防尘圈应密封可靠，在灰尘较多的场合，还应在外伸活塞杆表面装设防尘罩，防止灰尘沿活塞杆表面进入液压缸。

各种液压介质的更换周期　　表 1-6

介质种类	普通液压油	专用液压油	机械油	汽轮机油	水包油乳化液	油包水乳化液	磷酸酯
更换周期（月）	12～18	＞12	6	12	2～3	12～18	＞12

（2）防止空气进入液压系统

1）回油管和吸油管必须插入油箱最低液面下一定深度处，防止回油和吸油时将外界空气带入液压系统。

2）吸油管和液压泵轴密封部分等各个低于大气压的地方，应注意不要漏入空气。

3）定期清洗吸油过滤器，尽量减少吸油的阻力，防止溶解在油中的空气分离出来，形成气穴。气穴发生时，油液的流动特性变坏。

4）油箱内的吸油管和回油管应相隔一定距离，两者之间设置隔板和除气网，促使油液中的气泡浮出液面。

5）在设备启动时，通过管道或液压缸最高部位的排气装置，将液压系统中的空气排净。

（3）防止系统出现泄漏

液压装置的外泄漏主要发生在各种管道连接件、元件或零件之间的固定结合面，以及外伸轴杆的动配合等处。表 1-7 中列出了液压装置外泄漏的主要部位及原因。

液压装置外泄漏的主要部位及原因　　表 1-7

泄漏部位	泄漏原因
管接头	管接头及密封件的类型、规格与使用条件不符；接头加工质量差；装配不合格；振动等原因引起接头松动；密封圈质量差、老化或破损
不承受压力负载的固定结合面	结合面的表面粗糙度值和平面度误差过大；零件变形使两个表面不能全面接触；密封垫硬化或破损；装配时结合面上有沙尘等杂质；被密封的容腔内有压力
承受压力负载的固定结合面	结合面粗糙不平；紧固螺栓拧紧力矩不足，或各螺钉拧紧力矩不等；密封圈失效；结合表面翘曲变形；密封圈压缩量不足等
轴向滑动表面密封处	密封圈的材料或结构类型与使用条件不符；密封圈老化或破损；轴表面粗糙或划伤；密封圈安装不当
转轴密封处	转轴表面粗糙或划伤；油封材料或形式与使用条件不符；油封老化或破损；油封与轴偏心量过大或转轴振摆过大

为了防止液压系统出现外泄漏，除根据表 1-7 中所列原因采取相应的措施外，还须注意以下事项：

1）密封部位的沟、槽、面加工尺寸和精度、表面粗糙度应符合现行规范的要求，这是确保密封、杜绝外泄的基本条件。

2）根据使用条件，正确选用接头和密封的类型、确定密封圈的材料、合理设计密封沟槽的尺寸、规定恰当的加工要求，是保证密封有效的前提，应认真对待。

3）在进行液压系统装配时，应保持各密封部位及密封圈的清洁度，并按照规定的方法进行安装，防止密封圈在装配时破损。

4）根据液压系统工作的实际情况，定期或不定期地更换密封圈，有缺陷或用过的密封圈不准再使用。

5）定期紧固管接头、法兰螺钉、安装螺钉等，每个螺钉的大小要符合有关规定，拧紧力矩要均匀。

4）控制液压系统的油温

根据工程实践经验，一般机床的液压系统连续正常工作时，油箱的油温应控制在35～55℃范围内，最高不得超过60℃；若有异常温升，应注意液压系统的工作状况，并检查油温升高的原因，予以及时排除。

5）控制油箱中的液面位置

油箱中的液面位置应经常保持在规定的范围内。液压系统在启动前，油箱中应注入足够数量的油液，启动后由于部分油液进入管道和液压缸，液面必然会下降，若低于允许的最低液位，必须进行补油。在使用过程中，应经常观察油位。可能会因为系统泄漏造成油位下降，应在油箱上设置液位计，以便经常观察和补充油液。

（6）液压泵的启动和停止

液压泵在初次启动时，应向泵体内灌满工作介质，并检查其旋转方向。停机4h以上的液压系统，应先使液压泵空载运转5min，然后再启动执行机构工作。

（7）其他注意事项

1）不准任意调整电控系统的互锁装置，禁止损坏或任意移动各限位挡块。

2）未经主管部门同意，任何人不准私自调节或拆换各种液压元件。

3）当液压系统出现故障时，应及时通知维修部门分析原因并及时排除，不准擅自乱动，不准设备“带病”工作。

4）液压系统中的易损零件（如密封圈等）应有备用件，以便及时更换。

1.4.4 液压系统常见故障和排除方法

1. 液压泵的常见故障及排除方法

液压泵的常见故障及排除方法见表1-8。

液压泵的常见故障及排除方法　　表1-8

故障现象	故障分析	排除方法
不出油、输油量不足、压力升不高	（1）液压泵旋转方向不对，即液压泵轴反转	（1）检查电动机的转向
	（2）吸油管或过滤器堵塞，吸油口截止阀未全部打开	（2）疏通吸油管道，清洗过滤器，更换新油液；全开截止阀
	（3）液压泵安装高度过高、油位过低或吸回油管插入油下深度不够	（3）安装高度一般不得超过500mm，加油至规定油位，增加吸回油管的插入深度
	（4）连接处或管接头密封不严，有泄漏或空气混入	（4）紧固各连接处螺钉及管接头，更换密封装置，避免泄漏，严防空气混入
	（5）轴向或径向的间隙过大，内泄漏大	（5）检修或更换有关零件
	（6）油液黏度过大或油温过高	（6）正确选用油液，控制好油温
	（7）液压泵的转速太低	（7）控制液压泵转速不低于规定的转速

续表

故障现象	故障分析	排除方法
噪声大、压力波动大	（1）吸油管密封处漏气，油液中有气泡	（1）在密封处涂上黄油，如噪声减小，可拧紧接头或螺钉，更换密封圈；吸回油管应插入油面以下，防止空气混入油中；给液压泵和液压系统排气
	（2）吸油管及过滤器堵塞或过滤器的容量小	（2）清洗油管及过滤器，更换清洁的油液；正确选用过滤器
	（3）液压泵安装位置过高或油位低	（3）降低液压泵安装高度或加油提高油位
	（4）油温过低或油液黏度高	（4）油液加热到适当温度或更换低黏度油液
	（5）液压泵的转速过高	（5）控制液压泵转速在最高允许转速以下
	（6）液压泵轴与电动机轴同轴度超出制造厂的规定	（6）检查并调整液压泵轴与电动机轴同轴度
	（7）液压泵支架、电动机安装不牢，联轴器安装不良	（7）重新安装并紧固安装螺钉
	（8）液压泵轴承或内部零件损坏	（8）检查轴承部分的温升，更换轴承及有关零件
异常发热	（1）液压泵内零件配合间隙过小，滑动部位摩擦损失过大或过热、烧伤；配合间隙过大，容积损失过大	（1）拆检修理，重新装配，达到技术要求
	（2）轴承装配及润滑不良，造成过热或烧伤过载	（2）重新装配或更换轴承，清洗润滑油通道，减小“油流”阻力
	（3）系统管路压力损失、溢流和节流损失过大，造成油温过高；油箱容积小，散热条件差	（3）按规定合理调节液压泵的工作压力。改进系统设计，合理调节系统压力，减少各种能量损失；增大油箱，增设冷却器
轴颈油封漏油	（1）油封质量差，老化失效，唇口破坏	（1）更换油封，安装时防止出现唇口损坏
	（2）轴颈表面粗糙、划伤或有杂质	（2）修磨，清除异物
	（3）泄油通道堵塞，泄油管道液阻过大，使泵体内压力升高到超过油封允许的耐压值	（3）清洗泄油通道，减小泄油阻力；柱塞泵泵体上的泄油口应用单独油管直通油箱；检查泵体内的压力，其值应小于0.08MPa

2. 液压缸的常见故障及排除方法

液压缸的常见故障及排除方法见表1-9。

液压缸的常见故障及排除方法 **表 1-9**

故障现象	故障分析	排除方法
推力不足或工作速度下降甚至停止	(1) 缸筒与活塞配合间隙太大或活塞上的密封圈损坏，导致内泄过大，高低压腔互通	(1) 按规定配合间隙，重配活塞或更换密封圈
	(2) 缸筒全长磨损或膨胀不均匀，造成缸孔直线性不良（局部呈腰鼓形），致使活塞左右两腔互通	(2) 镗磨修复缸筒，重新配制活塞
	(3) 缸筒端盖的密封件压紧力过大或活塞杆弯曲，造成摩擦阻力过大	(3) 适当减小压紧力，以不漏油为限，校直活塞杆
	(4) 活塞、活塞杆和缸盖之间同轴度差，液压缸与工作台导轨面平行度差	(4) 检查同轴度和平行度，重新装配和安装
	(5) 油温过高，油液黏度降低，内外泄漏增大	(5) 分析油温过高的原因，采取降低油温的措施
	(6) 系统泄漏部位太多，造成供油量不足，压力降低，速度减慢	(6) 查找泄漏的部位，采取紧固或更换密封件等措施，抑制油液的泄漏
	(7) 液压缸的回油阻力过大，背压过高	(7) 检查回油系统管道及各种阀，分析阻力过大的原因并排除
	(8) 导轨润滑不良，阻力过大	(8) 清洗润滑装置，调整润滑油量和压力
爬行	(1) 缸内有空气或油液中有气泡	(1) 分析存在空气的原因，防止空气侵入；增设排气装置；让工作部件以最大行程和最快速度运动，使空气强制被排出
	(2) 导轨润滑不良，出现干摩擦	(2) 调整导轨的润滑装置，适当增加润滑油压力和润滑油的油量
	(3) 活塞杆全长或局部弯曲	(3) 找出活塞杆弯曲部位，校直活塞杆
	(4) 缸孔或活塞杆腐蚀、拉毛	(4) 轻微时修去锈蚀和毛刺，严重时应镗磨及重新配制相关零件
	(5) 缸孔直线度不良，有鼓形、锥度等	(5) 镗磨修置，重新配制活塞
	(6) 活塞杆与活塞、导套不同轴；液压缸与导轨不平行	(6) 重新装配和安装，调整活塞杆与活塞、导套的同轴度，液压缸与导轨的平行度
冲击	(1) 运动速度快，没有缓冲装置	(1) 增设缓冲装置或背压阀
	(2) 单向节流缓冲装置中节流阀磨损，单向阀密封不严或其他处泄漏	(2) 修复或更换阀芯及阀座，减少油液的泄漏
	(3) 缓冲装置调节不当	(3) 重新调节缓冲节流阀开口或背压阀压力
	(4) 先导阀、换向阀等制动不灵敏，致使换向时液流速度剧变	(4) 减小制动锥斜角或增加制动锥长度
	(5) 工作压力过高	(5) 将工作压力调整至规定值
	(6) 系统中有大量的空气	(6) 采取措施排除系统中的空气

3. 溢流阀的常见故障及排除方法

溢流阀的常见故障及排除方法见表1-10。

溢流阀的常见故障及排除方法 **表1-10**

故障现象	故障分析	排除方法
压力波动	（1）弹簧弯曲变形	（1）更换弹簧
	（2）滑阀变形或拉毛	（2）“修研”或更换滑阀
	（3）阀芯锥面与阀座磨损不均匀，从而造成接触不良，密封不严	（3）“配研”阀芯及阀座或更换阀芯
	（4）油液中脏东西使阻尾孔或配合间隙时堵时通，造成阀芯运动无规律，产生压力波动	（4）拆开清洗，检查油质，更换油液
	（5）调压螺钉的锁紧螺母松动	（5）调压后将锁紧螺母锁紧
	（6）供油液压泵的流量和压力脉动，从而造成系统压力波动	（6）检查、修复或更换液压泵
压力升不高，调整无效	（1）锥阀、主阀锥面与阀座接触不良，密封不严，滑阀与阀体孔配合间隙增大，导致内泄漏过大	（1）清洗检查，更换阀芯
	（2）阻尼孔堵塞	（2）清洗、疏通阻尼孔，检查油液的清洁度
	（3）主阀芯卡住	（3）拆洗，检查，修整
	（4）弹簧太软、变形、断裂	（4）更换弹簧
	（5）进出油口接反	（5）重新连接
	（6）管接头、液压泵或系统其他元件泄漏严重	（6）检查泄漏部位，拧紧接头，更换密封件，并修理或更换元件
噪声和振动	（1）锁紧螺母产生松动	（1）将松动的螺母拧紧
	（2）弹簧发生变形	（2）更换新的弹簧
	（3）阀芯与阀体孔配合过紧	（3）修磨阀芯或研磨阀孔
	（4）锥阀磨损异常	（4）更换新的锥阀
	（5）回油管路中有空气	（5）排除回油管的空气，紧固管接头
	（6）回油管阻力过大，回油管贴近油箱底面	（6）适当增大管径，减少弯头，减小回油阻力；回油管口应离油箱底面有2倍管径以上的距离
	（7）流量超过允许值	（7）更换与流量对应的阀
	（8）压力上升到某一值时，与其他阀产生共振，发出尖叫声	（8）略微改变阀的额定压力值；变更弹簧，在先导阀高压油进口增加阻尼

4. 减压阀的常见故障及排除方法

减压阀的常见故障及排除方法见表1-11。

减压阀的常见故障及排除方法　　表 1-11

故障现象	故障分析	排除方法
压力波动不稳定	（1）油液中有空气	（1）将油液中的空气排除
	（2）阻尼孔时堵时通	（2）清洗阻尼孔
	（3）滑阀与阀体孔圆度超差，阀芯动作不灵敏，有时卡住	（3）“修研”阀孔及滑阀
	（4）弹簧太软、变形或在阀芯中卡住，使阀芯移动比较困难	（4）更换弹簧
	（5）锥阀与阀座磨损严重，锥面有划伤，接触不良	（5）“配研”锥阀与阀座，更换锥阀
二次压力升不高	（1）外泄漏	（1）更换密封件，紧固螺钉，并保证力矩均匀
	（2）锥阀与阀座接触不良	（2）修理或更换锥阀与阀座
	（3）调压弹簧太软	（3）更换弹簧
不起减压的作用	（1）泄油口不通；泄油管与回油管相连，并有回油压力	（1）清洗疏通泄油通道，减小泄油阻力；泄油管必须与回油管分开，单独回油箱
	（2）主阀芯在全开位置时卡死	（2）修建、更换零件，检查油质

5. 换向阀的常见故障及排除方法

换向阀的常见故障及排除方法见表 1-12。

换向阀的常见故障及排除方法　　表 1-12

故障现象	故障分析	排除方法
滑阀不换向	（1）油液中杂质、零件表面毛刺使滑阀卡住	（1）拆洗，清除脏物及毛刺，检查油液的清洁度
	（2）阀体发生变形	（2）调节阀体安装螺钉，使压紧力均匀，或“修研”阀孔
	（3）复位弹簧变形、折断、太软或太硬	（3）更换弹簧
	（4）电磁铁线圈烧坏或电磁铁推力不足	（4）查找原因，修理或更换
	（5）电气线路出现故障	（5）清除故障
	（6）液控换向阀控制油路无油或油压太低	（6）检查原因并排除
	（7）油液黏度太高使阀芯移动困难；油温过高使阀芯热变形卡住	（7）更换黏度适合的油液；将油温控制在要求范围内
电磁换向阀工作时有响声	（1）滑阀卡住或摩擦力过大	（1）“修研”或调配滑阀
	（2）电磁铁推杆过长或过短	（2）修整或更换推杆
	（3）电磁铁铁芯的吸合面不平或接触不良	（3）修整吸合面，清除脏物
电磁铁过热或线圈烧坏	（1）线圈绝缘不良	（1）更换线圈
	（2）电压太高或太低，不稳定	（2）电压的变化值应在额定电压的 10% 以内
	（3）电磁铁铁芯与阀芯轴线同轴度不良	（3）拆卸电磁铁重新进行装配
	（4）阀芯卡住，电磁力推不动	（4）检查原因并排除
	（5）通过阀的压力和流量过大，超过规定值过多	（5）更换压力、流量符合要求的阀
	（6）回油口背压过高	（6）检查背压过高的原因，控制背压在规定值内

6. 液控单向阀的常见故障及排除方法

液控单向阀的常见故障及排除方法见表1-13。

液控单向阀的常见故障及排除方法　　表1-13

故障现象	故障分析	排除方法
油液不逆流	(1) 控制油压力过低	(1) 提高控制压力使之达到要求值
	(2) 控制油管道接头或阀端盖处漏油严重	(2) 紧固接头，紧固端盖螺钉，更换密封件
	(3) 单向阀或控制活塞卡死	(3) 清洗，修配，使之移动灵活
	(4) 外泄油口堵塞	(4) 检查外泄油管道，外泄口应单独回油箱
逆方向不密封，有泄漏	(1) 单向阀在全开位置上卡死	(1) 清洗，修配，使阀芯移动灵活
	(2) 单向阀锥面与阀座锥面接触不均匀	(2) 清洗，"配研"阀芯与阀座，或更换
	(3) 控制活塞在顶出位置上卡死	(3) 修配使其移动灵活

7. 节流调速阀的常见故障及排除方法

节流调速阀的常见故障及排除方法见表1-14。

节流调速阀的常见故障及排除方法　　表1-14

故障现象	故障分析	排除方法
节流作用失灵及调节范围小	(1) 节流阀阀芯与阀孔配合间隙过大，造成内泄漏大	(1) 检查泄漏部位零件磨损及配合情况，予以修复或更换
	(2) 节流口堵塞	(2) 拆卸清洗，过滤或更换油液，保持油液洁净
	(3) 节流阀芯卡住	(3) 拆开清洗，修理使其运动灵活
	(4) 单向节流调速阀中单向阀密封不良	(4) 研磨单向阀，提高密封性
运动速度不稳定，有时快时慢或跳动现象	(1) 油中脏物黏附在节流口的表面，有时又被冲刷下来，造成通流面积时大时小，运动速度时快时慢，周期变化形成跳动现象	(1) 拆卸清洗有关零件，更换新油液并严格过滤，在阀的进口设置滤清器
	(2) 油温升高，黏度降低，使运动速度加快	(2) 系统升温稳定后再调整节流阀或增设散热及温控装置
	(3) 节流阀内部、外部有泄漏，使流量不稳定	(3) 检查零件的精度和配合间隙，修配或更换零件，连接处要严加密封
	(4) 阻尼装置（如调速阀中减压阀的阻尼孔）堵塞，系统中有空气，以致出现速度不稳定及跳动现象	(4) 清洗有关零件，增设排气装置，让工作部件快速运动，使空气强迫排出，保持油液清洁
	(5) 使用筒式节流阀时，因系统负载变化而引起速度变化	(5) 使用调速阀代替筒式节流阀
	(6) 调速阀中的减压阀失灵；温度补偿调速阀中的温度补偿装置失灵	(6) 检查失灵的原因，修复有关零件或更换整个阀
	(7) 由于管道振动使调定的位置出现变化	(7) 调定后用锁紧装置锁住

8. 油温过高的常见原因及排除方法

油温过高的常见原因及排除方法见表 1-15。

油温过高的常见原因及排除方法 **表 1-15**

原因分析	排除方法
系统不需要或需要少量压力油时，大量油液长时间经溢流阀高压溢流回油箱，溢流损失过大使油温升高	改进系统设计，当系统不需要压力油时，油液经卸荷回路流回油箱；采用双泵或变量泵代替单个定量泵供油
液压元件规格选用不合理。阀的规格过小，压力损失太大；液压泵的流量过大，溢流损失过大	根据系统工作压力和通过阀的最大流量选择阀的规格；根据系统压力、所需最大流量及流量变化选择液压泵的规格及供油方式
管路过长，管径过小，弯曲过多，造成压力损失过大	根据流量或泵、阀元件规格选择管径，合理布管，缩短管长，减少弯曲和截面变化
压力阀的调整压力过高	在满足系统正常工作条件下，尽可能降低各压力阀的调整压力
液压元件及系统各连接处内外泄漏过大，造成容积损失使油液发热	检修或更换液压元件，减少内泄漏；紧固管接头、连接处的螺钉，更换密封件，消除外泄漏
液压泵、液压马达等元件内部机械摩擦造成功率损失，使元件发热，油温升高	修理或更换元件，提高装配及安装质量，改善润滑条件
油液黏度过大或过小	更换黏度符合要求的液压油
油箱容量小，结构不合理，散热性能差	加大油箱的容量，改进结构，增加散热的面积，增设冷却装置
冷却器换热面积小或有故障，冷却水量不足，冷却水管中有污垢，管内有空气等原因使冷却效果不佳	增加冷却器换热面积，排除冷却系统的故障
环境温度高	尽量减少环境温度对液压系统的影响，装设冷却装置

1.5 钢结构基础知识

钢结构是以钢材制作为主的结构，主要由型钢和钢板等制成的钢梁、钢柱、钢桁架等构件组成，各构件或部件之间通常采用焊缝、螺栓或铆钉连接，是主要的建筑结构类型之一。因其自重较轻，且施工简便，广泛应用于大型厂房、桥梁、场馆、超高层等领域。

1.5.1 钢结构的特点

钢结构是用钢板、热轧型钢或冷加工成形的薄壁型钢制造而成的。钢结构和其他材料的结构相比，具有以下特点：

1. 钢材的强度高，塑性和韧性好

钢材和其他建筑材料（如混凝土、砖石和木材等）相比，其强度要高得多。因此，特别适用于跨度大或荷载大的构件和结构。钢材还具有塑性和韧性好的特点：塑性好，结构在一般条件下不会因超载而突然断裂；韧性好，结构对动力荷载的适应性强。良好的吸能能力和延展性还使钢结构具有优越的抗震性能。但是，截面小而壁薄的钢材构件，在受压时需要满足稳定性的要求，钢材的高强度性能有时不能充分显现出来。

2. 材质比较均匀，符合计算假定

材料试验证明，钢材的内部组织结构比较接近于匀质和各向同性体，而且在一定的应力范围内几乎是完全弹性的。因此，钢结构的实际受力情况和工程力学计算结果比较符合。钢材质量在冶炼和轧制的过程中可以严格控制，因而材质波动的范围很小。

3. 结构制造简便，施工周期较短

钢结构所用的材料品种比较单一，加工比较简便，并能使用机械进行操作。因此，大量的钢结构一般是在专业化的金属结构厂制成所需的构件，加工的精确度较高。构件在工地拼装，可以采用普通螺栓和高强度螺栓，有时还可以在地面拼装和焊接成较大的单元再吊装，以缩短施工周期。小部分的钢结构和轻钢屋架，也可以在现场就地制造，随即用简便的机具吊装。对已建成的钢结构也比较容易进行改建和加固。

4. 钢结构质量轻，抵抗地震有利

钢材的密度虽比混凝土等建筑材料的密度大，但钢结构却比钢筋混凝土结构轻。以同样的跨度承受同样荷载，钢屋架的质量一般是钢筋混凝土屋架质量的 1/4～1/3，从而为吊装提供了便利条件，同时对抵抗地震有利。另一方面，质量轻的结构对可变荷载的变动比较敏感，荷载超额的不利影响比较大。

5. 耐腐蚀性较差，维护费用较高

钢材耐腐蚀的性能比较差，必须注意对钢结构的防护。尤其是暴露在大气中的钢结构，更应特别注重锈蚀问题，这就使钢结构的维护费用比钢筋混凝土结构高。试验结果表明，在没有侵蚀性介质的环境中，钢构件经过完全除锈并涂上合格的油漆，不会再产生锈蚀。近年来，我国生产的耐候钢具有较好的抗锈蚀性能，已经在各类工程中广泛应用。

6. 耐热性能较好，耐火性能很差

材料试验表明，钢材长期经受 100°C 辐射热时，其强度没有很大的变化，具有较好的耐热性能；但环境温度达 100°C 以上时，就需要用隔热层对钢材加以保护。由此可见，对于重要的钢结构必须注意采取防火措施，如利用蛭石板、蛭石喷涂层或石膏板等加以防护。

1.5.2 钢结构的材料

1. 钢材的技术性能

钢材的技术性能一般是指钢材的力学性能、工艺性能和为满足某些结构的需要而具有的特殊性能。钢材的力学性能指标是指钢材在标准条件下均匀拉伸中显示的屈服强度、抗拉强度、伸长率、冲击韧性；钢材的工艺性能指标主要指钢材的冷弯性能和焊接性能。

2. 钢的种类和规格

（1）钢的种类

我国建筑结构用钢主要有碳素结构钢和低合金高强度结构钢两类。

碳素结构钢按含碳量不同，可分为低碳钢、中碳钢和高碳钢。碳的含量越大，钢的强度越高，但其塑性、韧性和可焊性却显著降低。碳素结构钢按其屈服强度分为五个牌号，在建筑结构中广泛应用的碳素结构钢的牌号为Q235。依据质量等级及杂质含量，Q235又分为A、B、C、D四个等级，质量等级A最低，D最高。碳素结构钢牌号中还用F、B、Z、TZ，分别表示沸腾钢、半镇静钢、镇静钢和特殊镇静钢，按国家规定，Z和TZ可以省略不标。

低合金高强度结构钢是在钢中加入适量的合金元素，如锰、钒、硅等，使其晶粒变细、均匀，从而提高了钢的强度，同时又不降低其塑性及冲击韧性。低合金高强度结构钢的牌号表示方法与碳素结构钢相同。

（2）钢的规格

钢结构构件所用的型材主要有热轧型钢和冷弯薄壁型钢两大类。

建筑结构中常用的热轧型钢有工字钢、H型钢、T型钢、槽钢、角钢和热轧成型的钢板、圆钢、热轧无缝钢管等。

建筑结构中常用的冷弯薄壁型钢是由薄钢板经冷弯或模压而成的。按其截面形式不同有角钢、槽钢、Z形钢、帽形钢、钢管等，还有广泛用于墙面和屋面材料、涂有防腐材料的彩色压型钢板。

（3）钢的选用

工程实践证明，用作钢结构的钢材必须具有以下性能：

1）较高的强度。即具有较高的抗拉强度和屈服强度。屈服强度高可以减小结构的截面，从而减轻结构自重，节约钢材，降低造价。抗拉强度高可以增大钢结构的安全性。

2）足够的变形能力。即具有较好的塑性和韧性。塑性好则结构破坏前变形比较明显，从而可减少脆性破坏的危险性，并且塑性变形还能调整局部高峰应力，使之趋于平缓。韧性好表示在动荷载的作用下，结构破坏时要吸收较多的能量，同样也能降低脆性破坏的危险程度。对于采用塑性设计的结构和处在地震频繁发生地区的结构，钢材变形能力的大小具有特别重要的意义。

3）良好的加工性能。即具有良好的热、冷加工的性能，同时还具有良好的可焊性。

1.5.3 钢结构的连接

钢结构是由钢板、型钢通过必要的连接组成构件，再通过一定的安装连接而成的整体结构。在受力过程中，连接部位应有足够的强度，被连接杆件间应保持正确的相对位置，以满足传力和使用的要求。连接的加工和安装比较复杂，因此，选定连接方案是钢结构设计中很重要的环节。良好的连接应当遵循安全可靠、节约钢材、构造简单和施工方便的原则。

在建筑工程中，钢结构的连接方式分为焊接、螺栓连接等几种。

1. 焊接

焊接也称为熔接，是一种以加热、高温或者高压的方式熔接金属或其他热塑性材料，如塑料的制造工艺及技术。焊接是目前钢结构中最主要的连接方法，其优点是构造简单、节约钢材、加工方便、易于采用自动化作业。

钢结构中常用的焊接方法主要有电弧焊、埋弧压力焊、电阻焊和气焊等。钢结构焊缝接头采用的形式有对接焊缝和角焊缝两种。

2. 螺栓连接

螺栓连接是一种广泛使用的可拆卸的固定连接，具有结构简单、连接可靠、装拆方便等优点。螺栓连接又可分为普通螺栓连接和高强度螺栓连接。

（1）普通螺栓连接。普通螺栓连接按其传力方式，可分为外力与栓杆垂直的受剪螺栓连接、外力与栓杆平行的受拉螺栓连接、同时受剪和受拉的螺栓连接。受剪螺栓依靠栓杆抗剪和栓杆对孔壁的承压来传力；受拉螺栓则由杆件使螺栓张拉传力；同时受剪和受拉的螺栓，则同时依靠栓杆抗剪和栓杆受拉来传力。

在不同类型的普通螺栓连接中，螺栓的规格和数量均需要由螺栓的受力计算来确定。

（2）高强度螺栓连接。高强度螺栓连接又可分为摩擦型和承压型两种。目前我国采用的高强度螺栓，按热处理后的强度分为 10.9 级和 8.8 级，其中整数部分表示螺栓成品的抗拉强度，小数部分表示屈强比。高强度螺栓的构造和排列要求，除栓杆与孔径的差值较小外，其他与普通螺栓相同。

1.6 起重吊装基础知识

起重吊装是脚手架搭设和拆除中经常遇到的作业，也是施工难度较大、危险性较高的操作。因此，如何选用起重设备、科学制定吊装方案，是脚手架施工中的重要工作。

1.6.1 常用起重绳索与吊具

1. 起重绳索

绳索在起重吊装工作中专门用来捆绑、搬运和提升物件，常用的绳索有麻绳、化学纤维绳和钢丝绳。

（1）麻绳

麻绳是起重吊装作业中常用的一种绳索，具有轻便、柔软、易捆绑等优点。一般用于质量较小物件的捆扎，也可作为起重绳、缆绳或平衡绳使用。在使用中应注意如下事项：

1）麻绳的耐磨性较差和强度较低，只能用于质量较小物体的捆绑，机动的起重机械及受力较大的场合不得使用麻绳。

2）用于滑轮组的麻绳，要求滑轮的直径不得小于麻绳直径的 10 倍。

3）用麻绳捆绑构件时，应用衬垫材料垫好构件的棱角处，防止棱角损伤麻绳。

4）用于滑轮组的麻绳，应避免麻绳的绳结通过滑轮槽等狭窄的地方。

5）为保护麻绳和延长其使用寿命，不要将麻绳和有腐蚀作用的化学物品接触，应将其存放在干燥木板上，不可受潮和高温烘烤。

6）为保证麻绳的使用安全，当麻绳表面均匀磨损超过绳径的 30%，或局部损伤深度超过绳径的 10%时，应降级使用；有断股时应禁止使用。

（2）化学纤维绳

化学纤维绳主要有尼龙绳和涤纶绳两种，具有质量轻、柔软、耐腐蚀、弹性好等特点，通常用来吊挂表面光洁或表面不允许磨损的机件和设备。在使用中应注意如下事项：

1）化学纤维绳遇到高温时易熔化，使用和保存中要防止暴晒，避免高温和远离火焰。

2）化学纤维绳弹性较大，起吊时不稳定，应特别防止吊物摆动伤人。另外，一旦出现断绳，其回弹幅度较大，应采取防止回弹伤人的措施。

3）化学纤维绳摩擦力较小，当带载从缆桩上放出时，要防止绳索全部滑出伤人。

（3）钢丝绳

钢丝绳普遍用于起重机的吊装、变幅和牵引机构，还可用作桅杆起重机的张紧绳、缆索起重机与架空索道的支撑绳等。在起重吊运作业中，常被用来捆绑构件、物料和用作索具。钢丝绳的选用应考虑滑轮直径、钢丝绳的安全系数和抗拉强度等，在使用中应注意如下事项：

1）钢丝绳的规格，应根据不同的用途来选择。如作用起吊重物或穿绕滑轮用的钢丝绳，可选用 6×37、6×61 规格的钢丝绳；用作缆绳或牵引绳的钢丝绳，可选择 6×19 规格的钢丝绳。

2）钢丝绳的直径，应根据所承受荷载的大小及钢丝绳的允许拉力来选择。

3）钢丝绳的长度，应能满足当吊钩处于最低工作位置时，钢丝绳在卷筒上还缠绕有 2～3 圈的减载圈，避免绳尾压板直接承受拉力。

4）新钢丝绳在使用之前，应认真检查其合格证，确认钢丝绳的性能和规格符合要求。

5）钢丝绳穿过滑轮时，滑轮槽的直径应略大于绳的直径。如果滑轮槽的直径过大，钢丝绳容易压扁；如果滑轮槽的直径过小，钢丝绳容易磨损。

2. 起重吊具

起重吊具是指起重机械中吊取重物的装置。在起重吊运工作中需要各种形式的吊具，常用的吊具有吊索、卸扣、吊钩、吊环、平衡梁和滑轮等。吊具应构造简单、使用方便、容易拆卸、节省人力和时间，并保证起重吊运工作安全可靠。

（1）吊索

吊索是用钢丝绳制成的一种吊具，因此钢丝绳的允许拉力即为吊索的允许拉力。吊索内力是在吊运物件时吊索实际产生的拉力，在工作中吊索内力不应超过其允许拉力。

吊索内力不仅与物件所受重力有关，还与吊索和水平面的夹角有关。夹角越大，内力越小；夹角越小，内力越大。吊索最理想的垂直状态不易达到，一般状态应不小于 30°，最好控制在 45°～60°。

（2）卸扣

卸扣用以连接起重滑轮和固定吊索等，是吊装工作中的重要工具之一，通用的有销子式和螺旋式两种。螺旋式较为常用，一般用碳素钢锻制而成，由马蹄环和横销两个部分组成。为了脱钩方便，将一般卸扣改制成半自动卸扣，即将横轴改成能在地面用拉绳拉动，横轴被拉出而形成脱钩；放松拉绳，横轴又借弹簧的弹力回到原来位置。

卸扣如无合格证明书，在使用前应按额定能力的 1.5 倍进行拉力试验。要经常检查马蹄环和横销的磨损情况，如发现严重磨损、变形或疲劳裂纹，应及时更换。

（3）吊钩和吊环

吊钩和吊环是吊装工作中应用最广的吊具，吊钩有单钩和双钩两种；吊环具有环形的封闭外形，常用于起重量很大的起重机上。为了使用方便，一般在吊装重型设备和专用起重机中宜采用铰接吊环。

吊钩和吊环一般是锻造的，表面应光滑，不得有剥痕、刻痕、锐角、裂纹等存在。每隔 1～3 年检查一次，若发现裂纹，应立即停止使用，如发现危险断面上磨损深度超过10%，应根据实际断面尺寸验算，根据计算结果确定是否停止使用或降低标准使用。不允许对有裂纹等缺陷的吊钩进行补焊修理。

(4) 平衡梁

在吊装屋架等大型物体时，既要保证物体的平衡，又要保证物体不被绳索摩擦损坏，一般应采用平衡梁（俗称铁扁担）进行吊装。这种吊装方法简单，安全可靠，它能承受由于倾斜吊装产生的水平分力，减小起吊时物体承受的压力，改善吊耳的受力情况，因而物体不会出现危险的变形，而且还可缩短吊索的长度，降低起吊的高度。

(5) 滑轮和滑轮组

滑轮是起重吊运工作中的重要工具之一，滑轮组是由多个滑轮通过特定连接组成的省力吊运工具。滑轮组能省力多少，取决于共同承担物体重力的工作绳数。滑轮和滑轮组在使用中应注意如下事项：

1）在使用前应进行安全检查。铭牌上的额定负荷、种类和性能应弄清楚；轮槽应光洁平滑，不得有损害钢丝绳的缺陷；轮轴、夹板、吊钩等各部分，不得有裂纹和其他损伤。

2）滑轮轴应经常保持清洁，定期涂抹润滑油脂，保持转动灵活。

3）在可能使钢丝绳脱槽的滑轮上，设置防脱槽的装置。

4）滑轮的直径与钢丝绳的直径之比应符合有关要求。

5）滑轮组在起吊前要缓慢加力，待绳索完全收紧后，检查有无卡绳、乱绳、脱槽现象，检查固定滑轮组的部位有无松动等情况。确认各项均正常后方可作业。

6）为防止钢丝绳与轮缘摩擦，在拉紧状态时，滑轮组的上下滑轮之间的距离应保持700～1200mm，不得过小。

7）使用多个滑轮时，必须使每个滑轮都均匀受力，不能以其中的一个或几个滑轮承担全部荷载。

1.6.2 常用起重机具的安全技术

在建筑工程中常用的起重机具主要有千斤顶、倒链、电动卷扬机、地锚等。

1. 千斤顶

千斤顶是一种用比较小的力就能把重物升高、降低或移动的机具，其结构简单，使用方便。千斤顶按其构造形式可分为螺旋千斤顶、液压千斤顶和齿条千斤顶，实际工程中应用广泛的是螺旋千斤顶和液压千斤顶。千斤顶在使用中应注意以下事项：

(1) 在使用前，应通过顶杆起落检查内部机构装配和传动的灵活性情况，检查油路是否畅通，还要检查油箱是否有足够的油量，油质是否符合要求。

(2) 在使用过程中，千斤顶必须垂直安放在平整、坚实、可靠的地面上，并在其下面垫枕木、木板或钢板来扩大受压面积，以防设备滑动。

（3）千斤顶不得超负荷使用，顶升的高度不准超过活塞上的标志线。如无标志线，每次顶升量不得超过螺杆螺纹或活塞总高的3/4，以免将螺杆或活塞全部顶起。不准任意加长手柄，强迫液压千斤顶超负荷工作。

（4）顶升过程中应随构件的升高及时用枕木垫牢，应防止千斤顶顶斜或回油引起活塞突然下降。

（5）在顶升设备中途停止作业时，为防止大活塞突然下降，要进行衬垫，垫在大活塞顶端边沿与油缸上口的间隙中间。

（6）保持储油池的清洁，防止沙、灰尘等进入储油池内堵塞油路。千斤顶应放在干燥无尘土的地方，不可日晒雨淋，使用前应将其擦拭干净。

（7）液压千斤顶在落顶时，要微开油门，使其缓慢下降，应防止下降过快，以免损坏千斤顶。使用齿条式千斤顶时，在落顶时要手握摇把，缓慢地下落，防止摇把自转伤人或落顶过快造成事故。

（8）几个千斤顶联合使用时，各千斤顶应同步升降，每个千斤顶的起重能力不得小于其计算荷载的1.2倍。

2. 倒链

倒链又称为手动葫芦，可用来起吊轻型物件、拉紧桅杆的缆风绳等。倒链适用于小型设备和重物的短距离吊装及机械设备的检修拆装。这种起重机具具有结构紧凑、拉力较小、携带方便、使用方法比其他起重机具容易掌握等优点。倒链在使用过程中应注意以下事项：

（1）倒链在正式使用前，应检查传动部分是否灵活，链子和吊钩及轮轴是否有裂纹损伤，手拉小链是否有跑链和掉链等现象。

（2）使用时挂上重物后，要缓慢地拉动链条。当起重链条受力后，再检查链条部分有无变化，自锁装置是否起作用。经检查确认各部分情况良好后，方可继续工作。

（3）采用倒链起重时，不能超出额定的起重能力。在任何方向起重时，拉链方向应与链轮方向相同，要注意防止手拉链脱槽，拉链的力量和速度要均匀，不能过快过猛。

（4）要根据倒链的起重能力大小决定拉链的人数。如手拉链拉不动时，应查明原因，不能盲目增加人数合力猛拉，以免发生事故。

（5）倒链的转动部分要经常加油，保证良好的润滑性，减少部件之间的磨损。但不准将润滑油渗进摩擦片内，以防自锁装置失灵。

3. 电动卷扬机

电动卷扬机由于起重能力大、速度变换容易、操作方便安全，因此是起重作业经常使用的一种牵引设备。电动卷扬机主要由卷筒、减速器、电动机和控制器等部件组成。

电动卷扬机的固定方法有固定基础法和地锚法。电动卷扬机在使用过程中应注意以下事项：

（1）电气线路要经常进行检查，电动机要运转良好，电磁抱闸要灵敏有效，全机接地应无漏电现象。

（2）电动卷扬机的传动机构要啮合正确，运行中无杂声，还要经常加油润滑。

（3）卷筒上的钢丝绳必须排列整齐，吊装中卷筒上的钢丝绳至少要保留3圈。

4. 地锚

地锚又称锚桩、锚碇。起重作业中常用地锚来固定拖拉绳、卷扬机、缆风绳、导向滑轮等。地锚一般用钢丝绳、地龙木埋入地下做成。地锚是固定卷扬机不可缺少的装置，常用的形式有桩式地锚、坑式地锚。地锚在使用过程中应注意以下事项：

（1）木质地锚应选用落叶松、杉木等坚实的木料，严禁使用质脆或腐朽的木料。埋设前应涂刷防腐油，并在钢丝绳捆绑处加钢管和角钢保护。

（2）根据土质情况可按施工经验设置，也可经设计确定，开挖的基槽一定要规整。

（3）地锚的埋设处应平整不积水，因为雨水渗入坑内会泡软回填土，降低土壤的摩擦力和地锚的抗拔力，坑的四周要设置排水沟。

（4）拉杆或拉绳与地龙木的连接处，一定要用薄铁板垫好，防止由于应力过度集中而损伤地龙木。

（5）地锚只允许在规定的方向受力，其他方向不允许受力，更不允许超载使用。

（6）对于重要的吊装工程，地锚应经过试验后才能正式使用，可采用地面压铁或石的方法增加安全系数，使用时应派人专门进行监视，如发现变形应采取措施加固，以免发生事故。

（7）地锚附近（特别是前面）不允许取土，地锚拉绳与地面的水平夹角应保持在30°左右。

（8）固定的建筑物和构筑物，可以作为地锚使用，但必须经过核算，确认其安全可靠。

1.6.3 常用行走式起重机械的安全技术

在建筑工程的起重作业中，常用的行走式起重机械主要有履带式起重机、汽车式起重机和轮胎式起重机。

1. 履带式起重机

履带式起重机操作灵活，使用方便，车身能360°回转，越野性能好，但机动性差；长距离转移时要用拖车或火车运输，对道路的破坏性较大，且起重臂拆装烦琐，增加了工人的劳动强度。

履带式起重机适用于一般工业厂房的吊装。履带式起重机在使用时应注意如下事项：

（1）履带式起重机运到现场组装起重臂杆时，必须将臂杆放置在枕木架上进行螺栓连接和钢丝绳穿绕作业。

（2）为确保履带式起重机的操作安全，应按照现行国家标准《起重机械安全规程 第1部分：总则》GB 6067.1—2010和产品说明书的规定，来安装起重机的幅度指示器、超高限位器、力矩限制器等安全装置。

（3）履带式起重机在正式吊装前应先空载运行，并检查各安全装置的灵敏可靠性。起吊重物时应在距离地面200～300mm处停机，进行试吊检验，确认符合要求后，方可继续作业。

（4）当履带式起重机接近满负荷作业时，应避免起重臂杆与履带呈垂直角度。当起重机吊物并短距离行走时，吊重不得超过额定起重量的70%，且吊物必须位于行车的正前方，并用拉绳保持吊物的相对稳定。

（5）当重物采用双机抬吊作业时，应选用起重性能相近的两台起重机进行，且单机的起吊荷载不得超过额定荷载的80%；两机的吊索在作业中均应保持竖直，且必须每次起吊应荷载相同和同步落位。

（6）履带式起重机的行走道路必须坚实平整，周围环境必须开阔，且不得有障碍物。

（7）禁止用履带式起重机斜拉、斜吊和起吊地下埋设的重物或凝结在地面上的重物。

2. 汽车式、轮胎式起重机

汽车式起重机是在专用汽车底盘的基础上，增加起重机构以及支腿、电气系统和液压系统等机构制成。汽车式起重机最大的特点是机动性很好，转移较方便；由于支腿及起重臂都采用液压式，所以可以大大减轻工人的劳动强度。但是汽车式起重机的超载性能差，且越野性能也不如履带式起重机，因此对道路的要求比履带式起重机更严格，在使用时应特别注意安全问题。

轮胎式起重机的动力装置是采用柴油发动机直流发电机，再由直流发电机发出直流电传输到各个工作装置的电动机。行驶和起重操作都在一起进行，行走装置为轮胎，起重臂为格构式。汽车式、轮胎式起重机在使用中应注意如下事项：

（1）汽车式、轮胎式起重机必须按照额定的起重量工作，不得超载和违反起重机使用说明书中所规定的条款。

（2）正式起吊作业前应伸出全部支腿，并采用方木或铁板垫实，调整好水平度，锁牢定位销；支腿处必须坚实，铺垫枕木以加大承压面积；还应对支腿进行检查，查看有无陷落现象，以保证吊装中的安全。

（3）汽车式、轮胎式起重机吊装作业时，汽车驾驶室内不得有人，重物不得超越驾驶室上方，且不得在车的前区吊装。

（4）汽车式、轮胎式起重机吊装作业时，重物应垂直起吊，不得侧拉，臂杆吊物回转时动作应缓慢。

（5）汽车式、轮胎式起重机吊物下降时，必须采用动力控制，下降停止前减速，不得采用紧急制动。

（6）当采用起重臂杆的副杆作业时，副杆由原来叠放位置转向调直后，必须先确认副杆与主杆之间的连接定位销锁牢，然后方可作业。

（7）汽车式、轮胎式起重机除应按规定装设力矩限制器、超高限位器等安全装置外，还应装设偏斜调整和显示装置。

（8）汽车式、轮胎式起重机行驶时，严禁人员在底盘上站立或蹲坐，且不得在底盘上堆放物件。

1.6.4　大型构件和设备的吊装安全技术

大型构件和设备的安装是建筑工程的重要组成部分，而吊装是大型构件和设备安装的主要内容。大型构件和设备的起重吊装作业中，保证作业安全、吊装可靠是非常重要的，既要保证吊装顺利快速，又要保证无人身事故发生。

一般起重吊装工作按质量可分三级：大型设备的起重吊装为40t以上；中型设备的起重吊装为15～40t；一般小型设备的起重吊装为15t以下。如果起重吊装的设备形状复杂、刚度较小、长细比大、精密贵重、施工条件特殊，起重量应提升一级。

起重吊装大型设备时，必须编制施工方案；起重吊装中型设备时，必须有技术措施。在履带式起重机、汽车式起重机等进行吊装作业时，必须遵守起重机械的操作规程。在吊装作业中使用的起重机具必须有出厂合格证，同时严禁超载使用。如果使用旧的起重机具，必须详细检查有无损伤，必要时由工程技术人员进行验算或试验决定。

1. 编制施工方案

根据工程施工经验，起重机械的吊装施工方案主要应包括以下内容：

（1）施工方案说明书主要应包括设备的质量、重心、几何尺寸、精密度等。

（2）在设备吊装的过程中，起重机具最大受力时的强度和稳定性的核算。

（3）平面布置图包括设备的运输、拼装、吊装的位置，桅杆竖立、移动或拆除的位置，或其他定型起重机的吊装位置，地锚和卷扬机的布置，警戒区域的范围等。

（4）在设备吊装过程中所用施工机具一览表，包括机具的类型、规格、数量等。

（5）在设备吊装过程中的劳动组织和岗位责任制，以及施工安全要求等。

（6）在设备吊装过程中施工指挥的命令下达程序，指挥信号的确定等。

2. 施工前的准备工作

（1）对于吊装施工中所用的施工机具、地锚等应进行自检，应有详细的自检记录。

（2）在设备正式吊装前，应检查设备基础、地脚螺栓的位置是否符合工程质量要求。

（3）设备基础周围的土方应已回填夯实，施工现场的运输道路和地面应坚实平整。

（4）经检查待安装的设备已符合施工的要求，人员分工比较明确，并已具备吊装条件。

（5）施工电源能保证在整个吊装施工过程中的正常供电。

（6）根据施工方案中规定的施工期限，施工人员应掌握这期间的天气情况。

（7）正式吊装前一般应进行试吊，即将设备吊离地面，检查机具、缆风绳、地锚等受力情况，以及施工人员操作、指挥的熟练程度，确定无问题后才能正式吊装。

（8）其他必要的准备工作均已完成。

3. 起重吊装作业的安全技术

（1）凡参加吊装的施工人员都必须坚守工作岗位，并听从指挥，统一行动，确保吊装施工的安全可靠。

（2）在正式开始吊装前，吊装施工人员必须仔细检查被吊物体捆绑是否牢固、施工机具是否正常、物体重心是否找准。

（3）设备及构件在吊升时应平稳，避免出现较大的振动或摆动。在设备及构件就位前，不得解开索具。

（4）任何人在任何情况下不准随同吊装设备或吊装机具升降。

（5）在吊装设备或构件时，在作业范围内应设警戒线并树立明显的标志，严禁非工作人员通行。在进行吊装时，施工人员不准在设备或构件下面及受力索具附近停留。

（6）严禁在风力六级以上时进行吊装作业，大型设备吊装时的风力不能超过五级。

（7）不得在雾天及雨雪天吊装设备或拆移桅杆。夜晚进行吊装作业时，必须具有充足的照明，并应经有关单位同意。

（8）拖拉绳需跨越公路时，绳距路面不得低于7m，以免阻碍车辆通行，与带电线路距离应保持2m以上或设置保护架，严禁与电线接触，以防止发生事故。

（9）在进行吊装的过程中，如因故须中断时，必须采取可靠的安全措施，不得使设备或构件悬空过夜。

4. 起重机械的使用安全技术

（1）所有的起重机械必须由经过专业培训、考核合格，并持有操作证的施工人员操作。

（2）操作人员在接班时，应对制动器、吊钩、钢丝绳和安全装置进行检查。发现性能不正常时，应在操作前排除。开动吊装机具时，必须首先鸣铃或报警。操作中接近人时，应给以断续铃声或报警。

（3）吊装作业必须按指挥信号进行操作。不论何人发出紧急停车信号，都应立即执行。

(4) 当确认起重机上或其周围无人时，方可闭合主电源。在闭合主电源前，应使所有的控制器手柄置于零位。

(5) 当在吊装中突然断电时，应将所有的控制手柄扳回零位；在重新工作前，应检查起重机的动作是否正常。

(6) 在轨道上露天作业的起重机，当吊装工作结束时，应将起重机锚定住。当风力大于六级时，一般应停止工作，并将起重机锚定住。对于在海边工作的起重机，当风力大于七级时，应立即停止工作，并将起重机锚定住。

(7) 施工人员在对起重机械进行保养时，应切断主电源并挂上标志牌或加锁。必须带电修理时，应戴绝缘手套、穿绝缘鞋、使用带绝缘手柄的工具，并有专人监护。在正常的吊装作业中，不得对起重机械进行检查和维修。

(8) 吊装作业必须严格遵守“十不吊”的原则，即遇有被吊物质量超过机械的性能允许范围、信号不清、吊物下方有人、吊物上站人、埋在地下物、斜拉斜牵物、散物捆绑不牢、立式构件和大模板等不用卡环、零碎物无容器、吊装物质量不明等情况均不得进行吊装作业。

(9) 起重机在运行时，不得利用限位开关停车。对无反接制动性能的起重机，除特殊紧急情况外，不得打反车制动。不得在有荷载情况下调整起升、变幅机构的制动器。

(10) 在进行吊运时，重物不得从人头顶通过，吊臂下严禁站人。

(11) 在厂房内吊运货物应按指定的通道行走。在没有障碍物的线路上运行时，吊物（吊具）底面应吊离地面 2m 以上；有障碍物需要穿越时，吊物（吊具）底面应高出障碍物顶面 0.5m 以上。

(12) 起重机在吊装工作时，臂架、吊具、钢丝绳、缆风绳及重物等，与输电线路的最小距离不应小于表 1-16 的规定。

臂架及重物等与输电线路的最小距离　　表 1-16

输电线路电压 u（kV）	<1	1～35	≥60
最小距离（m）	1.5	3.0	$0.01(u-50)+3.0$

(13) 吊起的重物不得在空中悬停时间过长。重物起落时的速度要均匀，非特殊情况不能紧急制动和急速下降。

(14) 对于流动式起重机，工作前应按说明书的要求平整停机场地，牢固可靠地打好起重机的支腿。

(15) 当吊臂的仰角很大时，不准将起吊的重物骤然落下，以防止起重机向另一侧翻倒。吊运重物时不准落臂；确实需要落臂时，应先把重物放在地上再落臂。

(16) 在起重机回转过程中，动作一定要平稳，千万不要突然制动。

(17) 两台或多台起重机吊运同一重物时，各台起重机的升降、运行应保持同步。

各台起重机所承受的荷载均不得超过各自的额定起重能力。

（18）有主、副两套起重机构的起重机，在一般情况下，主、副两套起重机构不应同时开动。

（19）禁止在起重机上存放易燃易爆物品，司机室内应配备灭火器。

（20）在吊装作业中起重发出的指挥信号必须准确，动作信号必须在所有人员退到安全位置后发出。

2 脚手架技术基础

本章是介绍脚手架技术的基本知识，主要内容包括：脚手架的基本概念、脚手架在建筑工程施工过程中的作用、常用脚手架的类型、架子工在施工中使用的工具、脚手架施工过程中的安全防护要求以及脚手架施工的专项施工方案等。通过本章的学习，使学员对建筑工程使用的脚手架有一些基本了解，为后续内容的学习奠定良好的基础。

2.1 脚手架的作用和类型

2.1.1 脚手架的概念

为建筑施工而搭设的，能够承受一定荷载的临时操作平台，包含规范规定的各类脚手架与支撑架，统称为脚手架。脚手架是建筑施工中不可缺少的空中作业工具，无论结构施工还是室外装饰装修施工以及设备安装都需要根据操作要求搭设脚手架。

2.1.2 脚手架的作用

脚手架在砌筑工程、混凝土工程、装修工程以及设备安装工程中得到广泛地应用，其作用主要是以下四个方面：

（1）可以使操作人员在不同部位进行施工操作。

（2）可以按规定要求在脚手架上堆放必要的建筑材料。

（3）必要的情况下可以按设计要求进行短距离的建筑材料运输。

（4）保证施工作业人员在高空操作时的安全。

2.1.3 搭设建筑脚手架的基本要求

无论搭设哪一种脚手架，必须满足以下基本要求：

（1）满足施工的使用要求。脚手架要有足够的作业面（如：适当的宽度、步架高度、离墙距离等），以保证施工工人操作、材料堆放及运输的要求。

（2）构架稳定、承载可靠、使用安全。脚手架要有足够的强度、刚度及稳定性，施工期间在规定的天气条件和允许荷载作用下，脚手架不变形、不摇晃、不倾斜。

（3）构造要简单。构造简单使搭设和拆除以及搬运方便，能多次周转使用。

（4）造价要经济。脚手架所使用的材料应因地制宜，就地取材，尽量利用自备和可租赁的脚手架材料，节省脚手架费用。

脚手架的宽度一般为 1.5～2m，每步架高 1.2～1.4m；脚手架使用应符合规定；荷载不应超过 2.7kN/m^2；应有可靠的安全防护措施。

2.1.4 脚手架的类型

脚手架的分类方式较多，比较常用的有如下几种：

（1）按脚手架用途分：操作用脚手架，防护用脚手架，承重、支撑用脚手架。

（2）按脚手架材料分：木脚手架，竹脚手架，金属（钢、铝）脚手架等。

（3）按脚手架搭设位置分：外脚手架和里脚手架等。

（4）按脚手架结构和构造形式分：外脚手架的多立杆式、门式、碗扣式、悬吊式、挑梁式、升降式脚手架以及里脚手架的折叠式、支柱式、伞脚折叠式和组合式操作平台等不同的结构和构造类型。

2.2 架子工常用工具

架子工的工具主要包括两大类：安全保障工具和施工用工具。

2.2.1 安全保障工具

架子工安全保障工具主要包括：安全带、安全绳、安全帽、防滑鞋等。

安全带是架子工高处作业预防坠落伤亡事故的个人防护用品，被工人们誉为救命带。安全带是由带子、绳子和金属配件组成，总称安全带，如图 2-1 所示。

安全带的正确使用方法：

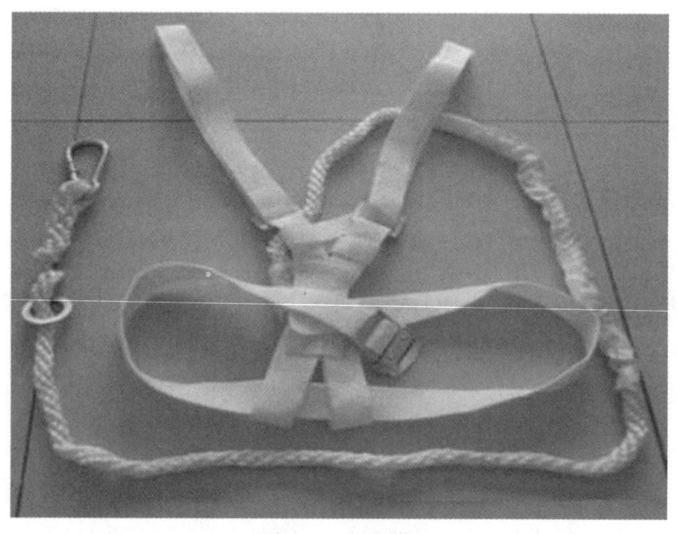

图 2-1 安全带

（1）架子工在脚手架上进行高处作业时，必须系好安全带。安全带应该高挂低用，注意防止摆动碰撞。若安全带低挂高用，一旦发生坠落，将增加冲击力，带来危险。

（2）安全绳的长度限制在 1.5～2.0m，使用 3m 以上长绳应加缓冲器。不准将绳打结使用，也不准将钩直接挂在安全绳上使用，应挂在连接环上用。

（3）安全带上的各种部件不得任意拆掉，使用 2 年以上应抽检一次。悬挂安全带应作冲击试验，以 100kg 重量作自由坠落试验，若不破坏，该批安全带可继续使用。频繁使用的安全带，要经常作外观检查，发现异常时，应提前报废。

（4）新使用的安全带必须有产品检验合格证，无证明不准使用。

2.2.2 施工用工具

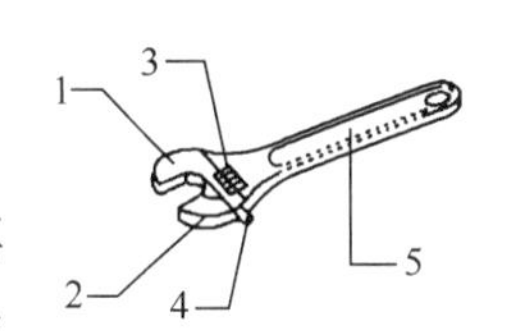

图 2-2 活络扳手
1—呆扳唇；2—活扳唇；3—蜗轮；4—轴销；5—手柄

架子工施工用工具主要包括：各种扳手、卷尺、哨子等，其中扳手是最常用的将螺栓或螺母旋紧或拧松的手工工具。常用的扳手类型主要有活络扳手、开口扳手和扭力扳手等，如图 2-2、图 2-3 所示。

近几年，随着科技的发展各种小型电动工具得到了普遍应用。在脚手架施工中电动扳手以其携带方便、操作灵活省力被架子工广泛使用，如图 2-4 所示。电动扳手可以通过更换不同尺寸的套筒，能够适应各种不同直径的螺栓或螺母，如图 2-5 所示。

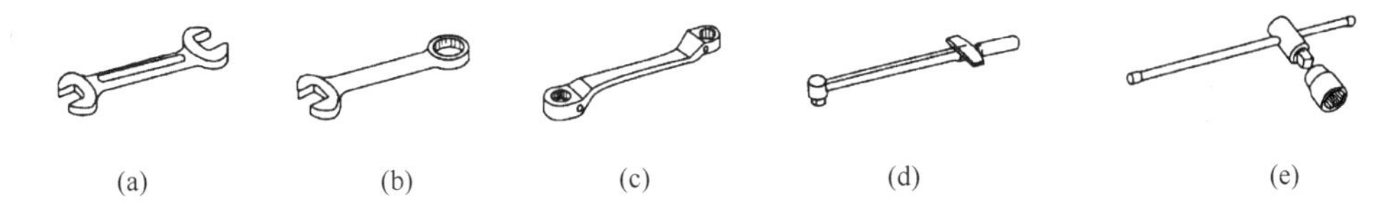

图 2-3 常用扳手
（a）开口扳手；（b）两用扳手；（c）梅花扳手；（d）扭力扳手；（e）套筒扳手

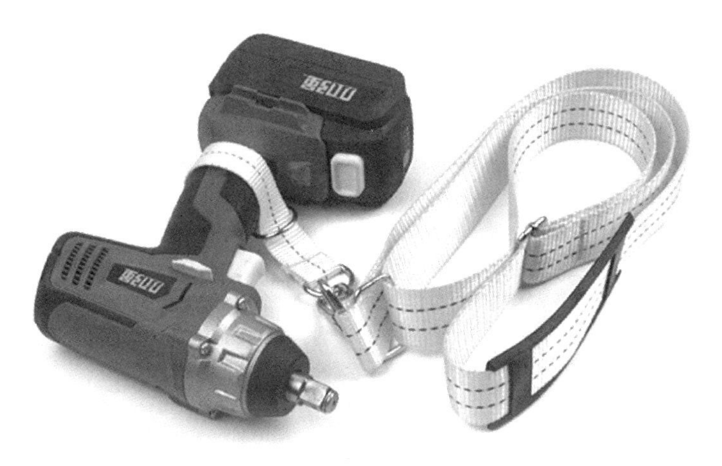
图 2-4 电动扳手

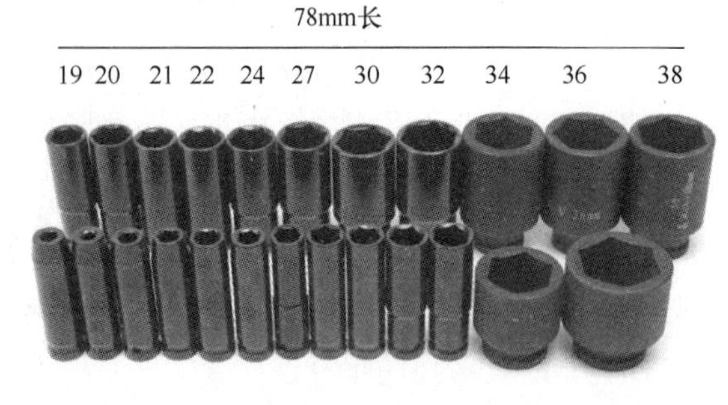

图 2-5　电动扳手用套筒

架子工在使用电动扳手时应注意如下事项：

（1）确认现场所接电源与电动扳手铭牌相符，并注意应有相应的漏电保护器。

（2）根据螺帽大小选择匹配的套筒并妥善安装。

（3）在送电前确认电动扳手上开关为断开状态，否则插头插入电源插座时电动扳手将出其不意地立刻转动，易造成伤害危险。

（4）若作业场所在远离电源的地点，须延伸电缆线时，应使用容量足够、安装合格的电缆延伸线。延伸电缆线时应有防止线缆被碾压损坏的措施。

（5）尽可能在使用电动扳手时，找好反力矩支靠点，以防反作用力伤人。

（6）使用时发现电动机碳火花异常时，应立即停止工作，检查并排除故障。此外，碳刷必须保持整洁干净。

2.3　脚手架的安全管理

建筑架子工作业通常是在脚手架上进行的，属于危险性较大的高空作业，因此对从业人员的安全意识要求较高。同时，施工场地的安全防护必须要满足相关的要求。

2.3.1　持证上岗制度

建筑架子工属于特种作业人员，应年满 18 周岁，具有初中以上文化程度，接受专门安全操作知识培训，经建设主管部门考核合格，取得“建筑施工特种作业操作资格证书”，方可在建筑施工现场从事落地式脚手架、悬挑式脚手架、模板支架、外电防护架、卸料平台、洞口临边防护等登高架设、维护、拆除作业。作为建筑架子工应当遵守以下规定：

（1）每年须进行一次身体检查，没有色盲、听觉障碍、心脏病、梅尼埃病、癫痫、眩晕、突发性昏厥、断指等妨碍作业的疾病和缺陷。

（2）首次取得证书的人员实习操作不得少于 3 个月；否则，不得独立上岗作业。

（3）每年应当参加不少于 24h 的安全生产教育。

2.3.2　安全管理

《建筑施工扣件式钢管脚手架安全技术规范》JGJ 130—2011 第 9 章明确规定了脚

手架施工中的安全管理相关要求，须在施工中应严格执行。

（1）扣件式钢管脚手架安装与拆除人员必须是经考核合格的专业架子工。架子工应持证上岗。

（2）搭拆脚手架人员必须戴安全帽、系安全带、穿防滑鞋。

（3）脚手架的构配件质量与搭设质量，应按本规范第8章的规定进行检查验收，并应确认合格后使用。

（4）钢管上严禁打孔。

（5）作业层上的施工荷载应符合设计要求，不得超载。不得将模板支架、缆风绳、泵送混凝土和砂浆的输送管等固定在架体上；严禁悬挂起重设备，严禁拆除或移动架体上安全防护设施。

（6）满堂支撑架在使用过程中，应设有专人监护施工，当出现异常情况时，应立即停止施工，并应迅速撤离作业面上人员。应在采取确保安全的措施后，查明原因、做出判断和处理。

（7）满堂支撑架顶部的实际荷载不得超过设计规定。

（8）当有六级强风及以上风、浓雾、雨或雪天气时应停止脚手架搭设与拆除作业。雨、雪后上架作业应有防滑措施，并应扫除积雪。

（9）夜间不宜进行脚手架搭设与拆除作业。

（10）脚手架的安全检查与维护，应按《建筑施工扣件式钢管脚手架安全技术规范》JGJ 130—2011第8.2节的规定进行。

（11）脚手板应铺设牢靠、严实，并应用安全网双层兜底。施工层以下每隔10m应用安全网封闭。

（12）单、双排脚手架、悬挑式脚手架沿架体外围应用密目式安全网全封闭，密目式安全网宜设置在脚手架外立杆的内侧，并应与架体绑扎牢固。

（13）在脚手架使用期间，严禁拆除下列杆件：

主节点处的纵、横向水平杆，纵、横向扫地杆；连墙件。

（14）当在脚手架使用过程中开挖脚手架基础下的设备基础或管沟时，必须对脚手架采取加固措施。

（15）满堂脚手架与满堂支撑架在安装过程中，应采取防倾覆的临时固定措施。

（16）临街搭设脚手架时，外侧应有防止坠物伤人的防护措施。

（17）在脚手架上进行电、气焊作业时，应有防火措施和专人看守。

（18）工地临时用电线路的架设及脚手架接地、避雷措施等，应按现行行业标准《施工现场临时用电安全技术规范（附条文说明）》JGJ 46—2005的有关规定执行。

（19）搭拆脚手架时，地面应设围栏和警戒标志，并应派专人看守，严禁非操作人员入内。

2.4 脚手架的安全防护

脚手架工程在施工过程中必须采取必要的安全防护措施，以保障施工作业人员的人身安全，防止发生安全事故。这些安全防护措施主要包括：安全网的设置、临边和洞口的防护、安全防护棚搭设以及施工现场的防雷与防触电等。

2.4.1 安全网

安全网可以防止高处作业人员及物体的坠落，避免人员遭受伤害或设施被砸毁；也可以限制人员闯入危险区域或接触危险部位等。

1. 常用术语

（1）安全网：用来防止人、物坠落，或用来避免、减轻坠落及物击伤害的网具。安全网一般由网体、边绳、系绳等构件组成。

（2）网体：由单丝、线、绳等经编织或采用其他成网工艺制成的，构成安全网主体的网状物。

（3）边绳：沿网体边缘与网体连接的绳。

（4）系绳：把安全网固定在支撑物上的绳。

（5）筋绳：为增加安全网强度而有规则地穿在网体上的绳。

（6）菱形、方形网目边长：相邻两个网绳结或节点之间的距离。

（7）规格：用安全网的宽度（高度）和长度表示其规格，单位为 m。

（8）平网：安装平面不垂直水平面，用来防止人或物坠落的安全网。

（9）立网：安装平面垂直水平面，用来防止人或物坠落的安全网。

（10）密目式安全立网：网眼孔径不大于 12mm，垂直于水平面安装，用于阻挡人员、视线、自然风、飞溅及失控小物体的网，简称为密目网。密目网一般由网体、开眼环扣、边绳和附加系绳组成。

（11）安装平面：安全网支撑点所在的平面，多用于悬挑平网。

2. 安全网分类标记

（1）平（立）网的分类标记由产品材料、产品分类及产品规格尺寸三部分组成：

1）产品分类以字母 P 代表平网、字母 L 代表立网；

2）产品规格尺寸以宽度×长度表示，单位为 m；

3）阻燃型网应在分类标记后加注“阻燃”字样。

示例 1：宽度为 3m，长度为 6m，材料为锦纶的平网表示为：锦纶 P—3×6。

示例 2：宽度为 1.5m，长度为 6m，材料为维纶的阻燃型立网表示为：维纶 L—1.5×6 阻燃。

（2）密目网的分类标记由产品分类、产品规格尺寸和产品级别三部分组成：

1）产品分类以字母 ML 代表密目网。

2）产品规格尺寸以宽度×长度表示，单位为 m。

3）产品级别分为 A 级和 B 级。

注：宽度为 1.8m，长度为 10m 的 A 级密目网表示为“ML—1.8×10A 级”。

3. 技术要求

（1）安全平（立）网

1）安全平（立）网材料：可采用锦纶、维纶、涤纶或其他材料制成；单张网质量不宜超过 15kg。

2）绳结构：安全平（立）网上所用的网绳、边绳、系绳、筋绳均应由不小于 3 股的单绳制成。绳头部分应经过编花、燎烫等处理，不应散开。

3）网上节点：网上的所有节点应固定。

4）网目形状和边长：网目形状应为菱形或方形，其网目边长不应大于 8cm。

5）规格尺寸：平网宽度不应小于 3m，立网宽（高）度不应小于 1.2m；平（立）网的规格尺寸与其标称规格尺寸的允许偏差为±4%。

6）系绳与筋绳的间距和长度：系绳与网体应牢固连接，各系绳沿网边均匀分布，相邻两系绳间距不应大于 75cm，系绳长度不小于 80cm。当筋绳加长用做系绳时，其系绳部分必须加长，且与边绳系紧后，再折回边绳系紧，至少形成双根。安全平（立）网如有筋绳时，则筋绳分布应合理，平网上两根相邻筋绳的距离不应小于 30cm。

（2）密目式安全立网

缝线不应有跳针、漏缝，缝边应均匀；每张密目网允许有一个缝接，缝接部位应端正牢固；网体上不应有断纱、破洞、变形及有碍使用的编织缺陷；密目网各边缘部位的开眼环扣应牢固可靠；密目网的宽度应介于 1.2～2m。长度由合同双方协议条款指定，但最低不应小于 2m，开眼环扣孔径不应小于 8mm，网眼孔径不应大于 12mm。

4. 安全网的挂设

（1）安全网挂设前，应进行进场验收，并应按《安全网》GB5725—2009 要求的程序和方法进行冲击试验，不具备试验条件的，可委托有资质的检测机构进行检测。

（2）安全网的拉接、支撑、固结应牢固可靠，每根系绳都应与支架系结，四周边绳（边缘）应与支架贴紧，系绳固结点与网边要均匀分布；多张安全网连接使用时，相邻部分应紧靠或重叠。

（3）安全平网挂设时不宜绷得过紧，与下方物体表面的最小距离应不小于 3m。两层安全平网间垂直距离不得超过 10m。

（4）挂设密目式安全立网必须拉直、拉紧，系绳固结点与网边要均匀分布，每个网环都必须系牢在脚手杆上。

（5）外脚手架施工时，随脚手架的升高，脚手架的外立杆处应使用密目式安全立网进行封闭，并应高出作业面1.5m。

（6）在张挂安全网时，应事先考虑到在临时需进出料位置应留有可收起的活动安全网。当吊料时将网收起，用完时立即恢复原状。

（7）在输电线路附近安装时，必须先征得有关部门同意，并采取适当的防触电措施，否则不得安装。

（8）绑扎固定安全网的系绳材料应与安全网的系绳一致，严禁使用细铁丝等绑扎丝代替。

（9）安全平网应按水平方向架设。进行水平防护时，必须采用平网，不得用立网代替平网。

1）首层网：脚手架搭设高度达到3.2m，沿建筑物四周在架体内架设首层安全平网。

2）随层网：随施工作业面层升高，在作业层脚手板下面搭设随层安全平网。

3）层间网：建筑物层数较多、施工作业离地面较高时，须每隔3～4层（间隔小于10m）设置1道层间安全平网。

5. 安全网的使用

安装后的安全网应经专人检验后，方可使用。

（1）使用时，应避免发生下列现象：

1）随便拆除安全网的构件。

2）人跳进或把物品投入安全网内。

3）大量焊接或其他火星落入安全网内。

4）在安全网内或下方堆积物品。

5）安全网周围有严重腐蚀性烟雾。

（2）对使用中的安全网，应进行定期或不定期检查，并及时清理网上落物防止污染。当受到较大冲击后，应及时更换。

（3）安全网应由专人保管发放，暂时不用的应存放在通风、避光、隔热、无化学品污染的仓库或专有场所。

2.4.2 临边防护设施

所谓临边作业，是指施工现场中在工作面边沿无围护或围护设施高度低于80cm时的高处作业，常用的临边防护设施主要有防护栏杆和安全网。

1. 防护栏杆的防护部位

（1）脚手架作业层、斜道两侧及平台外围均应设置防护栏杆及挡脚板。

（2）处于临边作业的基坑、基槽周边、尚未安装栏杆或栏板的阳台、料台与挑平台周边、雨篷与挑檐边、外侧无脚手架的屋面与楼层周边、屋面水箱或水塔周边等处，应设置防护栏杆，并采用立网封闭。

（3）分层施工的楼梯口和梯段边，应安装临时防护栏杆，外设楼梯口和梯段边还应采用立网封闭；顶层楼梯口应随工程结构进度安装临时或正式防护栏杆。

（4）施工升降机、物料提升机及脚手架等与建筑物间接料平台通道的两侧边，应当设置防护栏杆、踢脚板，并用密目式安全立网封闭。

（5）施工升降机、物料提升机等接料平台口，应设置高度不低于1.8m的安全门或活动防护栏杆，活动门应当向内开启，严禁向外开启。

2. 防护栏杆杆件规格及连接方式

（1）采用毛竹作为防护栏杆杆件时，横杆的最小有效直径不应小于70mm，栏杆柱的最小有效直径不应小于80mm，用不小于16号镀锌铁丝进行绑扎连接，有效承载圈数不少于3圈。

（2）采用原木作为防护栏杆杆件时，上杆的最小有效直径不应小于70mm，下杆的最小有效直径不应小于60mm，栏杆柱的最小有效直径不应小于75mm，用相应长度的铁钉或不小于12号的镀锌铁丝进行搭接连接，用镀锌铁丝时不少于3圈。

（3）采用钢筋作为防护栏杆杆件时，上杆直径不应小于16mm，下杆直径不应小于14mm，栏杆柱直径不应小于18mm，可用焊接方式进行连接。

（4）采用脚手架钢管作为防护栏杆杆件时，横杆及栏杆柱可采用ϕ48.3mm×3.6mm或ϕ51mm×3.0mm的管材，以扣件、焊接、定型套等方式进行固定连接。

（5）采用其他钢材做防护栏杆杆件时，应选用强度相当的规格，以螺栓、销轴或焊接等方式进行固定连接。

3. 防护栏杆构造

临边作业的防护栏杆应由立杆、横杆、挡脚板以及安全平（立）网组成。如图2-6所示，为脚手架作业层的防护栏杆构造。

防护栏杆应由上、下两道横杆及栏杆柱组成，上杆离地高度为1.2m，下杆离地高度为0.5～0.6m；当需要加设中横杆时，中杆离地高度为0.7m，下杆离地高度为0.2m。除经设计计算外，横杆长度大于2m时，必须加设栏杆柱。坡度大于1∶2.2的斜面（如屋面），防护栏杆的高度应为1.5m，并加挂安全立网。

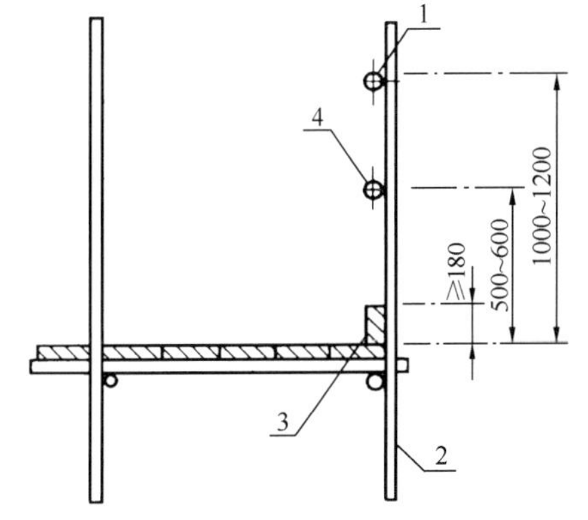

图2-6 脚手架作业层防护栏杆构造示意图
1—上横杆；2—外立杆；3—挡脚板；4—下横杆

当采用密目式安全立网进行全封闭时，须加设密目网的支撑固定杆件，支撑固定杆件应由上、下两道横杆及栏杆柱组成，上杆离地高度为1.8m，下杆离地高度不大于10mm，密目网不得绑扎在防护栏杆上。

工具式防护栏杆的上杆离地高度不小于1.2m，下杆离地高度不大于10mm，栏面栅栏间距不大于15mm，如采用孔眼栏面，其孔眼应不大于25mm。

当在基坑四周固定时，栏杆柱应采用预埋或打入地面方式，深度为500～700mm；栏杆柱离基坑边口的距离，不应小于500mm。当基坑周边采用板桩时，钢管可打在板桩外侧。

当在混凝土楼面、地面、屋面或墙面固定时，栏杆柱可用预埋件与钢管或钢筋焊接牢固。采用竹、木栏杆时，可在预埋件上焊接300mm长的50mm×5mm角钢，其上下各钻1个孔，然后用10mm螺栓与竹、木杆件连接牢固。

当在砖或砌块等砌体上固定时，栏杆柱可预先砌入规格相适应的80mm×6mm弯转扁钢做预埋件的混凝土块，然后用上述方法固定。

栏杆柱的固定及其与横杆的连接，其整体构造应使防护栏杆在上杆任何处，能经受任何方向的1000N外力。

防护栏杆必须用安全立网封闭，或在栏杆下边设置严密固定的高度不低于180mm的挡脚板或400mm的挡脚笆。挡脚板与挡脚笆上如有孔眼，其孔眼应不大于25mm。板或笆下边距离底面的空隙应不大于10mm。

接料平台两侧的栏杆，应采用密目式安全立网或一般安全立网封闭，或满扎竹笆。

在脚手架上作业，防护栏杆和挡脚板均应搭设在外立杆的内侧。

当临边的外侧面临街道时，除防护栏杆外，敞口立面必须采取满挂安全网或其他可靠措施作全封闭处理。

2.4.3 洞口防护设施

所谓洞口作业，是指施工现场中在使人有踏入、坠入或物料有坠落可能的楼、地面和墙面的开口处的高处作业，包括水平洞口、竖向洞口等。进行洞口等高处作业时，应采取设置防护栏杆、加盖件、张挂安全网与装栅门等措施进行防护。

（1）楼板、屋面和平台等平面上，短边尺寸为25～250mm的孔口，应用坚实的盖板进行遮盖，盖板应有固定其位置的措施。

（2）楼板面等处边长为250～500mm的洞口、安装预制构件时的洞口以及缺件临时形成的洞口，可用竹、木等材料做盖板盖住洞口。盖板须能保持四周搁置均衡，并有固定其位置的措施。

（3）电梯井口必须设置工具化、定型化的防护栏杆或固定栅门，防护门高度应不小于1.8m，门离地高度不大于50mm。

（4）边长为500～1500mm的洞口，应设置以钢管及扣件组合而成的钢管网格，网格间距不得大于250mm；也可采用贯穿于混凝土板内的钢筋构成防护网，网格间距不得大于 200mm，并在其上满铺竹笆或脚手板，如图 2-7 所示。

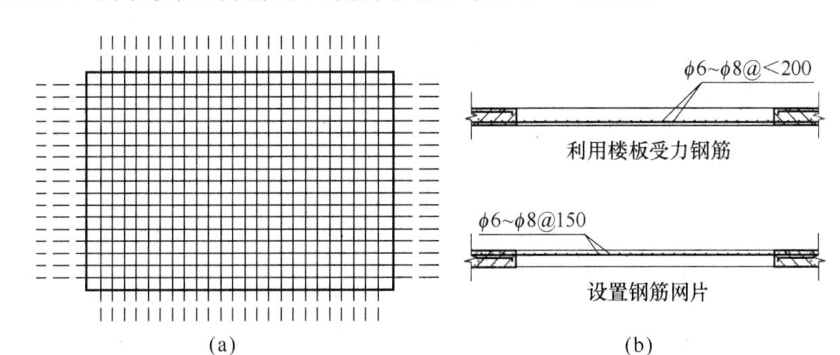

图 2-7 边长 500～1500mm 洞口用钢筋构成防护网

（a）平面图；（b）剖面图

（5）边长在 1500mm 以上的洞口，四周必须设防护栏杆并用密目网封挡，洞口应用平网或竹笆、脚手板封闭，如图 2-8 所示。

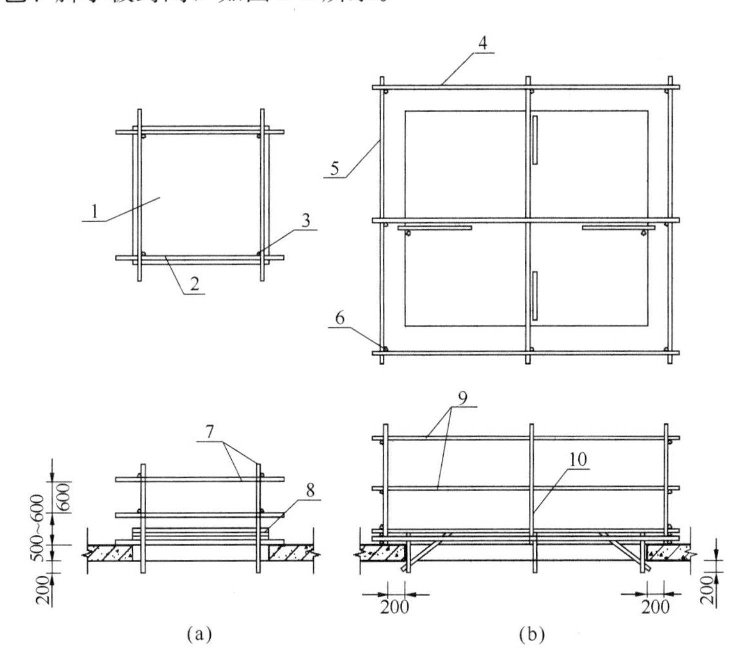

图 2-8 边长 1500mm 以上洞口的防护

（a）边长 1500～2000mm 的洞口；（b）边长 2000～4000mm 的洞口

1—挂安全网；2、5—横杆；3、6、10—栏杆柱；

4—下设挡脚板；7—防护栏杆；8—挡脚板；9—上杆

（6）垃圾井道和烟道、管道井等，在砌筑或安装前应参照预留洞口做防护。

（7）边长不大于 500mm 洞口所加盖板，应能承受 1kN/m^{2}的荷载，位于车辆行驶道旁的洞口、深沟与管道坑、槽，所加盖板应能承受不小于卡车后轮有效承载力 2 倍的荷载。

（8）墙面等处的竖向洞口，凡落地的洞口应加装开关式、工具式或固定式的防护门，门扇网格的横向间距应不大于150mm，也可采用防护栏杆，下设挡脚板（笆）。

（9）下边沿至楼板或底面低于800mm的窗台等竖向洞口，如侧边落差大于2m时，应加设1.2m高的临时护栏。

（10）板与墙的洞口，必须设置牢固的盖板、防护栏杆、安全网或其他防坠落的防护设施。

（11）各种桩孔上口，杯形、条形基础（深度超过2m）的上口，未填土的坑、槽，以及人孔、天窗、地板门等处，均应按洞口防护设置稳固的盖件或防护栏杆。

（12）施工现场通道附近的各类洞口与坑、槽等处，除设置防护设施与安全标志外，夜间均应设置警示灯。

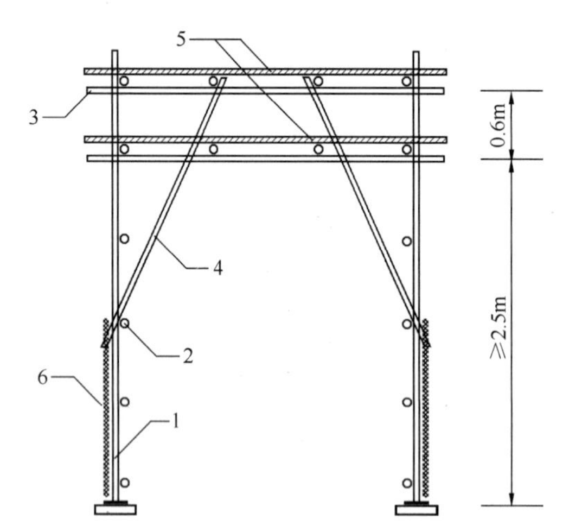

图2-9 通道安全防护棚构造示意图

1—立杆；2—纵向水平杆；3—横向水平杆；4—斜撑；5—满铺层面板；6—密目安全网

2.4.4 安全防护棚

结构施工自2层起，凡人员进出建筑物的通道口（包括施工升降机、物料提升机的进出通道口），及在施工场地内的地面操作处，均应搭设安全防护棚。如图2-9所示为通道安全防护棚的构造示意图。

通道安全防护棚的设置应符合下列规定：

（1）防护棚长度应满足坠落半径的要求，防护棚内净高度不小于2.5m，宽度满足每侧伸出通道边不小于1m。其中，可能坠落半径R与可能坠落高度H的关系是：

H=2～15m时，R=3m；H=15～30m时，R=4m；H>30m时，R=5m。

（2）立杆间距宜为1.5m。

（3）横向水平杆用直角扣件与立杆固定。

（4）纵向水平杆间距同脚手架步距设置。

（5）斜撑间距不宜大于3m。

（6）高度超过24m的层次上的交叉作业，应设双层防护，防护棚应采用50mm厚木板搭设。

（7）防护棚搭设与拆除时，应设警戒区，并应派专人监护；严禁上下同时拆除。

2.4.5　防雷与防触电

1. 防雷

当脚手架在相邻建筑物、构筑物等设施的防雷装置接闪器的保护范围以外时，应按照《施工现场临时用电安全技术规范（附条文说明）》JGJ 46—2005 的要求做防雷接地，见表 2-1。防雷装置的设置，主要是正确选用接闪器和接地装置，包括接地极、接地线和其他连接件，且应由专业电工按有关规定进行。

高架设施需安装防雷装置的规定　　　　表 2-1

地区年平均雷暴日（d）	高架设施高度（m）	地区年平均雷暴日（d）	高架设施高度（m）
≤15	≥50	≥40 且<90	≥20
>15 且<40	≥32	≥90 及雷害特别严重地区	≥12

2. 防触电

搭设、使用和拆除脚手架时，应采取如下防触电措施：

（1）脚手架外侧外边缘与外电架空线路的边线之间必须保持的最小安全操作距离，见表 2-2。

脚手架外侧外边缘与外架空线边线最小安全操作距离　　　　表 2-2

外电线路电压（kV）	<1	1～10	35～110	154～220	300～500
最小安全操作距离（m）	4	6	8	10	15

（2）脚手架顶面应与交叉外架空线最低点保持的最小垂直距离，见表 2-3。

脚手架顶面与外架空线交叉时最小垂直距离　　　　表 2-3

外电线路电压（kV）	<1	1～10	35
最小垂直距离（m）	6	7	7

（3）脚手架如果必须穿过 380V 以内的电力线路并且距离在 2m 以内时，在搭设和使用期间应当切断或拆除电源；否则，必须采取可靠的绝缘措施。进行绝缘包扎应由专业电工操作，并用瓷瓶固定和设置隔离层。

（4）当电力线路垂直穿过或靠近脚手架时，靠近线路至少 2m 内的脚手架水平连接，线路下方的脚手架垂直连接进行接地。

（5）当线路和脚手架平行靠近时，在靠近线路的脚手架水平连接，并在靠墙一侧每相距 25m 设置一接地极，埋入土中 2～2.5m 深。

2.5　脚手架专项施工方案

脚手架工程是整个建筑施工生产中的一个重要组成部分，各种脚手架和模板支架在施工前要编制单独的施工方案，施工方案要经技术和安全等部门审批后方可实施。脚手架搭设完毕后要经验收合格后方可使用。对于超过一定规模的危险性较大的脚手架施工方案，还应根据中华人民共和国住房和城乡建设部第37号令的相关规定，组织专家对施工方案进行论证。

2.5.1 脚手架施工方案编制的内容

（1）工程概况：包括建筑物层数、总高度以及结构形式，并注明非标层和标准层的层高，拟搭设脚手架的类型、总高度，如“沿建筑物周边搭设双排扣件式钢管脚手架，局部搭设挑架和外挂架”等，并说明该脚手架是用于结构施工还是装修施工。

（2）施工条件：说明脚手架搭设位置的地基情况，是搭在回填土上还是搭在混凝土上（如车库顶板、裙房顶板等）；说明材料来源，是自有还是外租，便于查询生产厂家的资质情况。标准件的堆放场地是在施工现场还是其他场地，周围要设围护设施并由专人管理，以便于施工调度。

（3）施工准备：施工单位必须是具有相应资质（包括安全生产许可证）的法人单位，所有架子工必须具备《特种作业操作证》，并接受进场三级安全教育，并签发考核合格证。架子工的数量要和工程相匹配，根据工程施工的进度提供脚手架搭设的具体进度计划，并提出杆件、配件、安全网等进场计划表，供物资部门参考。

（4）组织机构：成立脚手架搭放管理小组，包括施工负责人、技术负责人、安全总监、搭设班组负责人等，小组成员既要分工明确，又做到统一协调。施工班组架子工的数量要提出要求并登记造册。

（5）主要施工方法

1）明确地基的处理方法，如采用回填土要取样进行承载力试验。

2）脚手架的选型包括：双排或者单排，周圈封闭式还是开口式。局部位置处理，脚手架连墙件的拉接点构造做法。如须留下预埋件或在墙上预留孔洞，须在方案中说明并标出相应位置。

3）因施工条件限制，须同时搭设几种架子时，如外墙采用挂架，阳台部位采用的是挑架等，要提前安排好进度、工艺等工作。

4）材料配件的垂直运输方式，要明确是采用塔吊还是其他设备。

（6）脚手架构造

1）说明脚手架高度、长度、立杆步距、立杆纵距、立杆横距、剪刀撑设置位置及角度。

2）连墙件要根据规范要求进行布设，若因建筑结构原因不能按规范尺寸拉接时，要采取相应措施并进行计算，以确保架体稳定安全。

（7）脚手架施工工艺

1）根据建筑施工场地的具体情况和脚手架参数制定脚手架施工工艺流程，如基础做法、立杆底部处理等，并制定架子搭设的顺序。

2）脚手架使用的注意事项。

3）脚手架的安全防护。

4）脚手架的拆除顺序。

（8）脚手架的计算

主要包括：荷载计算、立杆稳定计算、横向水平杆挠度计算、纵向水平杆抗弯强度计算、扣件抗滑承载力验算、地基承载力验算、穿墙螺栓受力验算（外挂架）等。

（9）施工质量保障措施：质量检验监督方案、施工质量要求、质量验收等。

（10）安全技术措施：组织保障措施、技术措施、监测监控措施以及应急处置措施等。

2.5.2 脚手架工程专项施工方案

根据住房城乡建设部《危险性较大的分部分项工程安全管理规定》（住房城乡建设部令第 37 号）、《住房城乡建设部办公厅关于实施〈危险性较大的分部分项工程安全管理规定〉有关问题的通知》（建办质〔2018〕31 号），结合山东省实际，山东省住房城乡建设厅于 2018 年发布《山东省房屋市政施工危险性较大分部分项工程安全管理实施细则》，上述文件均对危险性较大的脚手架工程提出专项施工方案的要求，对于超过一定规模的危险性较大的脚手架工程，施工单位应当组织召开专家论证会对专项方案进行论证。

1. 危险性较大的脚手架工程

（1）需要编制专项施工方案的脚手架工程

1）搭设高度 24m 及以上的落地式钢管脚手架工程。

2）附着式整体和分片提升脚手架工程。

3）悬挑式脚手架工程。

4）吊篮脚手架工程。

5）自制卸料平台、移动操作平台工程。

6）新型及异型脚手架工程。

（2）需要编制专项施工方案的模板工程

1）各类工具式模板工程：大模板、滑模、爬模、飞模等工程。

2）混凝土模板支撑工程：搭设高度 5m 及以上；搭设跨度 10m 及以上；施工总荷载 $10kN/m^2$ 及以上；集中线荷载 15kN/m 及以上；高度大于支撑水平投影宽度且相对独立无联系构件的混凝土模板支撑工程。

3）承重支撑体系：用于钢结构安装等满堂支撑体系。

2. 超过一定规模的危险性较大的脚手架工程

(1) 需要专家论证的脚手架工程

1) 搭设高度50m及以上落地式钢管脚手架工程。

2) 提升高度150m及以上附着式整体和分片提升脚手架工程。

3) 分段架体搭设高度20m及以上悬挑式脚手架工程。

(2) 需要专家论证的模板工程

1) 工具式模板工程：滑模、爬模、飞模工程。

2) 混凝土模板支撑工程：搭设高度8m及以上；搭设跨度18m及以上；施工总荷载15kN/m^2及以上；集中线荷载20kN/m及以上。

3) 承重支撑体系：用于钢结构安装等满堂支撑体系，承受单点集中荷载7kN以上。

3. 专项施工方案内容

一般脚手架及模板工程的安全专项施工方案应由项目技术负责人负责编制，需要论证审查的安全专项施工方案应由总承包单位技术负责人组织有关人员编制，编制人员应具有本专业中级以上技术职称。安全专项施工方案应根据工程建设标准和勘察设计文件，并结合工程项目和分部分项工程的具体特点进行编制。方案应包括以下主要内容：

(1) 工程概况：危大工程概况和特点、施工平面布置、施工要求和技术保证条件。

(2) 编制依据：相关法律、法规、规范性文件、标准、规范及施工图设计文件、施工组织设计等。

(3) 施工计划：包括施工进度计划、材料与设备计划。

(4) 施工工艺技术：技术参数、工艺流程、施工方法、操作要求、检查要求等。

(5) 施工安全保证措施：组织保障措施、技术措施、监测监控措施等。

(6) 施工管理及作业人员配备和分工：施工管理人员、专职安全生产管理人员、特种作业人员、其他作业人员等。

(7) 验收要求：验收标准、验收程序、验收内容、验收人员等。

(8) 应急处置措施。

(9) 计算书及相关施工图纸。

2.5.3 脚手架工程施工方案审批

脚手架工程专项施工方案，由施工单位技术部门组织本单位施工技术、安全、质量等部门的专业技术人员进行审核。经审核合格的，由施工单位技术负责人签字。实行施工总承包的，专项施工方案由总承包单位技术负责人及相关专业承包单位技术负责人签字。

不需专家论证的专项施工方案，经施工单位审核合格后报监理单位，由项目总监理工程师审核签字。

需专家论证的专项施工方案，施工单位应当组织召开专家论证会。实行施工总承包的，由施工总承包单位组织召开专家论证会。施工单位应当根据论证报告修改完善专项方案，并经施工单位技术负责人、项目总监理工程师、建设单位项目负责人签字后，方可组织实施。实行施工总承包的，应当由施工总承包单位、相关专业承包单位技术负责人签字。

2.5.4 安全技术交底

脚手架、模板工程施工前，施工单位的技术人员应当将工程项目、分部分项工程概况以及安全技术措施要求向架子工班组、作业人员进行安全技术交底。

（1）交底内容

1）工程项目和分部分项工程的概况。

2）搭设、构造要求，检查验收标准。

3）针对危险部位采取的具体预防措施。

4）作业中应注意的安全事项。

5）作业人员应遵守的安全操作规程。

6）发现安全隐患应采取的措施。

7）发生事故后应采取的应急措施。

（2）交底程序

专项施工方案实施前，编制人员或项目技术负责人应当向现场管理人员和作业人员进行安全技术交底；安全技术交底以书面形式进行，并由双方签字确认。

2.5.5 施工方案实施

（1）施工单位应当严格按照专项方案组织施工，不得擅自修改、调整专项方案。如因设计、结构、外部环境等因素发生变化确须修改的，修改后的专项方案应当重新审核、论证。

（2）施工单位应当指定专人对专项方案实施情况进行现场监督和按规定进行监测。发现不按照专项方案施工的，应当要求其立即整改；发现有危及人身安全紧急情况的，应当立即组织作业人员撤离危险区域。施工单位技术负责人应当定期巡查专项方案实施情况。

（3）施工单位、监理单位应当组织有关人员对脚手架和模板工程进行验收。验收合格的，经施工单位项目技术负责人及项目总监理工程师签字后，方可进入下一道工序。

（4）监理单位应当将脚手架和模板工程列入监理规划，编制监理实施细则，针对工程特点、周边环境和施工工艺等，制定安全监理工作流程、方法和措施。

（5）监理单位应当对脚手架和模板工程专项方案实施情况进行现场监理；对不按专项方案实施的，应当责令整改，施工单位拒不整改的，应当及时向建设单位报告；建设单位接到监理单位报告后，应当立即责令施工单位停工整改；施工单位仍不停工整改的，建设单位应当及时向安全生产监督部门报告。

3 附着式升降脚手架概述

高层建筑施工脚手架的设置取决于建筑的高度、施工要求及其设置条件。当建筑高度超过50m时，采用落地式钢管脚手架不很经济，迫切需要更为安全经济的新型外作业脚手架，附着式升降脚手架这一新型产品就这样应运而生。

1985年，广西一建公司研制了高层建筑“整体提升脚手架”，这类脚手架仅需搭设一定高度并附着于工程结构上，依靠自身的升降设备和装置，施工时可随结构施工逐层爬升，装修作业时再逐层下降。与传统的落地式脚手架相比，使用这种脚手架的经济性表现较好。

进入20世纪90年代，高层、超高层建筑急速增加，脚手架技术迅速发展，出现了诸如“整体提升脚手架”“附墙爬升脚手架”“导轨式附着式升降脚手架”等。因其特点均是“附着”在建筑物的梁或墙上，且这种脚手架不仅能爬升而且能下降，因此统称为附着式升降脚手架。

1991年起，“整体提升脚手架”首先在海南省推广应用。在海口市农垦大厦（21层）使用时，采用特慢速卷扬机和打孔钢带自控台做提升机具，简化了提升工艺。此后，在深圳、广州、沈阳，北京、上海等20余个大中城市的200多栋高层建筑工程中也开始使用。随后，其结构构造和工艺得到持续技术改进，例如提升动力设备，除了采用卷扬机外，也开始使用电动葫芦、手动葫芦；附着支撑构造改为吊拉式（或称为“吊撑式”）等。

1993年，市场上出现了可分段提升的“整体提升脚手架”。

1994年“新型模板和脚手架应用技术”项目被建设部列为建筑业重点推广应用十项新技术目录，附着式升降脚手架技术是其推广内容之一。

1996年，“整体提升脚手架”的设计、生产、使用逐步走向专业化。

2000年，建设部出台《建筑施工附着式升降脚手架管理暂行规定》，对各类附着式升降脚手架的设计、制作、安装、使用和拆卸制定了规范，使得使用安全性得到制度保障，这表明附着式升降脚手架的应用和发展逐渐步入正常发展的轨道。

2010年，住房和城乡建设部发布《建筑施工工具式脚手架安全技术规范》JGJ 202—2010，附着式升降脚手架列为该标准内容之一，为附着式升降脚手架的工程应用提供了标准依据。

2015年，住房和城乡建设部立项编制建筑工业产品标准《附着式升降脚手架》，标志着产品进入了工业化成熟期，正式进入建筑工业产品行列，可实现标准化生产。

3.1 附着式升降脚手架的特点

附着式升降脚手架是指搭设一定高度并附着于工程结构上，依靠自身的升降设备和装置，可以随着工程结构逐层爬升或下降，具有防倾覆、防坠落装置的外脚手架。附着式升降脚手架主要由附着式升降脚手架架体结构、附着支座、防倾覆装置、防坠落装置、升降机构及控制装置等构成。附着式升降脚手架之所以在工程中广泛应用，是因为具有明显的特点：

(1) 节约大量人力物力。无论建筑物多少层，附着式升降脚手架从标准层开始一次性搭设不大于5倍楼层高的架体，就可以满足整个建筑物主体结构施工和外墙装饰施工的需要，中间不再需要搭设其他脚手架。据统计，同落地式脚手架相比，一次安装至少可节约钢材60%，至少节约投资40%，并节省大量人工。

(2) 可以实现自动升降。附着式升降脚手架的架体附着支撑在建筑物结构上，依靠自身的升降设备，可随着建筑物主体结构的施工逐层爬升，同时也能实现下降施工作业，在建筑施工中起到提供操作平台和安全防护的作用。

(3) 可以做到管理规范。附着式升降脚手架设备自动化程度比较高，不仅可以按设备进行管理，而且因其只有4～5倍楼层高，附着支承在固定位置，很规律，便于检查管理。与传统的脚手架相比，可有效避免因连墙件的缺少、搭拆时物体坠落、搭拆时吊车吊装等带来的不安全因素。

(4) 可以提高施工工效。附着式升降脚手架围绕建筑主体结构的外围搭设，施工中不仅可以整体进行升降，而且也可以分段分片进行升降，操作非常方便。据工程测定表明，在实际操作中，升降一层及就位固定所用的时间一般仅需2～3h，而搭拆一层普通脚手架至少需要1d时间。因此，使用附着式升降脚手架有利于提高建筑工程的施工进度。

(5) 有利于安全施工。附着式升降脚手架的整个架体具有足够的强度和刚度。竖向主框架、架体水平梁架节点杆件的轴线汇交于一点，支座明确合理。在地面或低层一次搭设完成后，整个升降施工中不需要增加脚手架材料，避免了高空多次搭拆脚手架体带来的不安全因素；由于整个搭设的附着式升降脚手架在建筑物外围形成封闭的脚手架体，可有效地防止高空坠落物发生。

(6) 适用范围广泛。工程实践证明，附着式升降脚手架一般适用于主体结构高大，外形结构无较大变化的各种类型高层建筑，包括建筑物平面呈矩形、曲线形或多边形的各类建筑物主体结构的施工，如剪力墙、框剪、框架、筒仓、悬挑大阳台等结构，并且不受建筑层高变化的影响，既能单片升降，又能分片或整体升降，可以采用电动葫芦提升，以适应不同用户要求。

（7）专业性要求较高。附着式升降脚手架是由各种类型的钢结构、附着支撑结构、升降机构、电气控制设备、安全保护系统组成的高空作业脚手架，涉及脚手架、钢结构、电气、机械和自动控制等技术领域。与其他各种类型脚手架施工相比，无论是对附着式升降脚手架的安装、使用、拆除和施工管理，还是对从事附着式升降脚手架施工作业人员的业务素质、专业性要求均比较高，这就要求操作者和管理者必须经过专业培训。

（8）可以实现施工文明。附着式升降脚手架是经专业设计、专业施工的，不仅可以反复周转使用，而且可以做到管理规范，再加上施工和管理人员的素质比较高，很容易满足文明施工的要求。

3.2　附着式升降脚手架的分类

附着式升降脚手架的分类方法很多，在实际工程中主要有按架体的升降方法不同分类、按附着支撑结构的形式不同分类、按升降机构的类型不同分类、按架体使用性能不同分类、按提升时架体受力的不同分类、按卸荷方式的不同分类、按竖向主框架形式的不同分类、按附着式升降脚手架的常见形式分类。

3.2.1　按架体的升降方法不同分类

附着式升降脚手架按架体的升降方法不同，可分为单跨附着式升降脚手架、多跨附着式升降脚手架、整体附着式升降脚手架、互爬式附着式升降脚手架四种。

1. 单跨附着式升降脚手架

单跨附着式升降脚手架是指仅有两套升降机构，并可以单跨升降的附着式升降脚手架，单跨附着式升降脚手架如图 3-1 所示。单跨附着式升降脚手架一般用于无法将升降脚手架连成整体的部位。例如，采用手拉葫芦作为升降机构时，只能用单跨附着式升降脚手架。

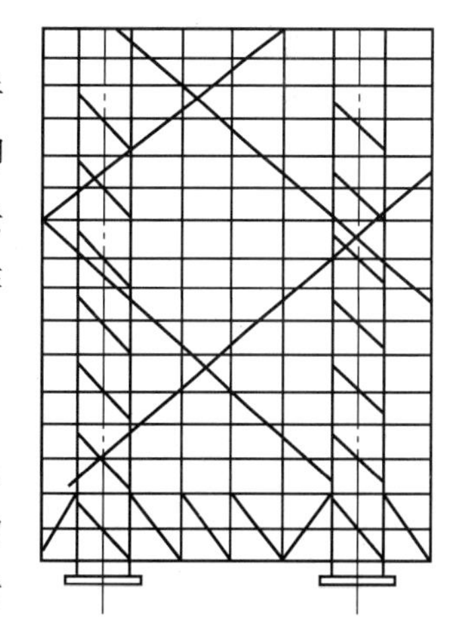

图 3-1　单跨附着式升降脚手架

2. 多跨附着式升降脚手架

多跨附着式升降脚手架是指有 3 套以上升降机构，并可以同时升降的连跨升降脚手架。在建筑物主体结构的外墙面上下有变化，以及有分段流水的施工作业时使用。

由于多跨附着式升降脚手架不能形成整体结构，因此在架体升降过程中，不仅对架体防倾覆装置的安装和使用要求较高，而且每层的升降用时较多。

3. 整体附着式升降脚手架

整体附着式升降脚手架是指有多套升降机构，整个架体形成一个封闭的空间，并且可以整体升降的多跨附着式升降脚手架。整体附着式升降脚手架应用于建筑物主体结构上下无变化的情况，其整体性能良好，架体向里外倾覆的可能性比较小，在升降过程中的安全性能优于其他附着式升降脚手架。由于整体附着式升降脚手架在升降过程中有多套升降机构同时工作，因此，对控制升降机构的同步性能要求较高。

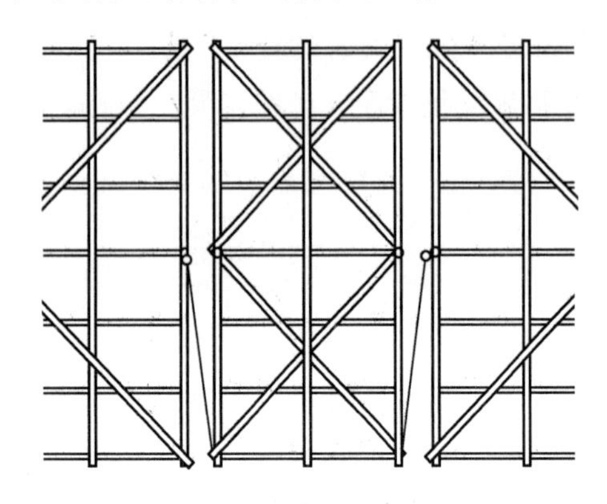

图 3-2　互爬式附着式升降脚手架

4. 互爬式附着式升降脚手架

互爬式附着式升降脚手架是将围绕建筑物主体结构外围的升降脚手架分成一段段独立的单元架体，利用相邻架体互为支点并交替提升的脚手架，互爬式附着式升降脚手架如图 3-2 所示。这种脚手架结构简单、易于操作，但架体的分段较多，架体的整体性较差，安全防护性能不如整体附着式升降脚手架。互爬式附着式升降脚手架的升降机构一般采用手拉葫芦，架体升降的同步性差，每层升降的操作时间比较长。

3.2.2　按附着支撑结构的形式不同分类

附着式升降脚手架按附着支撑结构的形式可分为吊拉式、吊轨式、导轨式、导座式、套框式、挑轨式、套轨式、锚轨式等，在工程中常见的附着支撑形式有吊拉式附着支撑、导轨式附着支撑和套框式附着支撑 3 种，其他附着支撑形式基本上是这 3 种形式的改型和扩展。

1. 吊拉式附着支撑

吊拉式附着支撑由上、下两套附着支撑装置组成：上面一套附着支撑装置有提升挑梁（又称为悬挂梁、悬挑吊梁）、上拉杆和穿墙螺栓等部件，吊拉式附着支撑结构如图 3-3 所示。架体的升降是利用从外墙面或边梁上悬挑伸出来的提升挑梁和上拉杆附着支撑在建筑物上，通过若干组悬挑在提升挑梁的升降机构吊拉住架体来实现的；而架体的附着固定则利用另一套下拉杆连接在建筑物主体结构上。

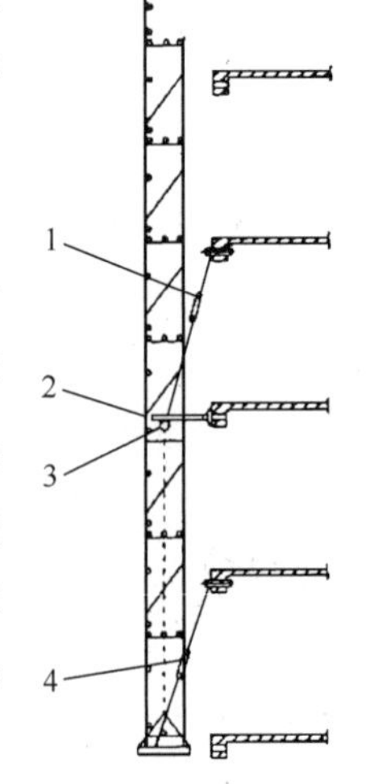

图 3-3　吊拉式附着支撑

1—上拉杆；2—提升挑梁；3—升降机构；4—下拉杆

吊拉式附着支撑的显著特点是架体在升降的过程中，提升吊点的位置处于升降脚手架的重心，架体属于中心提升，升降过程比较平稳。架体向里外倾覆的水平分力比较小，防倾覆装置的受力处于较理想的状态。由于提升状态的需要，提升挑梁和上拉杆固定在建筑物上并伸到架体内部，移动的架体在升降时必须避让提升挑梁和上拉杆，因此每套升降机构从下往上至少有3～4步的内侧桁架面不连续，而且这几步架体的操作面也不连续。吊拉式附着支撑升降脚手架内部桁架结构如图 3-4 所示。

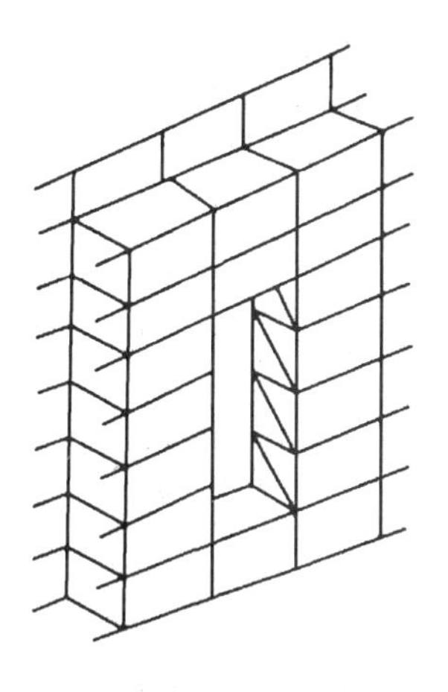

图 3-4 吊拉式附着支撑升降脚手架内部桁架结构

2. 导轨式附着支撑

导轨式附着支撑是为高层建筑结构或装修施工提供人员防护用的电动附着式升降脚手架。导轨式附着支撑是指架体的附着固定、升降以及防坠落装置和防倾覆装置均依靠一套导轨系统来实现。导轨式附着支撑包括具有结构简单紧凑并设有防坠装置的提升吊挂件、具有足够刚度的框架式导轨、竖向框架及钢管焊接成的底部水平承力桁架体系、卸荷附墙导向座以及结构简单便于操作的限位锁。导轨式附着支撑如图 3-5 所示。

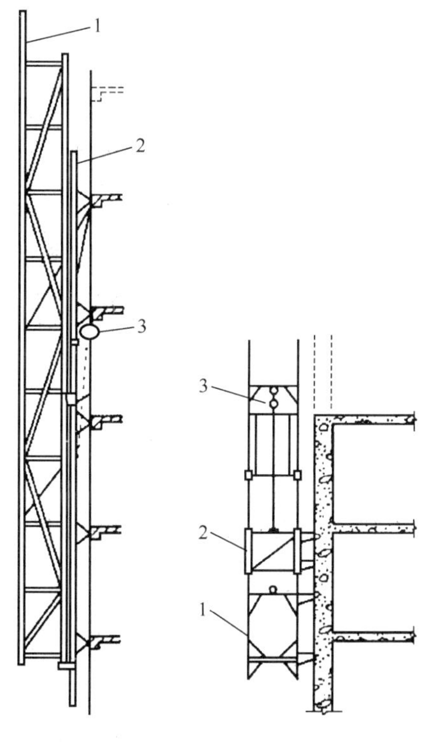

图 3-5 导轨式附着支撑

1—架体；2—导轨；3—升降机构

图 3-6 套框式附着支撑结构

1—主框架；2—套框架；3—升降机构

脚手架升降时升降机构安装在架体的内侧面，升降机构与架体不发生相互运动干涉，每个机位处内侧桁架不需要断开，每步的操作面都是连续的，操作人员在架体上行走或操作比较方便。由于升降机构的提升吊点设置在架体的内侧，导轨式附着支撑脚手架属于偏心提升。在提升的工况下，架体的外倾力矩比较大，导轨及其固定处的竖向主框受力状态比较差，变形后影响架体的正常升降。因此，对脚手架导轨的设计、制作、附着固定和安装调整要求较高。

3. 套框式附着支撑

套框式附着支撑是指架体的附着固定和升降是通过两个能相对滑动的主框架和套框架的交替移动和固定来实现的。套框式附着支撑结构如图 3-6 所示。套框式附着支撑具有结构简单、便于操作等特点。升降机构安装在架体的内部，随着架体一起升降，这样减少了移动升降机构的工作量。套框架既可作为架体升降的附着支撑点，又可作为架体升降过程中的防倾覆装置。

由于套框式附着支撑的结构特点，两个框架在相互接触和移动范围内的桁架结构在制作和安装方面要求较高。因受到结构的限制，每次架体升降一楼层高度需要多次移动框架，每层的升降时间比较长。套框式附着脚手架主要适用于剪力墙结构的高层建筑。

3.2.3 按升降机构的类型不同分类

按升降机构的类型不同，附着式升降脚手架可分为手拉环链葫芦、电动葫芦、电动卷扬机、液压动力设备等。

1. 手拉环链葫芦

以手拉环链葫芦作为升降机构的附着式升降脚手架，一般采用3～5t的手拉葫芦作为架体的升降机构。其具有结构简单、质量较轻、易于操作、使用方便、节省能源等特点。因采用人工操作，出现故障时可及时发现、排除或更换。由于其力学性能较差，人工操作因素影响较大，多台手拉环链葫芦同时工作时不易保持同步性，因此手拉环链葫芦附着式升降脚手架不适用于多跨或整体附着式升降脚手架，一般只用于单跨升降式脚手架的升降施工。

2. 电动葫芦

以电动葫芦作为升降机构的附着式升降脚手架，一般采用5～10t的电动葫芦作为架体的升降机构。这类升降机构体积小，质量轻，升降速度一般为0.08～0.15m/min。工程实践证明，电动葫芦附着式升降脚手架运行平稳，制动灵敏可靠，可实现群体使用时的电控操作，安装和使用均非常方便，使用范围比较广，如图3-7所示。

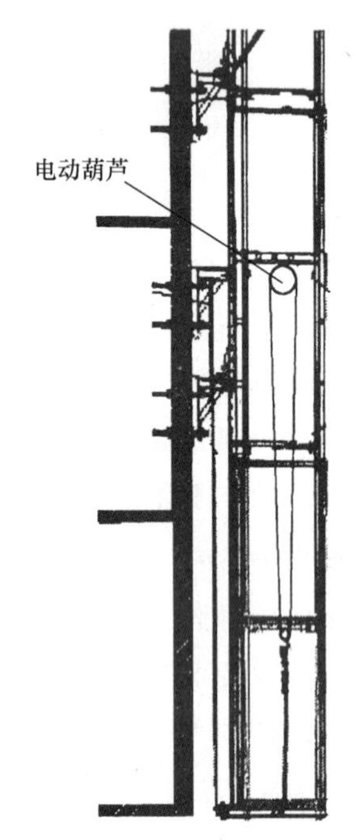

图3-7 电动葫芦式附着式升降脚手架

3. 电动卷扬机

以电动卷扬机作为升降机构的附着式升降脚手架，具有采用钢丝绳提升、结构简单，架体每次升降的高度不受限制，升降速度较快等特点。与电动葫芦和手拉葫芦相比，因其体积和质量较大，安装和使用的位置不易布置，在附着式升降脚手架中应用较少。

4. 液压动力设备

对于液压式附着式升降脚手架（图3-8），一般应用于自重较大的架体上，其优点在于液压油缸的顶升力较大，能够满足爬升需要，升降过程为避免链条存在的安全隐患，油缸尺寸小，一人即可完成搬运油缸工作。而提升搬运电动葫芦则至少需要两人，相比之下大大减少了架体提升后工作量。此外液压油缸与电动葫芦相比，避免了用电安全隐患，防水性能更佳；不足之处在于受到液压缸行程的限制，架体无法连续升降，每层升降的时间较长，同步性能相对电动葫芦较差，且由于其动力是液压油缸，所以须另设液压系统，成本相对电动葫芦较高。此外液压油缸相对于电动葫芦，其抗污能力较差。

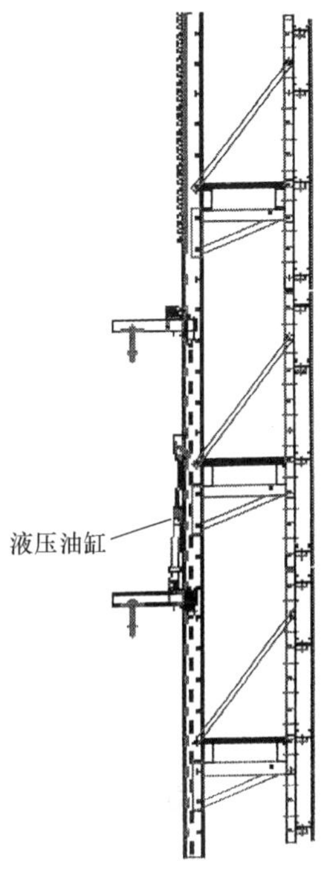

图 3-8　液压式附着式升降脚手架

3.2.4　按架体使用性能的不同分类

附着式升降脚手架从使用性角度分类，分为普通型附着式升降脚手架和全钢型附着式升降脚手架。普通型附着式升降脚手架是指将生产厂家加工架体竖向主框架和水平支撑桁架，通过普通钢管扣件搭接起来的架体，如图 3-9 所示；全钢型附着式升降脚手架，也称集成式升降操作平台，该平台是由加工好的导轨、横杆、立杆、斜杆以及钢网片组合起来的附着式升降脚手架，如图 3-10 所示。

两者相比，普通型附着式升降脚手架生产厂家只需加工竖向主框架和水平支承桁架，加工普通型架体成本远远小于全钢型，对于生产厂家来说资金投入较少，便于大规模生产；且由于普通型附着式升降脚手架为现场钢管扣件连接，所以遇到一些特殊结构尺寸时，灵活性较强；但也因为普通型附着式升降脚手架由钢管扣件搭接而成，相比全钢型附着式升降脚手架，其结构刚性不如全钢型附着式升降脚手架，安全系数相对较低；此外，普通

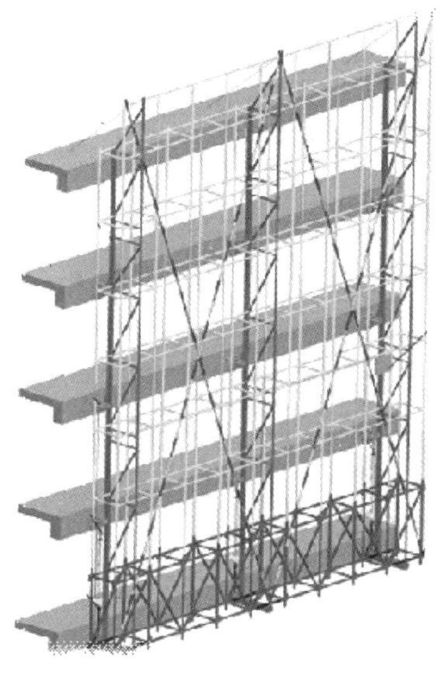

图 3-9　普通型附着式升降脚手架

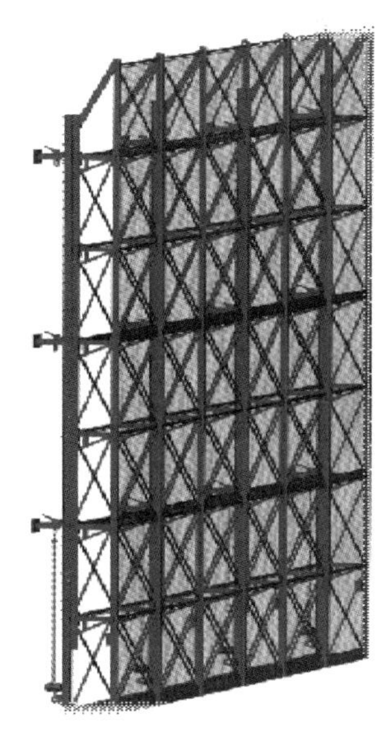

图 3-10　全钢型附着式升降脚手架

型附着式升降脚手架外侧防护一般采用塑料网防护，走道板为木板搭接，因此不具备防火性，外观视觉效果相对也较差。一般一些市政形象工程以及较高且形状规则的写字楼多采用全钢型附着式升降脚手架，而普通型附着式升降脚手架多用于民房等偏低建筑中使用。

3.2.5　按提升时架体受力的不同分类

按提升时架体受力情况，可分为偏心提升和中心提升两种。偏心提升是指提升设备设置在架体一侧进行升降工作，如图 3-11 所示；而中心提升是指提升设备设置在架体中心部位进行升降工作，如图 3-12 所示。

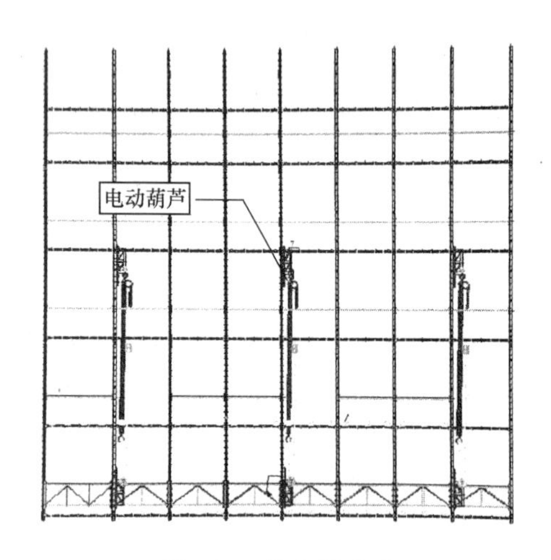

图 3-11　偏心提升式

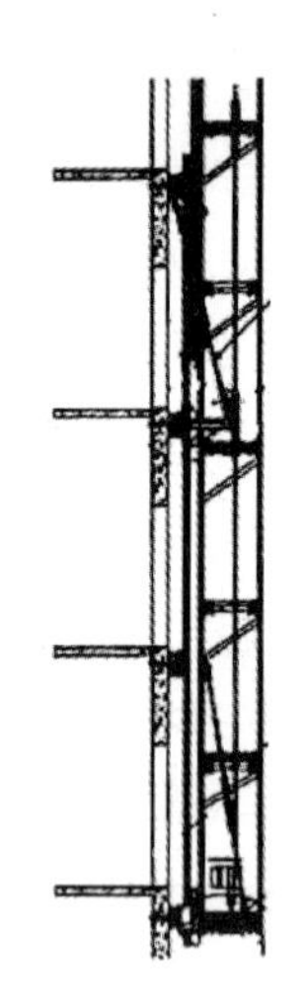

图 3-12　中心提升式

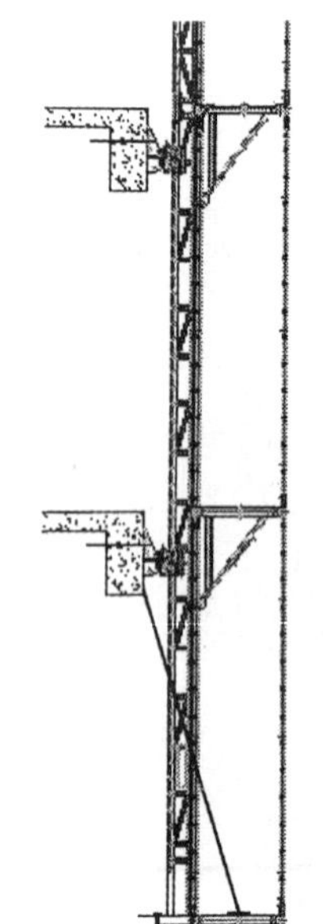

图 3-13　拉杆卸荷

两种提升方式对比，偏心提升式的架体由于电动葫芦设置在架体外侧，所以其架体中间通过性较好，但由于葫芦裸露在架体外侧，粉尘等污染较大，会影响葫芦的使用寿命。从受力分析，偏心提升的架体导轨除受沿竖向主框架方向的力外，还存在一个侧向的弯矩，这对于导轨的强度有了更高要求。

3.2.6　按卸荷方式的不同分类

附着式升降脚手架按卸荷方式分类可分为拉杆卸荷和支座卸荷两种。拉杆卸荷是指通过拉杆将架体（包括承载物）重力直接传递到穿墙螺栓，再通过穿墙螺栓传递到主体，如图 3-13 所示；支座卸荷是指通过销轴、顶撑、U 型环或扣件等构件将架体（包括承载物）重力传递到支座，再通过支座穿墙螺栓传递到结构的卸荷方式，如图 3-14（a）～图 3-14（d）。

两种卸荷方式相比，支座卸荷一般为多处卸荷，每次升降架体后卸荷操作方便，工作量小，且可以在任何高度位置转化使用工况，但是扣件及U型环等卸荷装置相比拉杆安全系数小，对于安装操作要求较高，容易误安装，不安全因素较多。此外，支座卸荷一般在主框架或导轨不同位置安装卸荷装置，架体受力较分散，有利于架体结构的稳定。

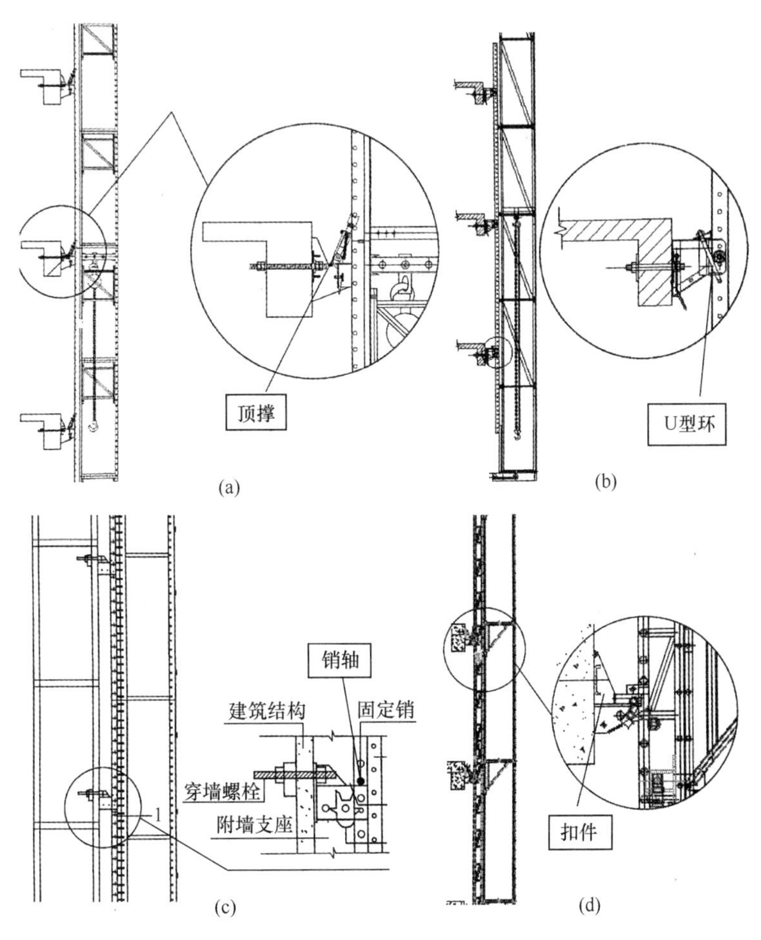

图 3-14　支座卸荷

(a) 顶撑卸荷；(b) U 型环卸荷；(c) 销轴卸荷；(d) 扣件卸荷

3.2.7　按竖向主框架形式的不同分类

竖向主框架承受由水平支承桁架和架体构架传递过来的力，并将力传递到卸荷支座，是架体的主要组成部分，附着式升降脚手架按竖向主框架类型可分为单片式和空间桁架式，如图 3-15 和图 3-16 所示。

单片式竖向主框架为常见类型，此类架体在设计方面比较简约，节省材料及成本，在安装方面也节约工时，运输也比较方便，是目前传统架和全钢架上常用的形式；空间桁架式竖向主框架相比单片式在结构刚度上有明显加强，但空间桁架结构增加了架体成本，且外侧一般须单独设计网片，也增加了部分成本，所以目前行业内用此类型竖向主框架结构的架体较少。

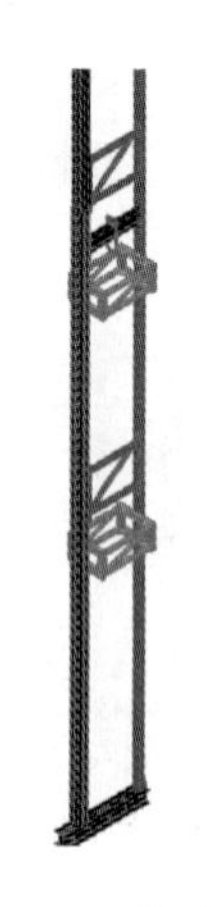

图 3-15　单片式竖向主框架

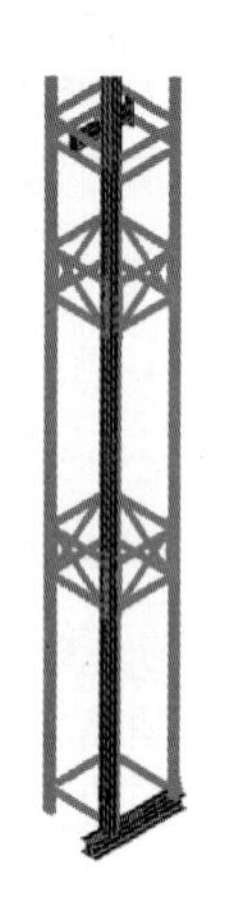

图 3-16　空间桁架式竖向主框架

3.2.8　附着式升降脚手架的常见形式

在建筑工程中常用的附着式升降脚手架，按构造形式不同分为套管式附着式升降脚手架、悬挑式附着式升降脚手架、互爬式附着式升降脚手架和导轨式附着式升降脚手架等。这里对以上四种附着式升降脚手架进行介绍。

1. 套管式附着式升降脚手架

套管式附着式升降脚手架的主要构件是一个套管升降架，如图 3-17 所示。每个升降架由外架（也称固定架）和内架（也称活动架、套架）组成。外架是直径较小的由钢管焊接而成的框架，其高度一般为 3 个楼层高，宽度为 1.0m 左右，中间一段不设横向杆件。内架是用内径大于外架钢管外径的无缝钢管焊成的框架。外架所用的钢管直径为 48mm、壁厚为 3.5mm，内架所用的钢管直径为 53.5mm、壁厚为 4.0mm。内架的立管套在外架的立管上，内架可沿外架立管上下滑动，滑动的幅度即为每次升（降）的幅度。

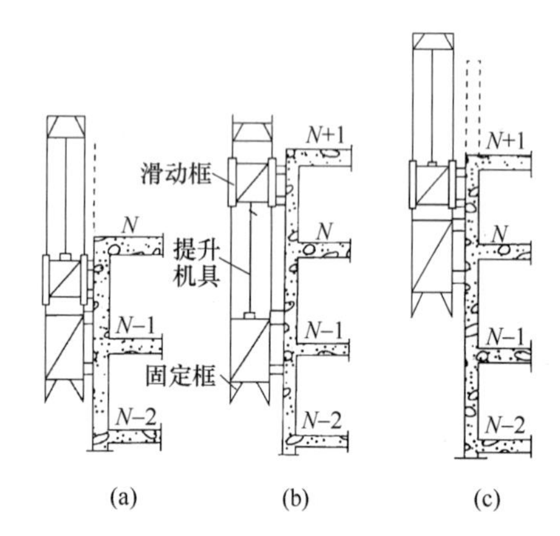

图 3-17　套管式附着式升降脚手架
（a）滑动前；（b）滑动后；（c）固定框提升

外架和内架均设有两个与建筑物墙（或柱）连接的固定附墙支座。当进行提升时，首先将提升葫芦悬挂在外架的上横杆上，通过钢丝绳用吊钩吊住内架的下横杆，松开内架与建筑物墙（柱）的连接，操纵提升葫芦提升内架，再将内架与建筑物连接面固定，然后再将提升葫芦挂到内架的上横杆上，钢丝绳吊住外架的下横杆，松开外架与建筑物的连接，操纵提升葫芦提升外架，然后将外架与墙（柱）连接固定，这样就完成了一个提升过程。

每一提升循环，可提升一个楼层高度。内架和外架如此交替提升，升降架即可沿建筑物逐步升高。下降时的操作与提升时相似，只是依次将内架、外架下降。

2. 悬挑式附着式升降脚手架

悬挑式附着式升降脚手架也称整体提升式外墙脚手架，这是目前应用较广的一种附着式升降脚手架，其种类也比较多。这种脚手架的基本构造主要由脚手架、爬升机构和提升系统三部分组成，如图3-18所示。脚手架可用扣件式钢管脚手架或碗扣式钢管脚手架搭设而成；爬升机构包括承力托盘、提升挑梁、导向轮及防倾覆、防坠落安全装置等部件；提升系统一般使用环链式电动葫芦和控制柜，电动葫芦的额定提升荷载一般不小于70kN，提升速度不宜超过250mm/min。

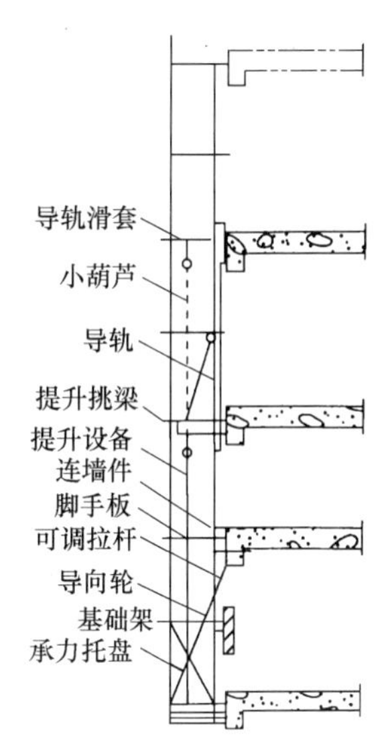

图3-18　悬挑式附着式升降脚手架

悬挑式附着式升降脚手架的升降原理为：将电动葫芦挂在挑梁上，电动葫芦的吊钩挂在承力托盘上，使各电动葫芦受力，松开承力托盘同建筑物的连接，开动电动葫芦，则爬架沿建筑物上升或下降，待爬架升高或下降一层，到达预定位置时，将承力托盘同建筑物固定，并将架子同建筑物连接好，则脚手架完成一次升高或下降的过程。再将挑梁移至下一个位置，准备下一次升降。

3. 互爬式附着式升降脚手架

互爬式附着式升降脚手架又称为相邻段交替升降脚手架、互升降附着脚手架，其基本构造由单元脚手架、附墙支撑机构和提升装置组成。单元脚手架可由扣件式钢管脚手架或碗扣式钢管脚手架搭设而成；附墙支撑机构是将单元脚手架固定在建筑物上的装置，可通过穿墙螺栓或预埋件固定，也可通过斜拉杆和水平支撑将单元脚手架吊在建筑物上，还可在架子底部设置斜撑杆支撑脚手架；提升装置一般使用手拉葫芦，其额定提升荷载不小于20kN，手拉葫芦的吊钩挂在与被提升单元相邻架体的横梁上，挂钩则挂在被提升单元底部。互爬式附着式升降脚手架的升降过程如图3-19所示。

互爬式附着式升降脚手架，分为甲、乙两种单元，甲、乙单元沿外墙相间布置，相邻单元设有滑轨和滑槽组成的连接装置。在脚手架升降时，甲、乙单元互为支点，交替升降。相隔的单元脚手架可以同时进行升降操作。

4. 导轨式附着式升降脚手架

导轨式附着式升降脚手架，其基本构造由脚手架、爬升机构和提升系统三部分组成。爬升机构是一套独特的机构，主要包括导轨、导轮组、提升滑轮组、提升挂座、连墙支杆、连墙支座、连墙挂板、限位锁、限位锁挡块及斜拉钢丝绳等构件。其提升系统也是采用手拉葫芦或环链式电动葫芦。

导轨式附着式升降脚手架的升降原理如图 3-20 所示。导轨沿建筑物竖向布置，其长度比脚手架高一层，脚手架的上部和下部均装有导轮，提升挂座固定在导轨上，其一侧挂提升葫芦，另一侧固定钢丝绳，钢丝绳绕过提升滑轮组同提升葫芦的挂钩连接；启动提升葫芦，架子沿着导轨上升，提升到要求位置后固定；将底部空出的导轨及连墙挂板拆除，装到上升部位的顶部，将提升挂座移到上部，准备下次提升。下降时操作与此相反，如此反复，即可提升和下降。

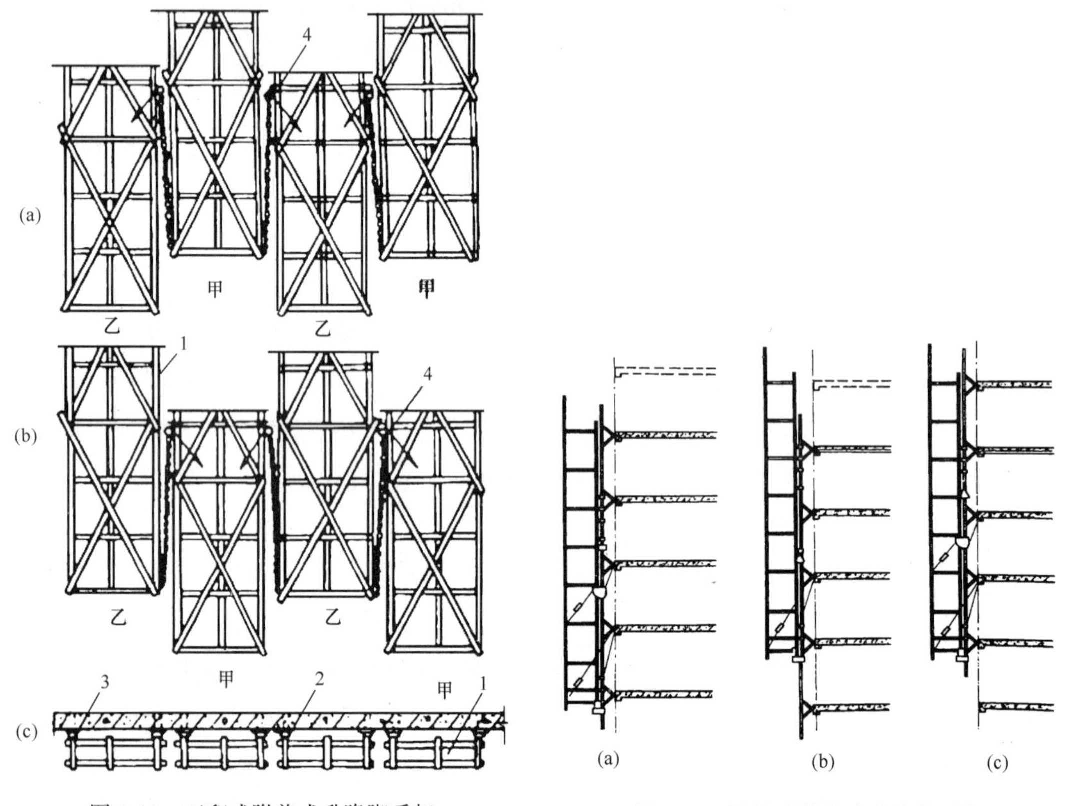

图 3-19　互爬式附着式升降脚手架

（a）甲单元提升过程；（b）乙单元提升过程；（c）脚手架，俯视图

1—单元脚手架；2，3—附墙支撑机构；4—提升装置

图 3-20　导轨式附着式升降脚手架

（a）提升前；（b）提升中；（c）提升后

3.3　附着式升降脚手架的基本要求

附着式升降脚手架的基本要求，主要包括附着式升降脚手架的一般要求、功能要求、安全要求和构造要求。

3.3.1 附着式升降脚手架的一般要求

（1）附着式升降脚手架应满足安全、适用、简便和经济的要求。随着高层和超高层建筑的发展，应尽快使这种脚手架达到设备化、标准化和系列化。

（2）附着式升降脚手架的架体应构成一个牢固的整体，不仅要具有足够的强度、刚度和稳定性，而且还应具有足够的安全储备。

（3）附着式升降脚手架在升降的过程中，应当十分稳定和垂直，不得有任何晃动、倾斜和水平方向错动等情况。

（4）附着式升降脚手架的附墙措施要考虑周全，要考虑在结构施工时，混凝土未达到设计强度之前的实际强度，并要对这些不利情况进行认真核算。

（5）附着式升降脚手架所采用的动力设备要认真检查、核对，所有动力设备应符合产品规定、使用规定和其他有关技术规定的要求。

（6）各类不同的附着式升降脚手架，均要按照各自的特点分别进行设计计算，在使用中必须具备构造参数、设计计算书、试验检验报告、适用范围和使用规定等方面的资料。

3.3.2 附着式升降脚手架的功能要求

（1）附着式升降脚手架应满足结构施工中钢筋绑扎、装拆模板、浇筑混凝土、砌筑墙体等操作方面的要求。

（2）附着式升降脚手架应满足装饰施工中进行抹灰、镶贴面砖、嵌挂石材、喷涂涂料、安装幕墙、表面装饰等各种操作要求。

（3）附着式升降脚手架应满足操作人员在脚手架上工作、上下通行、暂时休息、物料搬运及堆放等方面的要求。

（4）在附着式升降脚手架升降时，要考虑到塔式起重机和室外电梯的附墙支撑与架体的相互影响。

（5）附着式升降脚手架不仅要适应高层建筑平面和立面的变化需要，而且应满足特殊使用功能的要求，如附加模板系统组成爬升模板等。

3.3.3 附着式升降脚手架的安全要求

（1）附着式升降脚手架在升降过程中，要保持垂直和水平位移的约束，随时对脚手架进行检查和观察，防止出现架体的摆晃、内外倾斜或倾覆现象。

（2）附着式升降脚手架在升降过程中，如有动力失效、起重绳索断裂、横吊梁掉落等情况出现时，要有防止架体坠落和具有迅速锁住架体防止滑移的可靠措施。

（3）为使附着式升降脚手架能够水平均匀升降，要设置自动同步控制装置，严格控制升降过程中的同步性和水平度，防止出现因偏斜受力超载而坠落事故。

（4）附着式升降脚手架的架体，要做到各操作层封闭、外侧封闭、底层全封闭，同时架体顶应超出施工面1.2m以上。

（5）动力设备的控制系统要具有能够整体升降、分片升降及“点提”调整功能；还应具有过载保护、短路保护功能；当采用电力动力设备时，其布线和接线要符合安全用电的技术要求。

（6）爬升机构与建筑结构的附墙连接要确实牢靠，其连接方法、强度和位置一定要有绝对把握，必要时应进行专门设计计算和试验确定。

3.3.4 附着式升降脚手架的构造要求

附着式升降脚手架应由竖向主框架、水平支撑桁架、架体构架、附着支承结构、防倾装置、防坠装置组成。

附着式升降脚手架结构构造的尺寸应符合下列规定：

（1）架体结构高度不应大于5倍楼层高。

（2）架体宽度不应大于1.2m。

（3）直线布置的架体支承跨度不应大于7m，折线或曲线布置的架体相邻两主框架支承点处架体外侧距离不得大于5.4m。

（4）架体的水平悬挑长度不得大于2m，且不得大于跨度的1/2。架体全高与支承跨度的乘积不应大于$110m^2$。

（5）在升降工况下，最上和最下两个导向件之间的最小间距，不应小于2.8m或平台高度的1/4；在使用工况下，最上和最下两个导向件之间的最小间距，不应小于5.6m或平台高度的1/2。

（6）在使用工况下，防护平台悬臂高度不应大于平台高度的2/5，且不宜大于6m。

（7）附着支承本身的构造必须满足升降工作状况下的支承和抗倾覆的要求。当具有整体和分段升降功能时，其附着支承构造应同时满足以上两种情况中，在最不利受力情况下的支承和抗倾覆的要求。

（8）附着式升降脚手架架体的承力桁架，应采用焊接或螺栓连接的轴向拼装桁架，并应向定型化、工具化方向发展。

（9）架体外侧和架体在升降状态下的开口端，要采用密目式安全网（每$1cm^2$面积内多于20目）围挡。架体与工程结构外表面之间和架体之间的间隙，要有防止材料坠落的措施。另外，当脚手架在升降时，由于要通过塔式起重机、电梯等的附着装置，必须拆卸脚手架架体的部分杆件，应采用相应的加固措施，以确保架体的整体稳定。

（10）附着式升降脚手架的提升机具优先采用重心吊，即吊心应设在架体的重心。若采用偏心吊时，提升座应与偏心吊进行刚性连接，且必须具有足够的刚度和强度。

设于架体的防倾覆、防坠落装置和其他设备，必须固定在架体的靠墙一侧，其设置部位应具有加强的构造措施。

（11）在多风地区或风季使用附着式升降脚手架时，除在架体下侧设置抵抗风载上翻力的拉结装置外，并从架体底部每隔 3.6m 在里外两纵向水平杆之间，于立杆节点处，沿纵向设置水平“之”字形斜杆，以抵抗水平风力。

（12）架体外侧禁止设置用于吊物等增加倾覆力矩的装置。如果确实需要设置与作业层相连或有共用杆件的卸料平台时，必须在构造上采用自成系统的悬挑、斜撑（拉）构造，严禁对架体产生倾覆力矩。

4 附着式升降脚手架的基本结构

附着式升降脚手架是指搭设一定高度并附着于工程结构上，依靠自身的升降设备和装置，可随工程结构逐层爬升或下降，具有防倾覆、防坠落装置的外脚手架。因其具有低碳性、实用性、安全性、经济性，近年来在我国大中型城市工程施工中得到了广泛应用。

4.1 附着式升降脚手架的基本组成

附着式升降脚手架是一种专门用于高层建筑施工的脚手架，主要由架体（架体构架）、爬升机构、动力及控制设备、安全装置等组成。

4.1.1 架体（架体构架）

架体常用桁架作为底部的承力装置，桁架两端支承于横向刚架或托架上，横向刚架又通过与其连接的附墙支座固定于建筑物上。架体本身一般均采用扣件式钢管搭设，其高度一般不小于 4 个楼层的高度，架宽不宜超过 1.2m，分段单元脚手架的长度不超过 8m。

架体的主要构件有立杆、纵向水平杆、横向水平杆、斜杆、剪刀撑、脚手板、梯子、扶手等。脚手架的外侧设有密目式安全网进行全封闭，每步架均设防护栏杆及挡脚板，底部满铺一层固定的脚手板。整个架体的作用是提供操作平台、物料搬运、材料堆放、施工人员通行和安全防护等。

4.1.2 爬升机构

爬升机构是附着式升降脚手架的主要组成部件，也是脚手架升降的动力设备。设置的爬升机构既可实现架体升降、导向、防坠、固定提升设备、连接吊点，也可实现架体通过横向刚架与附墙支座的连接等。爬升机构的作用主要是进行可靠地附墙连接和保证将架体上的恒荷载与施工活荷载，能安全、迅速、准确地传递到建筑结构上。

4.1.3 动力及控制设备

附着式升降脚手架提升用的动力设备种类很多，在建筑工程中常用的有：手拉葫芦、环链式电动葫芦、液压千斤顶、螺杆升降机、升板机、卷扬机等。由于电动葫芦使用方便、比较省力、容易控制，所以在工程中应用最多。

当动力设备采用电力系统控制时，一般采用电缆将动力设备与控制柜相连，并用控制柜进行动力设备控制；当动力设备采用液压系统控制时，一般采用液压管路、动力设备和液压控制台，然后液压控制台再与液压源相连，并通过液压控制台对动力设备进行控制。总之，动力设备的作用是为架体实现升降提供动力。

4.1.4 安全装置

附着式升降脚手架的安全装置，是不可缺少的重要组成部分，主要包括导向装置、防坠装置和同步提升控制装置三部分。

（1）导向装置。导向装置实际上也是限位装置，它的作用是非常重要的，主要是保持对架体前后、左右水平方向位移的约束，限制架体只能沿着规定的垂直方向运动，并防止架体在升降过程中出现晃动、倾覆和水平方向错动。

（2）防坠装置。防坠装置是附着式升降脚手架中重要的安全装置，它的作用是在动力装置本身的制动装置失效、起重钢丝绳或吊链突然断裂和横吊梁掉落等情况发生时，能在瞬间准确、迅速地锁住架体，防止架体下坠造成伤亡事故的发生。

（3）同步提升控制装置。附着式升降脚手架同步提升，才能使其保持水平、应力均衡、确保安全。同步提升控制装置的作用是使架体在升降过程中，能有效控制各提升点保持在同一水平位置上，这样可以防止架体本身与附墙支座的附墙固定螺栓产生次应力和超载而发生伤亡事故。

4.2 附着式升降脚手架升降系统的组成

附着式升降脚手架升降系统主要由附着支撑结构、升降机构、安全保护装置和电气控制系统组成。

4.2.1 附着支撑结构

1. 附着支撑结构的基本要求

（1）附着式升降脚手架的附着支撑结构，必须满足附着式升降脚手架在各种情况下的支撑、防倾覆和防坠落的承载力要求。

（2）附着支撑结构能使架体附着于建筑物结构上。附着式升降脚手架在升降工况下或固定使用工况下，均悬挂在建筑物的外围。附着支撑结构的作用是使架体在任何工况下都能可靠地附着于建筑物结构之上，并将架体的自重和施工荷载直接传至建筑结构上。

附着支撑结构与架体竖向主框架连接，也是出于防倾覆、防坠落安全因素的考虑。因此，附着支撑结构是附着式升降脚手架中最重要的组成部分。

（3）必须满足升降和固定使用的需要。附着式升降脚手架是一种移动式脚手架，它既能在固定状态下给建筑结构施工提供作业平台和安全围护，也能随着建筑结构的施工上下升降。因此，各种类型的附着式升降脚手架均有两套附着支撑结构，一套在架体固定状态下使用，另一套在架体提升状态下使用，两套附着支撑结构均能独立承受架体的荷载。利用两套附着支撑结构交替固定、轮流承载，并使用升降机构满足附着式升降脚手架固定使用和升降两种工况的需要。

（4）必须具有良好的调整功能。附着支撑结构应能适应各种不同建筑主体结构类型，并具有对允许范围内施工误差的调整功能，以避免架体结构与附着支撑结构出现过大的安装应力和变形。

2. 附着支撑结构的形式

附着支撑结构的形式有多种，如导轨式、导座式、吊拉式、吊轨式、挑轨式、套框式、吊套式、套轨式等，在实际工程中应用最广泛的结构形式为导轨式、吊拉式和套框式 3 种，其他形式是由上述 3 种基本结构形式扩展与组合而成的。

（1）导轨式附着支撑结构

导轨式附着支撑结构由导轨、导轨固定装置及导轮等组成。导轨是一种导向承力构件，一般用槽钢或工字钢制成。有的导轨上面每隔 100mm 冲有一孔，并标有数字，用来确定脚手架在导轨上的具体位置。

导轨沿竖向固定在建筑物结构或架体上，可根据需要沿竖向接长。导轨通过导轨固定装置与建筑物主体结构相连，导轨固定装置包括连墙支杆座、连墙支杆、连墙挂板及穿墙螺栓。导轨式附着支撑结构如图 4-1 所示。连墙支杆是固定导轨的主要构件，通过调整其长度，可调整导轨安装的垂直度，以及架体与建筑物的间距。导轨结构安装如图 4-2 所示。连墙挂板是固定连墙支杆的构件，利用穿墙螺栓固定在建筑物结构上。

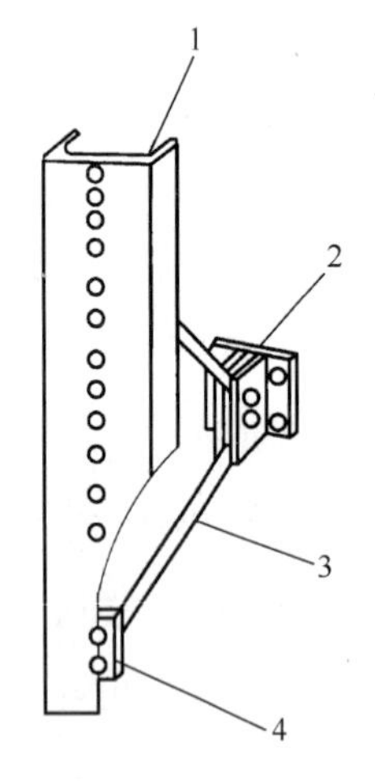

图 4-1　导轨式附着支撑结构

1—升导轨；2—升连墙挂板；
3—升连墙支杆；4—升连墙支杆座

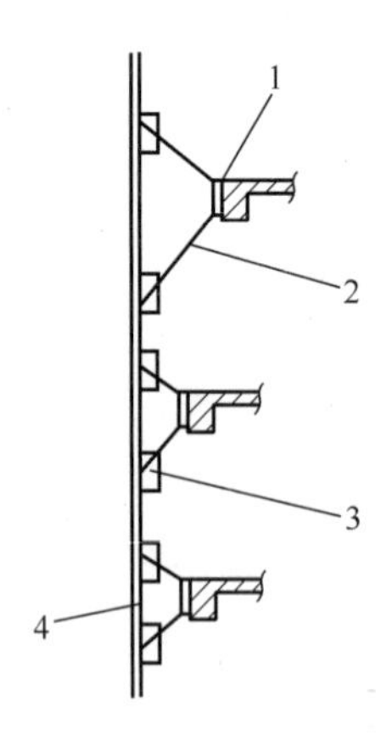

图 4-2　导轨结构安装示意图

1—升连墙挂板；2—升连墙支杆；
3—升连墙支杆座；4—升导轨

当架体处于固定使用工况时，架体竖向主框架通过限位销固定在导轨上，架体承受的荷载通过限位销传递到导轨上，再由连墙支杆和连墙挂板传递到建筑物结构上。当架体处于升降工况时，附着支撑结构增加一套提升挂座，提升挂座固定在导轨上，其上安装升降机构；架体的荷载通过提升挂座，仍然由导轨、连墙支杆和连墙挂板传递到建筑物结构上。导轮在架体升降工况下还起到防倾覆作用。

（2）导座式附着支撑结构

导座式附着支撑结构由导轨、连墙件、导向座、吊挂件和固定销等结构件组成。导轨和架体连接在一起，连墙件将导向座固定在建筑物结构上，吊挂件通过连墙件独立固定在建筑物结构上，提升设备钩挂在吊挂件上。在架体使用工况下，固定销将导轨（即架体）固定在导向座上，架体的荷载通过导轨、固定销和导向座传递到建筑物结构上。在架体升降工况下，架体的重力由吊挂件传递到建筑物结构上。

通过以上所述可以看出，导座式附着支撑结构与导轨式附着支撑结构的形式相似，都是通过导轨与导向装置（即导向座或导轮）将架体与建筑物结构相连。两者的区别主要是导轨和导向装置固定的位置不同，导轨式附着支撑结构的导轨固定在建筑物上，导轮组固定在架体上；而导座式附着支撑结构正好相反，导轨固定在架体上，随架体一起升降，导向装置则固定在墙体上，导轨首次安装后在升降过程中不需要再拆装。无论是从安装还是升降工况来看，导座式附着支撑结构均优于导轨式附着支撑结构。

（3）吊拉式附着支撑结构

吊拉式附着支撑结构由上、下两套附着支撑结构组成，如图 4-3 所示。下面一套附着支撑结构由承力架、下拉杆（也称承力架拉杆）、耳板座和穿墙螺栓组成；上面一套附着支撑结构由悬挑梁、上拉杆（也称悬挑梁拉杆）、耳板座和穿墙螺栓组成承力架（也称底盘或托盘），是架体的主要承力构件，一般用型钢组焊而成。承力架边框上焊有耳板，可以安装下拉杆及承力架吊杆，耳板座通过穿墙螺栓固定在外墙或框架边梁上。有的吊拉式附着支撑结构安装拉杆不采用耳板座，而是直接将拉杆通过穿墙螺栓固定在墙体上。

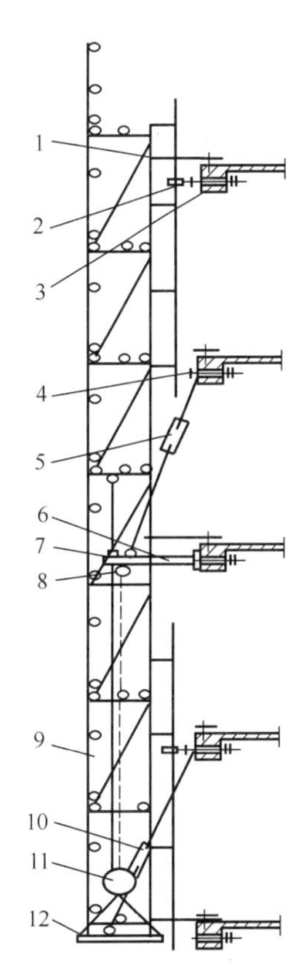

图 4-3　吊拉式附着支撑结构

1—附墙拉结杆；2—防倾覆装置；3—穿墙螺栓；4—耳板座；5—上拉杆；6—悬挑梁；7—防坠落装置；8—电动葫芦；9—架体；10—下拉杆；11—荷载传感器；12—承力架

当楼层的高度发生改变时，如果不及时将拉杆耳板弯曲的角度进行相应调整，就会使耳板与墙面不贴合，此时可能出现两种情况：一种是在拉杆受力的情况下，因耳板弯曲处刚度较大，穿墙螺栓的螺母拧不紧，导致穿墙螺栓的受力与设计荷载不符；另一种是在耳板不受力的情况下螺母能拧紧，耳板面贴墙，但是拉杆的轴线与实际轴线不重合，拉杆和穿墙螺栓产生较大的变形和安装应力。上述出现的两种情况都是不允许的，在实际使用中，耳板弯曲的角度不可能随时进行调整。采用耳板座安装拉杆，可使拉杆与外墙面的夹角随着建筑物层高的变化或架体与墙体距离的变化而自行调整，避免因几何尺寸的变化或施工误差产生的安装应力和变形，保持拉杆始终处于最佳受力状态。拉杆的安装方式如图 4-4 所示。

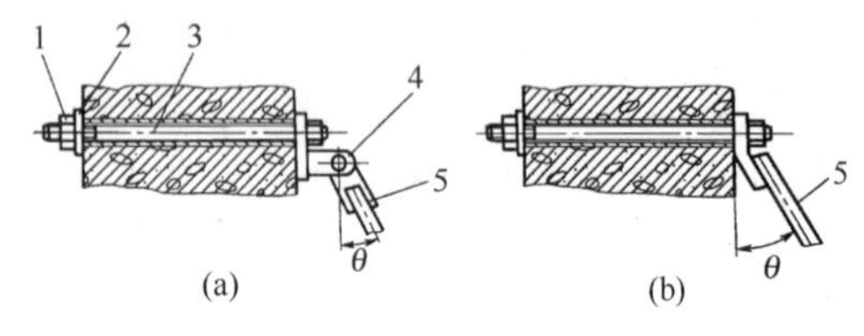

图 4-4　拉杆的安装方式
（a）耳板座式；（b）弯板式
1—螺母；2—垫板；3—穿墙螺栓；4—耳板座；5—拉杆

悬挑梁是从建筑物边梁或外墙面上挑伸出来的承力构件，由型钢制作而成。悬挑梁靠近建筑物的一端用穿墙螺栓固定在外墙或边梁上，另一端焊有耳板，通过上拉杆、耳板座及穿墙螺栓与外墙连接。上下拉杆的结构形式相同，两端为耳板和拉杆，并加工有左（右）旋螺纹，中间是花篮螺栓，可调节拉杆的长度。在固定使用工况下，架体的荷载通过承力架、下拉杆、耳板座及穿墙螺栓传递到建筑物结构上；在升降工况下，下拉杆拆除，架体的荷载由承力架、承力架吊杆、提升机构、悬挑梁、上拉杆、耳板座及穿墙螺栓传递到建筑物结构上。

（4）吊轨式附着支撑结构

吊轨式附着支撑结构的形式与吊拉式附着支撑结构基本相同，仍由上、下两套吊拉装置组成，所不同的是其防倾覆装置的导轨安装在吊拉装置上，因此称为吊轨式附着支撑结构。吊轨式附着支撑结构如图 4-5 所示。

（5）挑轨式附着支撑结构

挑轨式附着支撑结构是上、下两套附着悬挑梁（主悬挑梁、副悬挑梁）和导轨组成，挑轨式附着支撑结构如图 4-6 所示。主、副悬挑梁是从建筑物楼面挑伸出来的承力构件，由型钢制作而成，分别安装在不同的楼面，导轨固定在两道悬挑梁之上，架体通过固定装置与导轨连接。

附着式升降脚手架在固定使用工况下，架体荷载通过固定装置与导轨以及副悬挑梁传递至建筑物结构上；架体在升降工况下，副悬挑梁只固定导轨，不承受架体的荷载，架体的荷载通过升降机构由主悬挑梁直接传递至建筑物结构上。挑轨式附着支撑结构与吊拉式附着支撑结构相比，整体结构相对比较简单，但因主、副悬挑梁都是悬挑结构，其结构强度和安装要求较高。

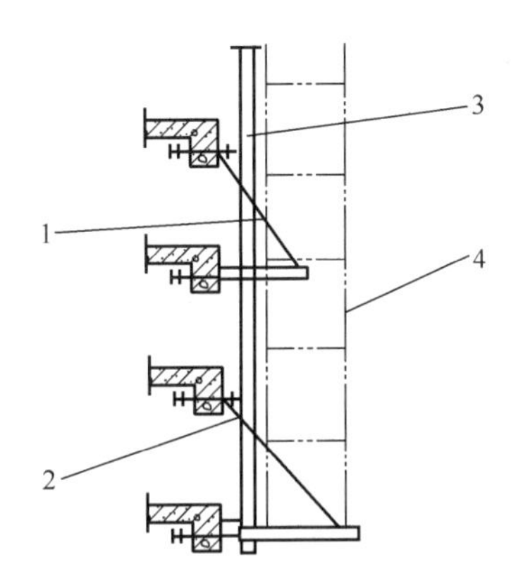

图 4-5 吊轨式附着支撑结构
1—上吊拉装置；2—下吊拉装置；
3—导轨；4—架体

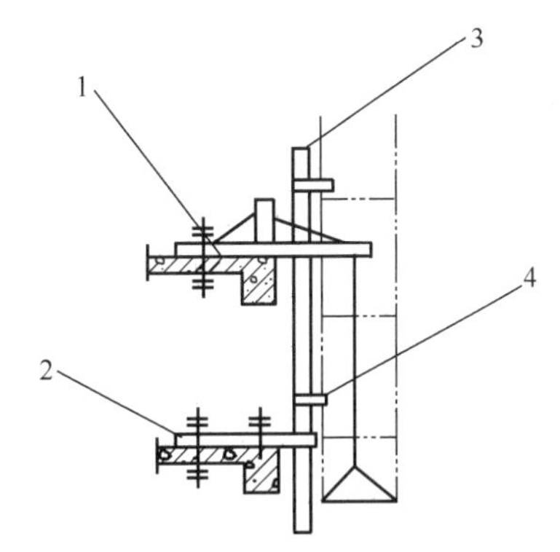

图 4-6 挑轨式附着支撑结构
1—主悬挑梁；2—副悬挑梁；
3—导轨；4—固定装置

（6）套框式附着支撑结构

套框式附着支撑结构由两套焊接的钢结构（主框架和套框架）组成，如图 4-7 所示。主框架一般用直径为 48mm、壁厚为 3.5mm 的脚手架钢管焊接而成，包括两根竖向导杆和若干根横向连接杆。套框架用直径为 60mm、壁厚为 5mm 的无缝钢管作为立管，套入主框架的竖向导杆，用直径为 48mm、壁厚为 3.5mm 的钢管作为横杆和斜杆。套框架和主框架均备有两个附墙支撑架。

架体在固定使用工况下，主框架和套框架均固定在建筑物结构上，架体上的荷载通过主框架上的附墙支撑架及穿墙螺栓传递到建筑物结构上。架体在升降工况下，主框架上下移动，套框架固定在建筑物结构上，架体的荷载由升降机构通过套框架上的附墙支撑架及穿墙螺栓传递到建筑物结构上。

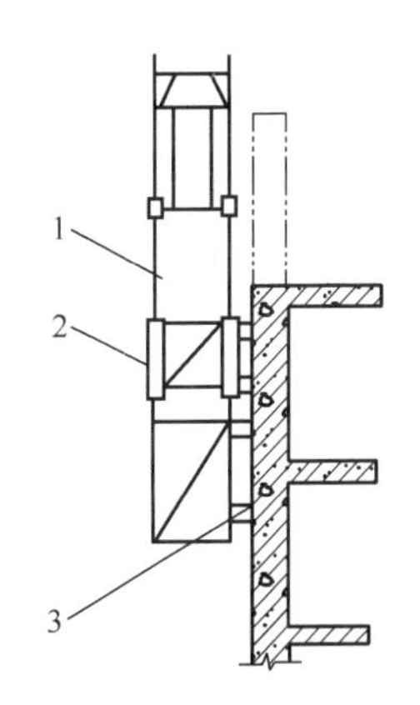

图 4-7 套框式附着支撑结构
1—主框架；2—套框架；
3—附着支撑架

（7）吊套式附着支撑结构

吊套式附着支撑结构与套框式附着支撑结构类似，也是由主框架和套框架组成的，所不同的是在两套框架上，分别增加了类似吊拉式附着支撑结构的两套吊拉装置。吊套式附着支撑结构如图 4-8 所示。

架体在固定使用工况下或升降工况下，架体的荷载不是由两套框架上的附墙支撑架来承受，而是分别由两套吊拉装置和穿墙螺栓直接传递到建筑物结构上。

（8）套轨式附着支撑结构

套轨式附着支撑结构由导轨架体、固定支座和套轨支座以及穿墙螺栓组成。套轨式附着支撑结构如图 4-9 所示。

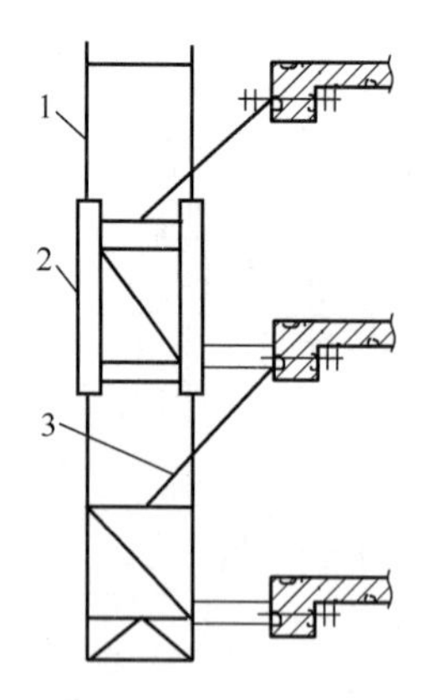

图 4-8　吊套式附着支撑结构
1—主框架；2—套框架；3—吊拉装置

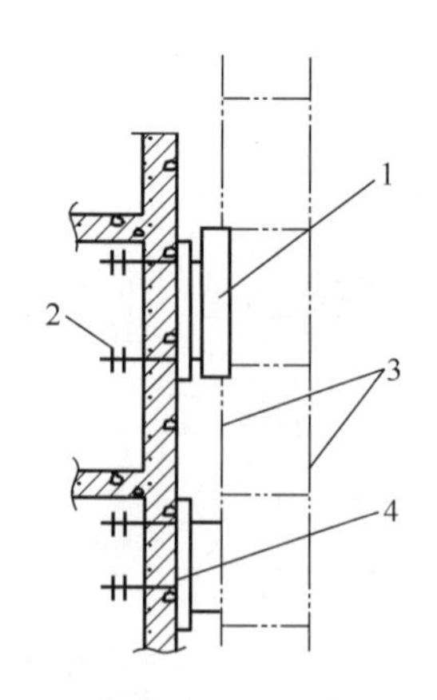

图 4-9　套轨式附着支撑结构
1—套轨支座；2—穿墙螺栓；3—导轨架体；4—固定支座

套轨式附着支撑结构实际上是导座式附着支撑和套框式附着支撑两种结构的组合。

4.2.2　升降机构

1. 对升降机构的基本要求

(1) 附着式升降脚手架的升降机构，应当满足附着式升降脚手架使用工作性能的要求。

(2) 当架体上升降吊点（或机位）超过两点时，不得使用手拉环链葫芦。

2. 升降机构分类及形式

附着式升降脚手架的升降机构，主要有手拉环链葫芦、电动葫芦、电动卷扬机和液压提升设备四种形式。

(1) 手拉环链葫芦

手拉环链葫芦是一种以焊接环链为挠性承重件的手动起重机具，因其具有易于操作、使用方便、价格便宜等特点，在起重行业沿用多年。在建筑工程中一般采用 5～10t 的手拉环链葫芦作为附着式升降脚手架的升降机构。因手拉环链葫芦采用人工操作，当其出现故障时可及时发现、排除或更换。由于手拉环链葫芦的机械性能较差，人工操作因素影响较大，多台手拉环链葫芦同时工作时难以保持其同步性，因此手拉环链葫芦一般只限用于单跨升降脚手架的升降施工，不适用于多跨或整体升降脚手架施工。

手拉环链葫芦的构造及传动形式有很多种，目前在建筑工程中使用较多的有二级直齿轮式手拉葫芦、行星齿轮式手拉葫芦和摆线针轮式手拉葫芦。在相同速比的情况下，二级直齿轮式手拉葫芦的制造工艺比后两种简单，因此在手拉环链葫芦中，这种葫芦应用最广泛。

（2）电动葫芦

电动葫芦是在手拉环链葫芦的基础上改进而成的，即拆除手拉环链葫芦的手拉链轮和手拉链条等零部件，增加电动机和减速器后改装制成的电动起重机具。电动葫芦运行平稳，制动灵敏可靠，升降速度一般为0.08～0.15m/min，可实现群机同时使用时的电控操作，安装和使用非常方便，使用范围比较广泛。因电动葫芦的改装设计仍以手拉环链葫芦为基础，所以仍存在着手拉环链相同的缺陷，如铰链、翻链、断链和断轴等，需要在使用中引起高度重视，加强检查和维修工作。

（3）电动卷扬机

电动卷扬机的特点是采用钢丝绳提升，结构简单，架体每次升降的高度较大，升降速度也较快。电动卷扬机一般采用直齿轮或斜齿轮传动减速器，因其体积和质量较大，安装位置不易布置，在附着式升降脚手架中应用较少。

有的升降机构将采用电动葫芦式卷扬机，卷扬机安装在吊拉式附着式升降脚手架的悬挑梁架上。该升降机构由上拉杆、电动葫芦式卷扬机、悬挑梁架、滑轮组组成，悬挑梁架由型钢焊接而成，电动葫芦式卷扬机的功率为0.5～0.75kW，滑轮组由四套定滑轮和动滑轮组成，升降速度为0.05～0.75m/min。

有的升降机构采用将高速比的行星齿轮式减速器放入卷筒内的钢丝绳卷扬机，并将卷扬机安装在吊拉式附着式升降脚手架竖向主框架的底部。卷扬机随着架体一起升降，移动悬挑梁时，只需要放松或收紧钢丝绳即可。这种电动卷扬机解决了齿轮传动卷扬机体积较大、笨重和安装、操作不方便等问题，卷扬机一次性安装后随架体升降，避免了每次提升后反复安装，提高了工作效率，降低了操作工人的劳动强度。

（4）液压提升设备

液压提升设备的特点是架体升降相对平稳，安全可靠，整体升降同步性能较好，但受到液压油缸行程的限制，架体无法连续升降，每层升降的时间较长，而且液压提升设备比较复杂，安装精度和维护技术水平要求高，一次性投资后维修成本也比较高。

液压提升设备有两种形式：一种用于吊拉式附着式升降脚手架，由动力系统和提升机构两部分组成。动力系统有液压控制台、各种管路和阀门；提升机构使用的是穿心式液压千斤顶和节状支撑杆，穿心式液压千斤顶安装在架体底部的每个机位处的承力架（底盘）上，节状支撑杆的上部固定在悬挑梁上，下部穿过液压千斤顶。穿心式液压千斤顶安装如图4-10所示。

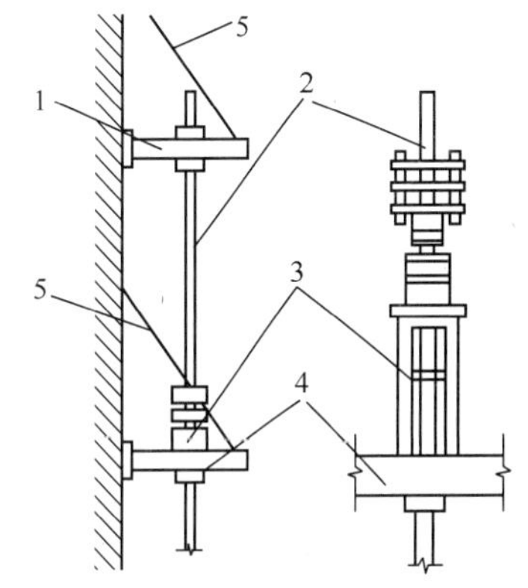

图4-10 穿心式液压千斤顶安装图
1—悬挑梁；2—节状支撑杆；3—穿心式液压千斤顶；4—底盘；5—上、下拉杆

另一种形式的液压提升设备主要用于导轨式附着式升降脚手架，仍由动力系统和提升机构两部分组成。

液压动力系统与前一种提升设备相同，由液压控制台、各种管路和阀门组成；提升机构参考塔式起重机液压顶升装置，采用的是可移装的液压千斤顶，主要由液压油缸和活塞杆组成。

4.2.3 安全保护装置

附着式升降脚手架的附着支撑结构，必须满足附着式升降脚手架在各种情况下的支承、防倾覆和防坠落的承载力要求。工程实践证明，附着式升降脚手架应具有安全可靠的防倾覆、防坠落装置和架体同步升降及荷载监控系统等安全保护装置。

1. 防倾覆装置

附着式升降脚手架的防倾覆装置是必不可少的安全保护装置，其作用是防止脚手架的架体在升降和使用过程中发生倾覆，并控制架体与建筑物外墙面之间的距离保持不变。

（1）防倾覆装置的工作原理

附着式升降脚手架是一种移动式的脚手架，在移动的过程中受到若干固定点的水平约束，使架体只能沿着固定点进行上下运动，架体的水平荷载由这些固定点传递到建筑结构上。这些固定点及沿固定点运动的部件，形成了附着式升降脚手架的防倾覆装置。

（2）架体产生倾覆的主要原因

1）工程实践证明，架体在升降和使用过程中处于高空悬空状态，由风荷载产生的水平力是使架体倾覆的重要原因。

2）在架体升降和使用过程中，架体上施工荷载不均匀且位置在不断变化，从而造成架体重心向里或向外偏移，使架体产生向里或向外倾覆的趋势。

3）在脚手架提升的工况下，提升吊点的位置与架体重心不重合，产生较大的偏心力矩；架体重心在提升吊点之上，会使升降过程中的架体处于不稳定状态。

4）架体机位平面布置不当，可造成整个架体重心偏移。如多个机位连成整片后，整个架体重心位置取决于建筑物外形变化以及提升吊点的位置。如图 4-11（a）所示，

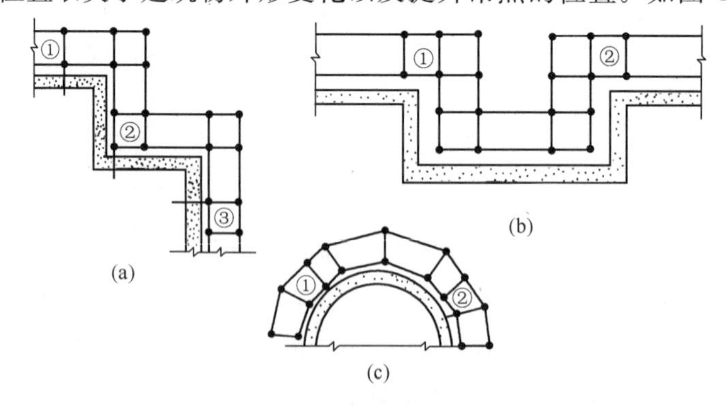

图 4-11　非直线状态架体布置图

（a）凸折线布置；（b）凹折线布置；（c）曲线布置

①②③—提升吊点的位置

架体重心向外偏移，易造成该段架体向外倾覆；图 4-11（b）所示的架体重心向内偏移，易造成该段架体向里倾覆。

（3）防倾覆装置的基本要求

1）附着式升降脚手架在升降和使用工况下，防倾覆装置均能形成可靠的水平约束。

2）附着式升降脚手架的防倾覆装置，必须与架体竖向主框架、附着支撑结构或建筑工程结构可靠连接。

3）附着式升降脚手架的防倾覆装置，应采用螺栓与竖向主框架或附着支撑结构连接，不得采用钢管扣件或碗扣方式连接。

4）在脚手架的升降和使用工况下，位于同一竖向平面的防倾覆装置不得少于两处，并且其最上和最下防倾覆支撑点之间的最小距离，不得小于架体全高的 1/3。

5）附着式升降脚手架的防倾覆装置，其导向间隙应小于 5mm。

6）在附着式升降脚手架的升降过程中，应能保持架体垂直上下运动，同时也不能发生碰擦其他结构件的现象。

（4）防倾覆装置的分类方法

根据附着式升降脚手架防倾覆装置的工作原理，防倾覆装置主要由导轨和约束装置（约束点）组成，按其结构形式可分为套环式、导轮式、套框式、钢丝绳式、导向轮式、滑杆导轨式等几种类型。

1）套环式防倾覆装置

套环式防倾覆装置由导轨和套环组成，导轨为圆形钢管或矩形钢管，钢管两头有安装孔，通过导轨支座固定在架体竖向主框架的立杆上；套环可在导轨全程上下移动，并用穿墙螺栓固定在外墙结构上，套环式防倾覆装置安装如图 4-12 所示。套环有多种形式，如钢筋套环式、钢管套环式、滚轮式、双导轨式等。

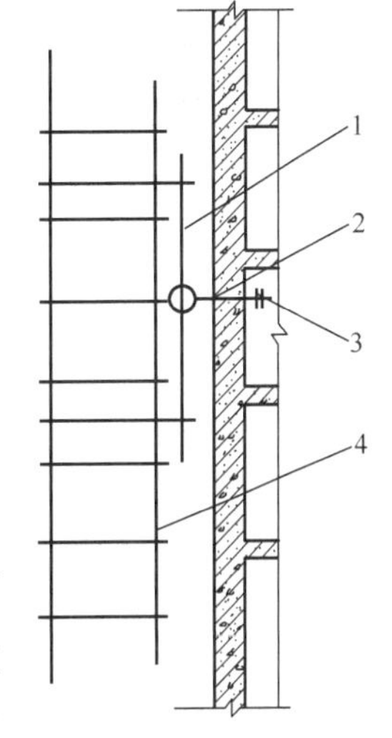

图 4-12　套环式防倾覆装置安装

1—导轨；2—套环；3—穿墙螺栓；4—架体

图 4-13（a）所示的套环采用粗钢筋弯曲后焊接在底板上，底板开有长槽孔，便于安装穿墙螺栓。这种套环结构简单，制作方便，主要用于圆形钢管导轨。因钢筋的刚度较差，套环离开外墙的距离 h 不宜过大，否则受力后易变形。

图 4-13（b）所示的套环主要用于矩形管导轨。套环的前端采用内径大于矩形管截面对角线 5mm 的钢管，壁管 8mm 左右，钢管的长度一般为 60～80mm；钢管的两侧通过加强板与底板焊接，底板同样开有长槽孔。由于钢管有一定的高度并设有加强板，因此钢管式套环的刚度比钢筋式套环要大，但在与导轨的相对运动过程中的摩擦阻力较大。

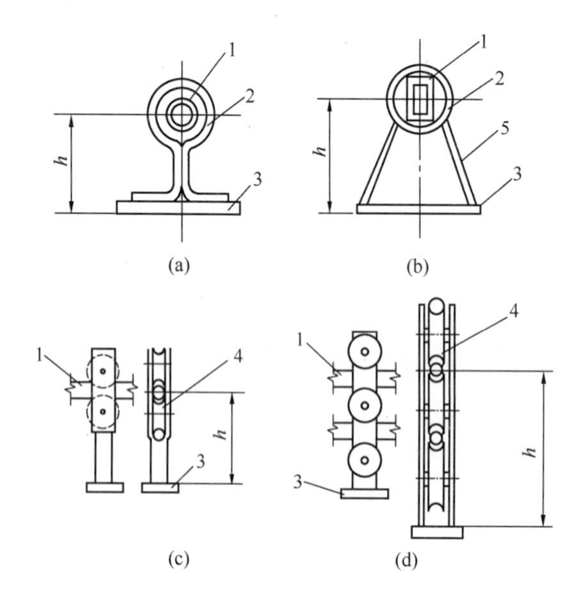

图 4-13　套环的结构形式
(a) 钢筋式套环；(b) 钢管式套环；
(c) 滚轮式；(d) 双导轨式
1—导轨；2—套环；3—底板；4—滚轮；5—加强板

图 4-13 (c) 所示的套环采用双滚轮从两边夹住导轨，导轨为圆形钢管。这种结构中滚轮与导轨的摩擦阻力要小于上述两种套环形式，而且滚轮可以装拆，安装非常方便，但滚轮结构的加工制作及保养、维修比前两种形式的要求都高。

工程实践证明，上述 3 种防倾覆装置都存在导轨刚度较差、受约束点的水平力后变形较大的问题。由于套环包绕在导轨的周围上下运动，在两者相对运动的范围内，不允许导轨表面有阻碍运动的障碍物，因此导轨无法增加水平支撑点。套环与导轨相对运动的范围是一层楼层高度，一般为 3～5m。

图 4-13 (d) 所示的套环采用的是 3 个滚轮夹住两个导轨的形式。双导轨可以增加脚手架防倾覆装置的刚度，但结构的体积和质量也随之增加，同时也加大了装拆的难度。

2) 导轮式防倾覆装置

导轮式防倾覆装置主要由导轮、导轨支架及导轨组成，导轨和导轮有多种形式。

图 4-14 (a) 所示的导轮支架使用穿墙螺栓固定在建筑物外围梁或剪力墙上，导轮用螺栓与导轮支架连接，两者可在一定的范围内前后、左右移动，以调节导轨与外墙之间的距离，且可消除因穿墙螺栓预埋孔位置不准而产生的安装应力。导轨由工字钢制成，用多道 U 形螺栓固定在架体竖向主框架的立柱上。架体升降时，导轮固定不动，导轨随着架体一起运动，导轨嵌入工字形导轨两侧，限制导轨（即架体）只能沿着导轮上下运动，这样可防止架体倾覆和偏斜。

图 4-14 (b) 所示的导轨由槽钢组成，通过连墙支座和连墙挂板固定在建筑物墙体上，导轮支架为凹形抓钩结构，安装在架体竖向主框架的立杆上，导轮安装在导轮支架的里口，从两侧夹住导轨。在架体升降时，导轨固定在墙体上不动，导轮支架（即架体）受到导轨的水平约束，只能沿着导轨上下运动。该装置在使用过程中，对导轨的安装精度要求高，导轨固定在墙体上，质量较大，移层安装困难。

图 4-14 (c) 所示的导轨由两根竖向钢管和多根水平连接杆与架体竖向主框架固定连接在一起，其断面呈 T 字形。穿墙螺栓将导轮支架固定在建筑结构上，导轮支架中

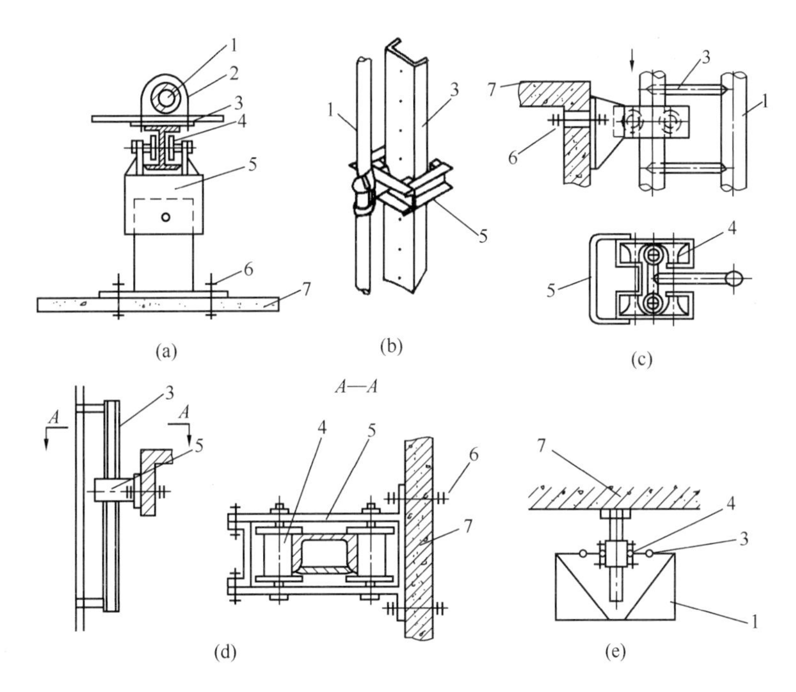

图 4-14 导轮式防倾覆装置

（a）工字钢轨道；（b）槽钢轨道（固定式）；（c）T 形轨道；（d）槽钢轨道（移动式）；（e）双钢管轨道
1—竖向主框架；2—U 形螺栓；3—导轨；4—导轮；5—导轮支架；6—穿墙螺栓；7—建筑物

设有四个导轮组成导向套，组装时将导轨的双钢管穿入导向套中，从而形成滑套连接。在架体升降过程中，导轮支架固定不动，和架体连成一体的导轨沿着导轮上下运动。由于导轨采用了双钢管，并且有多道水平连接杆与架体连接，导轨的刚度较大，导轨受力后变形很小，但整个装置的结构比较复杂，制作安装的要求比较高。

图 4-14（d）所示的导轨采用槽钢加封板的形式，导轨通过支架与架体竖向主框架连接，导轮支架通过穿墙螺栓固定在建筑结构上；导轮从两面夹住导轨，限制导轨（即架体）只能上下运动，可起到较好的防倾覆作用。脚手架在升降时，导轮支架固定，导轨随着架体上下运动。

图 4-14（e）所示的两个导轮分别安装在悬挑梁的两侧，架体竖向主框架的内侧安装两根钢管导轨。架体升降时，导轮固定在悬挑梁上不动，导轨随着架体一起上下运动。在导轮的限制下，架体只能上下运动，不能侧向位移，这样可起到防止架体倾覆的作用。

3）套框式防倾覆装置

套框式防倾覆装置是套框式附着式升降脚手架的附着装置，同时也是架体的防倾覆装置。在架体升降时，套框架通过附墙支撑架固定在墙体上，主框架（即架体）必须沿着套框架上下运动，这样保证了架体在升降过程中不会向里或向外倾斜。由于受到结构的限制，套框架上两个附墙支撑架的间距较小，架体升降过程中的稳定性较差；

主框架与套框架（即导轨与约束点）相对运动的范围内不得用斜杆加固，因此导轨的长度受到限制；另外，主框架与套框架相对运动时的摩擦阻力较大。

4）钢丝绳式防倾覆装置

钢丝绳式防倾覆装置主要由钢丝绳和限位轮组成，如图 4-15 所示。图中的 ACB 为定尺长的钢丝绳，绳长大于一层楼的高度。如图 4-15（a）所示，钢丝绳两端固定在脚手架的架体上，限位轮固定在建筑物结构上；如图 4-15（b）所示，钢丝绳两端固定在建筑物结构上，限位轮固定在架体上。在架体升降时，钢丝绳（即架体）受到限位轮的约束不能向外倾斜，但钢丝绳是柔性约束，无法防止架体向内倾斜，而且限位轮相对于钢丝绳两端点的运动轨迹为椭圆形，架体升降不能保持垂直上下运动。由于钢丝绳式防倾覆装置存在以上明显缺点，尤其是防倾覆效果较差，所以在实际工程中已很少应用。

5）导向轮式防倾覆装置

导向轮式防倾覆装置是在架体的底部和上部安装导向轮，架体升降时导向轮沿墙面进行滚动，如图 4-16 所示。导向轮式防倾覆装置结构简单，安装和使用方便，但只能防止架体向里倾覆，无法防止架体向外倾覆。当建筑物外立面为非连续平面时，导向轮无法正常使用；当架体下降施工时，完成装饰的外墙面也不允许滚轮碾压。因此，导向轮式防倾覆装置使用的范围很窄。

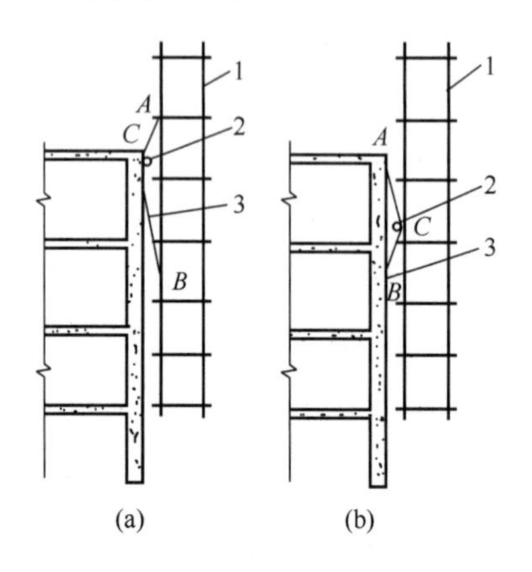

图 4-15　钢丝绳式防倾覆装置
（a）限位轮固定；（b）钢丝绳固定
1—架体；2—限位轮；3—钢丝绳

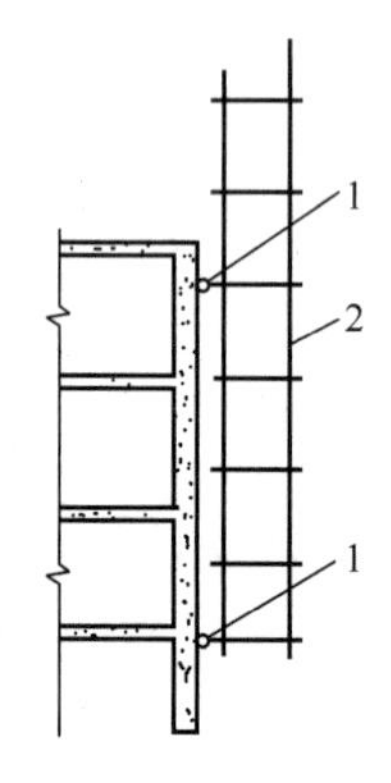

图 4-16　导向轮式防倾覆装置
1—导向轮；2—架体

6）滑杆导轨式防倾覆装置

滑杆导轨式防倾覆装置主要由滑杆和滑道（导轨）组成，如图 4-17 所示，导轨由多节滑道组装而成。每节滑道采用两根直径为 48mm、壁厚为 3.5mm 的脚手架钢管通过两个支撑架焊接成整体，且用 U 形螺栓将滑道固定在架体竖向主框架的立杆上。滑道的一端焊有接头管，可插入另一节滑道的端部，使滑道的接头处连接平滑，便于滑杆通过。滑道可以根据楼层高低变化任意接长，组装成连续的导轨。滑杆也是采用直径为48mm、壁厚为3.5mm的脚手架钢管拼焊而成，其端部呈“干”字形，可在滑道的支撑架和双钢管中自由移动，滑杆的根部焊有底板并加工有长孔，通过穿墙螺栓将滑杆固定在外墙体上。在架体升降时，多节滑道组成的导轨随架体一起上下运动，受到滑杆在四个方向的约束，架体只能进行垂直升降。滑杆与导轨间为点接触，摩擦阻力比较小。

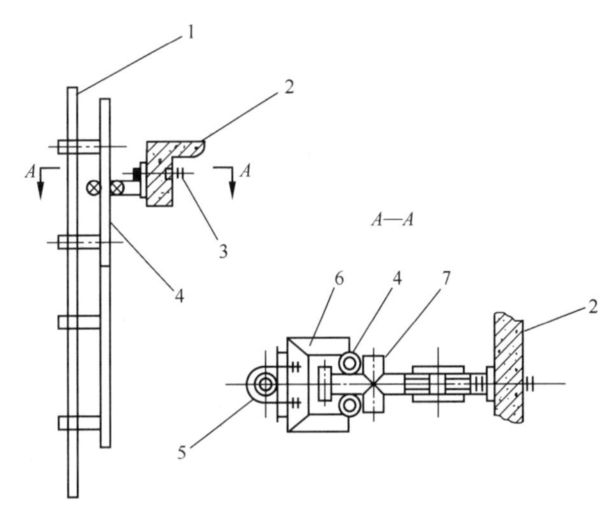

图4-17　滑杆导轨式防倾覆装置

1—架体竖向主框架；2—建筑物；3—穿墙螺栓；4—滑道（导轮）；5—U形螺栓；6—支撑架；7—滑杆

滑杆导轨式防倾覆装置制作容易，无须维修保养，滑道安装在架体上，随架体一起运动，从而避免了施工过程中转移滑道，安装使用非常方便，是一种使用效果比较好的防倾覆装置。

2. 防坠落装置

防坠落装置也是附着式升降脚手架中重要的组成构件，是脚手架在升降或使用过程中发生意外坠落时的制动装置。

（1）产生坠落事故的主要原因

1）架体在升降过程中，升降机构的制动装置失灵；链条、钢丝绳断裂；吊钩断裂；液压装置油管爆裂，控制失效。

2）架体在升降过程中，升降机构的固定点和提升点处钢结构破坏，架体变形失稳，同时波及其他提升点，形成连锁反应。

3）在架体发生意外时，防坠落装置未能及时起到闭锁作用。

4）对建筑物外墙表面的障碍物未及时发现清理，从而阻碍了架体的正常升降，并可能造成升降机构或架体超载损坏，引发坠落事故。

5）附着支撑结构与墙体连接点处的混凝土强度不够，或者穿墙螺栓的强度不够。

6）在架体整体提升时，由于同步性控制不好，相邻机位产生过大的高低差，架体局部内力过大，从而造成架体破坏。

7）施工人员未按规定进行操作，违反操作规程，架体荷载超重。

8）防倾覆装置失效，架体缺少有效的水平方向固定，尤其是在架体的断口处，架体易向外倾覆，继而引发坠落事故。

（2）防坠落装置的基本要求

1）应具有足够的强度和刚度，其结构设计安全系数不得小于2，能承受架体坠落时产生的冲击荷载。

2）制动灵敏，安全可靠。从架体发生坠落、防坠落装置动作到架体被制动停住时，架体下落的距离称为坠落距离。坠落距离应不超过架体承受最大冲击力时的变形量，一般应不超过80mm。在架体坠落时，防坠落装置应具有足够的制动力，将架体牢固制动。

3）防坠落装置应设置在架体竖向主框架部位，而且每一个竖向主框架提升设备处必须设置一个防坠落装置。

4）防坠落装置与提升机构应分别设置在两套附着支撑结构上，如果一套失效，另一套必须能独立承担全部坠落荷载。

5）防坠落装置应有专门详细的检查方法和管理措施，以确保在施工过程中工作可靠。

（3）防坠落装置的结构形式

附着式升降脚手架的防坠落装置主要有楔块套管式触发型、钢丝绳式触发型、楔钳式、摩擦式、限位式、偏心凸轮式、楔块套管式、摆针式等结构形式。

1）楔块套管式触发型防坠落装置

楔块套管式触发型防坠落装置适用于吊拉式附着式升降脚手架，主要由活动夹块、上下弹簧、自调节头、挂杆和防坠吊杆等部件组成。底座安装在提升挑梁的端部（固定不动）。防坠吊杆从防坠器中穿过，上端吊挂在架体上；下端有耳板，通过销轴与承力架（底盘）连接。自调节头的下端是球形结构，可在底座内偏转一定的角度，这样可以避免防坠吊杆与底座不垂直而产生阻力。

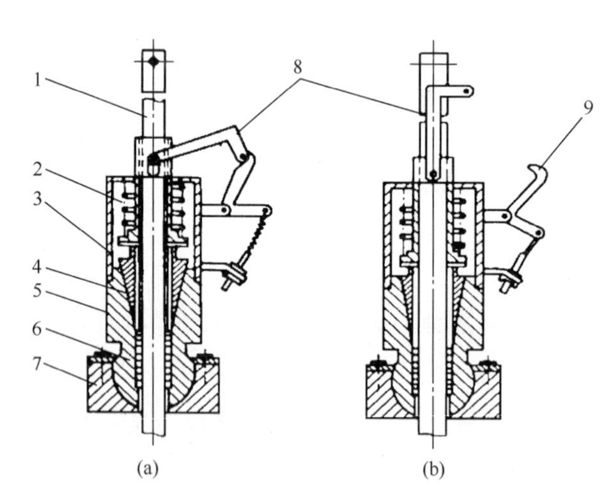

图4-18 楔块套管式触发型防坠落装置

（a）架体正常升降；（b）起重链条或吊钩断裂瞬间

1—防坠吊杆；2—上弹簧；3—上套；4—活动楔块；5—自调节头；6—下弹簧；7—底座；8—挂杆；9—挂钩

架体升降时，挂钩钩住挂杆，压缩上弹簧，分成四块的活动楔块被下弹簧顶起向上并松开，在楔块与防坠吊杆之间产生空隙，防坠吊杆可自由地随架体一起升降，如图4-18（a）所示。在起重链条或吊钩断裂瞬间，产生的向上的回弹力通过提升挑梁传到防坠器上，促使挂钩立即脱开挂杆，上弹簧复位，向下挤压活动楔块并夹紧防坠吊杆，制止防坠吊杆下移，如图4-18（b）所示。活动楔块表面有齿槽，在上套内楔面的作用下越夹越紧，可以有效地避免脚手架坠落。

2）钢丝绳式触发型防坠落装置

钢丝绳式触发型防坠落装置主要由防坠器、防坠钢丝绳、重锤和传感钢丝绳几部分组成，如图 4-19 所示。其中防坠器主要由活动楔块、滑轮、杠杆和弹簧等组成。防坠器固定在墙体上，防坠钢丝绳的一端与底盘连接；另一端绕过防坠器内的滑轮，穿过一对活动楔块，末端连接重锤，以便使防坠钢丝绳保持垂直的张紧状态。

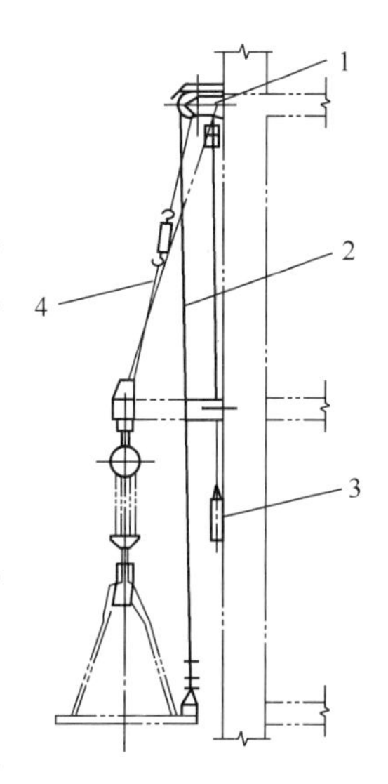

图 4-19　钢丝绳式触发型防坠落装置
1—防坠器；2—防坠钢丝绳；3—重锤；4—传感钢丝绳

传感钢丝绳一端呈套环状，套入提升机具上部的挂钩；其另一端绕过辊道，末端用绳夹紧固。传感钢丝绳中部串有开式螺旋扣，可张紧传感钢丝绳，以获得足够的初始绳触发力。当坠落事故发生时，吊重力突然消失，弹簧恢复力立即获得释放，传感钢丝绳向下拉动，通过杠杆的作用，使两个半圆弧楔块压向防坠钢丝绳，将其箍紧，这时架体的荷载通过防坠钢丝绳以及防坠器传到建筑物上。

工程实践证明，钢丝绳式触发型防坠落装置不但能在升降机构失效的情况下起作用，而且当附着装置（如上拉杆、悬挑梁等）出现断裂时，同样能防止架体的坠落。

钢丝绳式触发型防坠落装置属于柔性安全器，所使用的承力件是柔性钢丝绳。与刚性承力件（如槽钢、圆钢等）相比，钢丝绳硬度大、摩擦系数小而不易咬合，钢丝绳受拉时延伸量大，径向受力时易压扁。因此架体坠落时坠落量较大，且做坠落试验时钢丝绳被反复压扁，损坏比较严重。

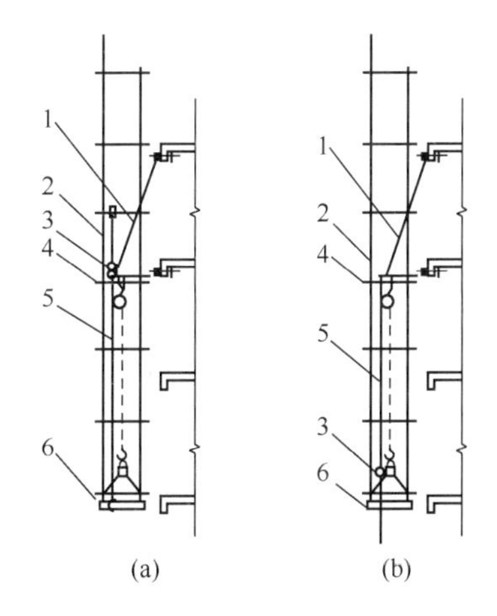

图 4-20　楔钳式防坠落装置
（a）上置式防坠落装置；
（b）下置式防坠落装置
1—上拉杆；2—架体；3—安全装置；4—提升挑梁；5—防坠吊杆；6—承力架（底盘）

3）楔钳式防坠落装置

楔钳式防坠落装置是一种机位荷载监视装置，主要用于吊拉式附着整体升降脚手架。其工作原理是利用起升荷载的重力与弹簧的平衡，使安全器处于“开启”的平衡状态，一旦平衡被破坏，则立即可转换为“制动”状态，从而制止架体的坠落。楔钳式防坠落装置按其安装方式不同，可分为上置式和下置式两种。

上置式防坠落装置［图 4-20(a)］安装在悬挑梁的端部，主要由楔块组、托盘、弹簧、压杆和防坠吊杆组成，防坠吊杆的上端从楔块组中穿过后固定在架体上。脚手架正常升降时，电动葫芦承力，经压杆推动托盘向上压缩弹簧，楔块组沿锥面同时向上滑动，钳口张开，防坠吊杆可从钳口中自由穿行，此时防坠落装置呈“开启”状态；当脚手架产生坠落的瞬间，电动葫芦承力骤减，弹簧压力推动楔块组下滑咬合防坠吊杆，防坠落装置进入“制动”状态，脚手架的荷载通过防坠吊杆、防坠落装置传递到建筑结构上，从而避免架体坠落。

下置式防坠落装置［图 4-20（b）］安装在承力架（底盘）的拉杆上，防坠吊杆的上端与悬挑梁连接，下端从防坠落装置楔块组中穿过。脚手架升降时，电动葫芦受力后向上拉动吊板，压杆的根部抬起，前端向下推动楔块组并拉伸弹簧，楔块组沿着锥面向下滑动，同时钳口张开，防坠吊杆可从钳口中穿行，安全锁呈“开启”状态；当提升装置失效，吊板的拉力消失，弹簧收缩且拉动托盘向上，同时推动楔块组向上滑动并咬合防坠杆，防坠落装置进入“制动”状态，此时脚手架的重力通过防坠落装置传递到建筑结构上。

以上两种楔钳式防坠落装置的主要区别在于，上置式防坠落装置在架体提升时固定在悬挑梁上不动，防坠吊杆随着架体上下运动；下置式防坠落装置在架体提升时随架体上下运动，而防坠吊杆则固定在悬挑梁上不动。

4）摩擦式防坠落装置

摩擦式防坠落装置是利用相对运动物体在小于摩擦角的斜面上，摩擦力大于下滑力的原理达到制动的。该防坠落装置适用于导轨式附着式升降脚手架，主要由传感机构、制动装置、导轨和三角楔块（或摩擦轮）组成，如图 4-21 所示。

传感机构安装在升降机构与防坠落装置之间，制动装置安装在架体上，导轨从制动装置中穿过。当架体升降时，制动装置处于“开启”状态；当升降机构失效时，传感机构开始工作，使三角楔块向上运动，制动装置通过楔块组和导轨锁紧，防坠落装置进入“制动”状态，架体的荷载通过导轨直接传递到建筑结构上。

5）限位式防坠落装置

限位式防坠落装置由棘轮、棘爪、传动链条和配重等结构件组成，如图 4-22 所示。棘轮棘爪机构用穿墙螺栓固定在墙体上，传动链条的一端固定在架体上，另一端悬挂

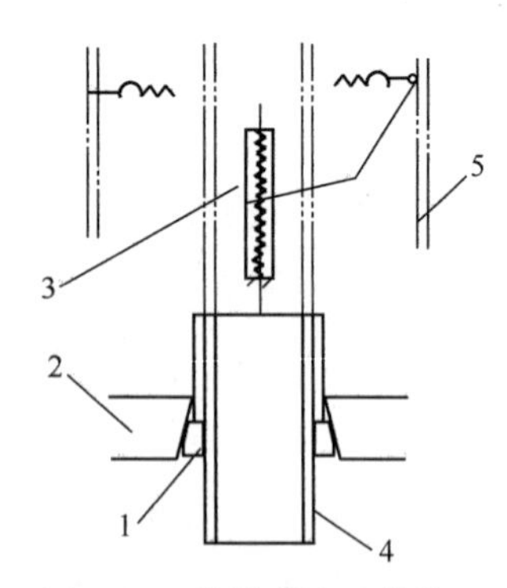

图 4-21　摩擦式防坠落装置
1—楔块组；2—制动装置；3—传感机构；4—导轨；5—架体

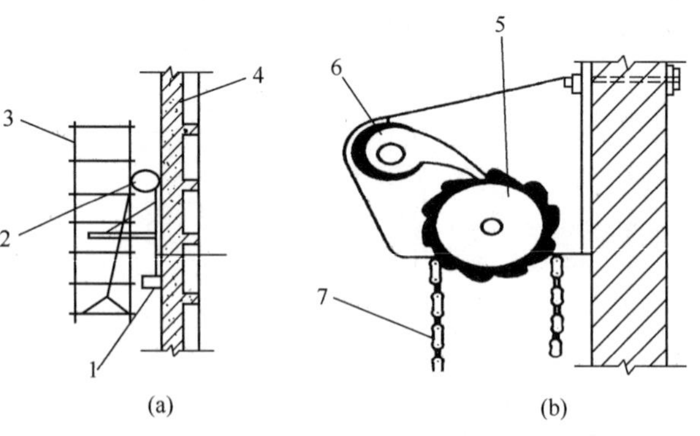

图 4-22　限位式防坠落装置
（a）安装位置；（b）制动状态
1—配重；2—棘轮棘爪机构；3—架体；4—建筑物；5—棘轮；6—棘爪；7—链条

配重。架体提升时，固定在架体上的链条随着架体一起提升，配重随之下降，在配重的作用下棘轮顺时针转动，使链条始终处于张紧状态。一旦升降机构出现意外，架体出现坠落时，棘爪卡住棘轮，从而防止架体坠落，此时架体的荷载通过棘轮棘爪机构传到建筑物上。由于棘轮棘爪机构是单向制动装置，因此限位式防坠落装置只能在架体提升时起到防坠落作用，架体下降时则不能起到防坠落作用。

6）偏心凸轮式防坠落装置

偏心凸轮式防坠落装置主要适用于导轨式附着式升降脚手架，由传感控制器、偏心凸轮和导轨等部件组成，如图 4-23 所示。传感器可“称出”架体的质量，其作用是提供脚手架的受力信号。架体在升降过程中，偏心凸轮与导轨之间处于“开启”状态，架体上下运动不受影响。一旦架体某部位超载或升降机构失效后架体突然下降，产生失重现象，此时传感控制器能“称出”架体的超重和失重，立即驱使双偏心凸轮转动，将导轨夹紧；同时传感控制器向中央控制台发出报警信号，由中央控制台停止架体的升降，此时架体的荷载由导轨直接传至建筑结构上。

7）楔块套管式防坠落装置

楔块套管式防坠落装置由两块半圆形楔块、套管、防坠吊杆以及传感装置组成，如图 4-24 所示。其中套管安装在附着支撑上固定不动，防坠吊杆随着架体运动，楔块通过传感装置与升降机构连接。在架体正常升降时，楔块远离防坠吊杆，处于“开启”状态，不会产生自锁现象；一旦出现故障，传感装置带动楔块向下运动，将防坠吊杆与套管锁住，使架体停止坠落。

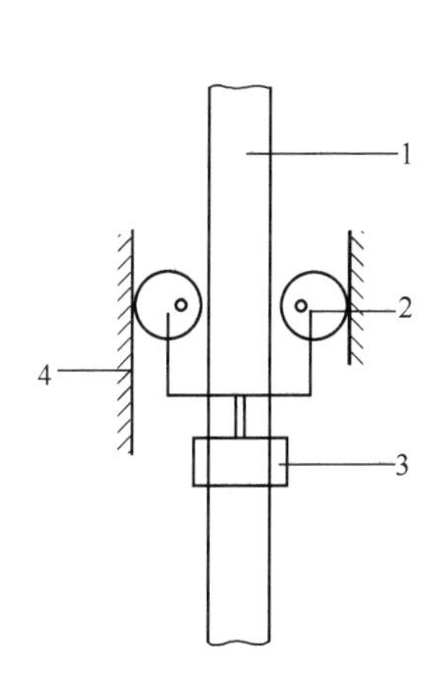

图 4-23　偏心凸轮式防坠落装置

1—导轨；2—偏心凸轮；3—传感控制器；4—架体

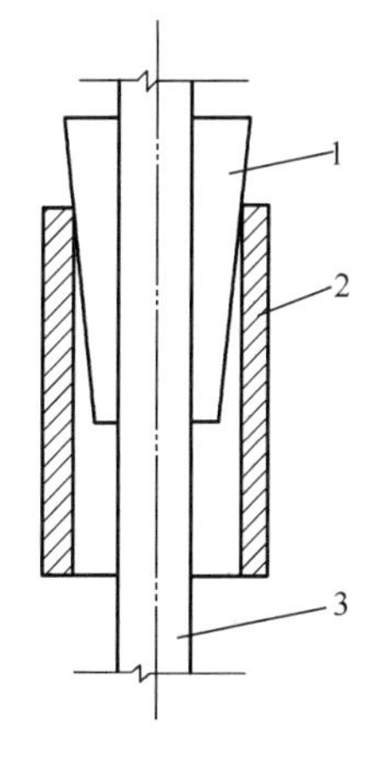

图 4-24　楔块套管式防坠落装置

1—楔块；2—套管；3—防坠吊杆

8）摆针式防坠落装置

摆针式防坠落装置由支座、摆针和导轨等部件组成，如图 4-25 所示。支座上焊有挡块；摆针呈凹形，分上、下齿，通过销轴与支座连接，并装有拉力弹簧；导轨上等距离焊有挡管。支座安装在提升挑梁或墙体上，导轨随架体一起升降。

当架体提升时，导轨上的挡管不断推动摆针逆时针转动，防坠落装置不会影响架体的正常提升，如图 4-26（a）所示。当架体下降时，挡管挤压摆针的下齿，摆针顺时针转动，如图 4-26（b）所示。挡管通过后，由于架体的下降速度较慢，且两个相邻挡管之间的距离 h 大于上下齿的距离（图 4-25）。因此在下一个挡管落下来之前，摆针在拉力弹簧的作用下迅速恢复到平衡状态，如图 4-26（c）所示，架体可以正常下降。当架体快速坠落时，摆针复位的速度滞后于架体下落速度，上齿挡住了挡管的下落，架体即停止了坠落，如图 4-26（d）所示。

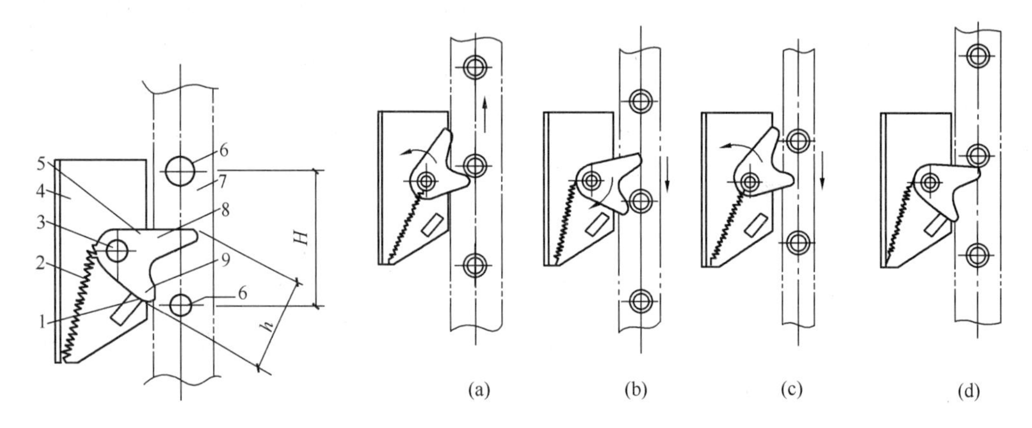

图 4-25　摆针式防坠落装置
1—挡块；2—拉力弹簧；3—销轴；
4—支座；5—摆针；6—挡管；
7—导轨；8—上齿；9—下齿

图 4-26　摆针式防坠落装置工作原理
（a）上升；（b）匀速下降过下齿；（c）匀速下降过上齿；（d）快速坠落、上齿阻挡

摆针式防坠落装置在架体坠落时不能立即制动，需要下落一定的距离才能起作用，属于硬性阻击坠落。当架体荷载很大时，产生的冲击力较大，容易造成限位装置损坏。

3. 升降及荷载监控系统

（1）架体同步升降及荷载监控系统的主要作用

1）使用架体同步升降及荷载监控系统，可以防止机位升降不同步。由于整体升降脚手架是一个巨大的桁架结构，架体的刚度比较大，各机位之间很小的升降差就会对各个机位的荷载影响很大。在架体的升降过程中，各台提升机构的荷载与提升速度不可能完全一致，这样必然会造成整体结构的微小变形，从而引起架体内部应力的重新分布。随着各机位升降差的增大，架体结构的附加应力也增加很快。当这些附加应力超过脚手架杆件材料的承载极限时，就会造成架体结构的破坏，引发安全事故。

为了避免上述情况的发生，要求脚手架在升降的过程中，各机位升降差应控制在以下范围内：相邻机位的高差不大于 30mm，整体架体的最大升降差不大于 80mm。通过使用架体同步升降及荷载监控系统，可有效地达到上述要求。

2）使用架体同步升降及荷载监控系统，可以防止出现荷载超限现象。整体升降脚手架架体的搭设高度为4～5层楼层高度，覆盖面积比较大，架体升降过程中很可能遇到外墙突出部位或其他障碍物，造成该部位架体荷载不断增加。此时如不能及时停止升降，必定会导致架体结构承载超过极限，从而产生严重变形，最终造成脚手架的整体坍塌。因此必须使用架体同步升降及荷载监控系统，对各机位的实时荷载进行监控，并提醒具体操作者引起注意。如果某个机位的荷载达到了该点的设定值，则应立即断电，所有升降机构停止升降，在查明原因并排除故障后，方可继续运行。另外，施工误差与导轨变形也会使机位的荷载增加。

（2）架体同步升降及荷载监控系统的基本要求

1）架体同步升降及荷载监控系统应可以通过控制各提升设备之间的升降差，以及控制各提升设备的荷载来控制各提升机位的同步性。

2）架体同步升降及荷载监控系统应具备超载报警停机、欠载报警等功能。

3）所采用的架体同步升降及荷载监控系统，应当向自动显示、自动调整、遇故障自停，即升降技术参数的测定、传输、显示、调节及动作向自动化控制方向发展。

（3）架体同步升降及荷载监控系统的控制方法

架体同步升降及荷载监控系统对于手拉葫芦、电动葫芦、电动卷扬机和液压提升设备等不同类型的升降机构，可采用多种类型，其中主要有以下几种控制方法：

1）极限荷载控制法

极限荷载控制法采用一种“机位荷载预警系统”，主要用于吊拉式附着式升降脚手架。该系统由荷载传感器、中继站和自动监测显示仪三部分组成，如图4-27所示。

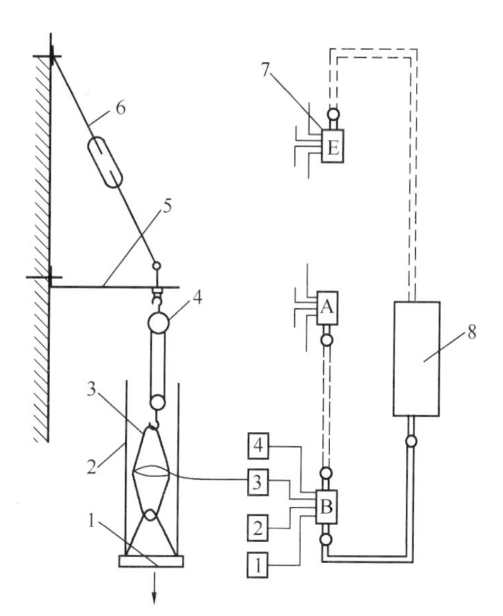

图4-27　机位荷载预警系统示意图
1—承力架；2—架体；3—荷载传感器；4—电动葫芦；5—悬挑梁；6—上拉杆；7—中继站；8—自动监测显示仪

在每个电动葫芦与机位之间串联安装一个机械式荷载传感器，每四只荷载传感器为一组并联至中继站，各中继站用一根电源线与信号线合一的多芯电缆线串联至自动检测显示仪。由自动检测显示仪向中继站每秒发出一组扫描脉冲信号，并接收各中继站的反馈信号，进行监测、显示。当任意一个机位的荷载超出允许荷载的上限值，或低于允许荷载的下限值时，该机位上的荷载传感器立即向总电气控制台发出预警信号，指示异常机位的位置与异常情况的类型，切断总电源，使整体脚手架停止下降，并发出声、光报警信号。

自动监测显示仪面板上每个机位有一个红、黄、绿变光显示灯，当机位荷载超出上限值时，灯光显示红色，表示机位超载；当机位荷载低于下限值时，灯光显示黄色，表示机位欠载；当机位荷载在上、下限值之间时，灯光显示绿色，表示正常。操作人员通过面板上各机位显示灯的颜色和警示标记，可了解所有机位的受力状况，并能及时找出故障机位的位置。待故障排除后，架体才能正常升降。

极限荷载控制法非常简单、实用，但在预先标定的上限荷载和下限荷载范围内不能直接调节控制荷载，同步控制精度不高。

2）荷载增量控制法

荷载增量控制法采用“荷载增量监控系统”。该系统主要由多种芯片组成的可编程控制器（CPU）、控制电动葫芦转停和正反转的继电器、对升降位移信号采样的传感器、对荷载应力检测的电容式压力传感器，以及在控制系统中与各个机位连接采用的9芯屏蔽导线组成。该系统的操作过程如下：

① 确定架体初始位置和荷载极限。在系统正式启动前，自动保存各吊点的初始位置，并设定各吊点的荷载上限值和下限值。

② 实际监测和显示。架体在升降过程中，系统不断地自动监测各吊点的实际升降距离以及实时荷载状况，并及时显示各吊点间的最大升降差和与上、下荷载报警值最接近的吊点状况。

（3）高差控制。架体在运行过程中，当任意两个吊点间的升降运行高度差达到控制值时，产生声、光报警信号，并按照预先设定值自动校正。自动停止运行最快的升降机构，并以该吊点的当前位置为标准，继续升降其他吊点，直到所有吊点都处于标准位置为准，然后自动启动整个升降机构继续升降。

（4）荷载控制。架体在升降过程中，系统若发现某吊点的实际荷载超过该点设置的上、下限值，则停止所有升降机构并发出声、光报警信号。待故障排除后报警停止，系统可继续运行，只要不出现荷载超限或高度差越界的情况，架体将继续升降，一直运行到设定的高度（一般为一个楼层的高度）为止。

4.2.4 电气控制系统

电气控制系统的作用是实现对多台升降机构电气系统的控制。附着式升降脚手架升降机构的动作比较简单，一般只有上、下（即升或降）两种工况。因此，附着式升降脚手架的电气控制系统主要是控制升降机构的正转和反转。

1. 基本动作要求

整体升降脚手架的电气控制系统，应为三相四线制交流控制系统，每台升降机构用一条电缆线接至总控制台，总控制台能控制多台（一般为30～40台）升降机构同步升降或单独升降。

2. 电气安全保护

电路中除设有漏电保护开关外，还应有起过流保护作用的总熔断器与分路熔断器，以保护各分路电动机及总电路不致因过载电流而烧毁。各分路中还应装置缺相、错相保护器，当某分路缺相或错相时即会使该分机停止转动，以免因该分路缺相或错相烧坏电动机。控制柜外壳有漏电接地保护，其接地电阻应小于 4Ω。分电缆线的零线与电动机壳体连接，当电动机产生漏电时形成保护回路。

3. 电路显示

总电路中的电流强度，可通过电流互感器在电流表中显示出来；总电路中的电压通过相压转换开关，可在电压表上显示出三相电源中任意两相的电压。

4. 电气安装

电气柜中所有电线的两端均应有编号，供安装和维修时查找。在安装施工中，各升降机构的分电缆线从总控制台起，按顺时针和逆时针两个方向分布，并成束悬挂在架体外排杆内侧高处，应采取措施防止施工中损坏电缆线。在施工升降机和外附式塔式起重机位置处，电缆线安装时应切断，并用防水、防撞型接插件连接，以便在升降期间可拆绕，并复接通施工升降机和塔式起重机的附墙拉结杆。

5. 操作室及电气柜

电气柜操作面板的上方应设有防护盖板，在施工期间可防撞击、风雨、日晒。电气柜门及操作室应配有门锁，以防无关人员擅自进入和动用。

4.3 附着式升降脚手架的升降原理

从附着式升降脚手架的结构中可以看到，各种类型的附着式升降脚手架均有两套附着支撑结构。一套在架体固定状态时使用，另一套在架体提升状态时使用，两套附着支撑结构均能独立承受架体荷载。附着式升降脚手架就是利用两套附着支撑结构交替固定、轮流使用，并通过升降机构来实现架体的升降。

4.3.1 吊拉式附着式升降脚手架的升降原理

吊拉式附着式升降脚手架的升降原理如图 4-28 所示。

吊拉式附着式升降脚手架固定使用时，整个架体的垂直荷载由下拉杆（又称承力拉杆）承受，并将荷载传递到建筑物主体结构上，如图 4-28（a）所示。架体提升前，安装好升降机构和上下两道防倾覆装置，拆除架体附墙拉结杆，拆除下拉杆与建筑物之间的连接，准备进行提升。此时，架体的荷载由提升挑梁及上拉杆（又称挑梁拉杆）传递至建筑物主体结构，如图 4-28（b）所示。启动升降机构，架体在上下两道防倾覆装置的限制下，沿着建筑物外墙面升降，如图 4-28（c）所示。架体升降至预定位置

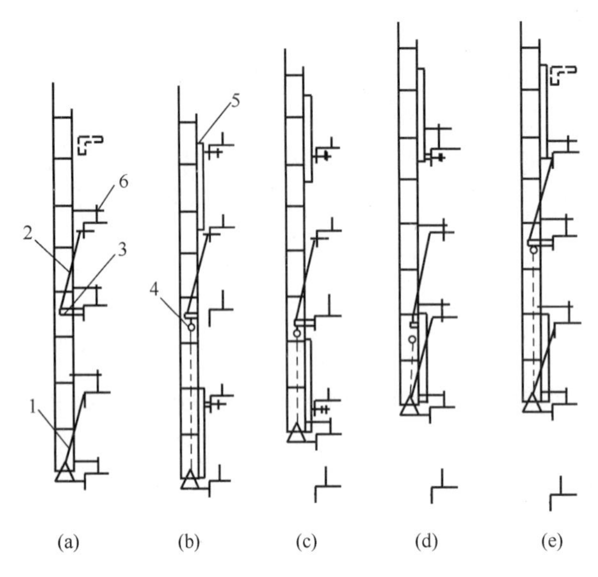

图 4-28　吊拉式附着式升降脚手架升降原理图
(a) 使用状态；(b) 提升前；(c) 提升中；(d) 提升到位；(e) 准备下次提升
1—下拉杆；2—上拉杆；3—提升挑梁；4—提升机构；5—防倾覆装置；6—附墙拉结杆

后，安装好下拉杆及每层楼面的附墙拉结杆，架体成为固定状态，架体的垂直荷载又转由下拉杆承受，如图 4-28（d）所示。如需再升降一层，将升降机构、提升挑梁和上拉杆一起转移到下一层，并与建筑物主体结构连接，如图 4-28（e）所示。重复以上的操作过程，即能实现架体随建筑物的施工不断升降。

从图 4-28 中可以看出，吊拉式附着式升降脚手架在升降过程中，提升点位于架体宽度（或排距）的中心，因此，吊拉式附着式升降脚手架的提升属于中心提升，在升降过程中外倾力矩比较小，对架体的抗倾覆有利。

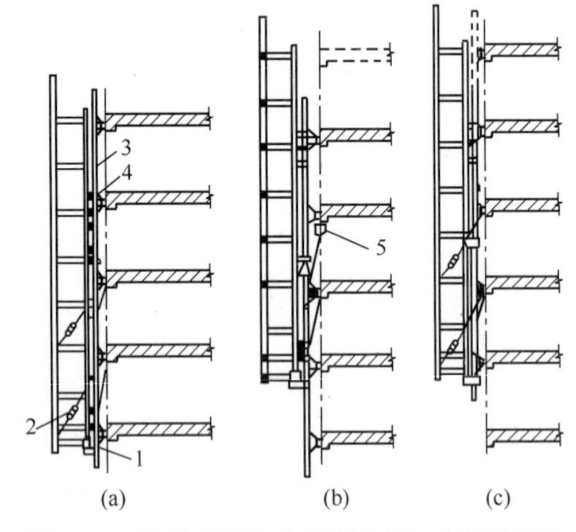

图 4-29　导轨式附着式升降脚手架升降原理图
(a) 使用状态；(b) 升降中；(c) 升降后
1—导座；2—斜拉钢丝绳；3—导轨；4—定位销；5—升降机构

4.3.2　导轨式附着式升降脚手架的升降原理

导轨式附着式升降脚手架与传统脚手架相比，既科学先进，又经济适用。架体构造简单，结构合理；设有导向、抗倾覆、防失稳、防坠落、同步预警、短路、断路、缺相、过载等多道安全装置。导轨式附着式升降脚手架利用导轨和导座之间的连接和相对运动，实现架体的固定和升降，其升降原理如图 4-29 所示。

4.3.3　套框式附着式升降脚手架的升降原理

套框式附着式升降脚手架，即由交替附着于墙体结构的固定框架和滑动框架（可沿固定框架滑动）构成的附着式升降脚手架。套框式附着式升降脚手架的升降过程，是通过架体结构中主框架和套框架的交替固定和升降来实现的，其升降原理如图 4-30 所示。

主框架和套框架虽然互不关联，但可以相对滑动，也都可以与建筑物主体结构固定连接。在架体固定状态下，由主框架通过附墙支座固定在建筑物主体结构上，架体荷载通过架体主框架和附墙支座传递到建筑物上，如图 4-30（a）所示。架体提升前，在主框架固定的情况下，松开套框架与建筑物之间的连接，利用主框架上的吊挂点，用升降机构将套框架提升到一定的高度，通过附墙支座与建筑物连接；再将升降机构安装在主框架与套框架之间，拆除主框架上的附墙支座和水平拉结杆，此时，架体荷载由升降机构和套框架来承受，如图 4-30（b）所示。启动升降机构，将主框架（即架体）沿着套框架向上提升，如图 4-30（c）所示，此阶段架体荷载通过升降机构和套框架上的附墙支座传递到墙体上。架体提升到位后，将主框架上的附墙支座与墙体固定，并安装水平拉结杆，如图 4-30（d）所示，从而完成一次提升过程。架体下降则反向操作。受架体结构的限制，套框式附着升降脚手架一层楼的高度，一般需要重复 2～3 次升降过程，因此，架体升降所需时间较长。

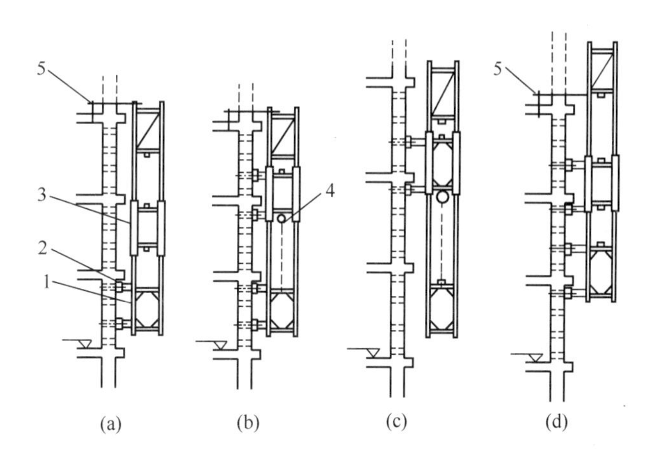

图 4-30　套框式附着式升降脚手架升降原理图
（a）使用状态；（b）提升前；（c）提升中；（d）就位固定
1—主框架；2—附墙支座；3—套框架；
4—升降机构；5—水平拉结杆

4.3.4　吊套式附着式升降脚手架的升降原理

吊套式附着式升降脚手架，即采用吊拉式附着支承的、架体可沿套框升降的附着式升降脚手架。吊套式附着式升降脚手架的结构形式，与套框式附着式升降脚手架基本相同，只是将套框式附着式升降脚手架的附墙支座换成了两套斜拉杆和附着支撑管，吊套式附着式升降脚手架升降原理如图 4-31 所示。

在使用状态下，架体由主框架底部的附着支撑管和斜拉管，以及架体顶部的水平

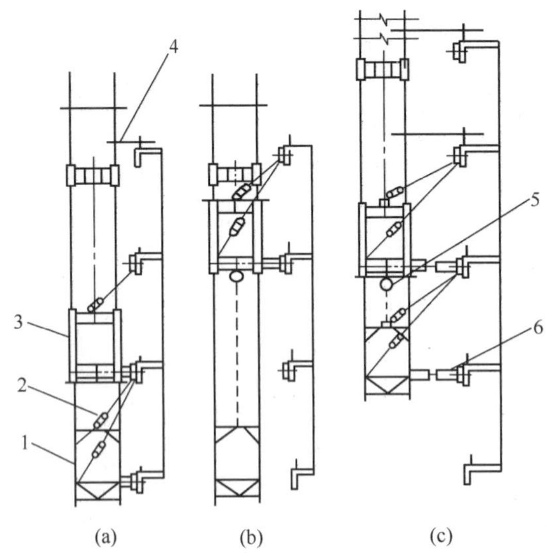

图 4-31　吊套式附着式升降脚手架升降原理图
(a) 使用状态；(b) 提升前；(c) 提升到位固定
1—主框架；2—斜拉杆；3—套框架；4—水平拉结杆；
5—升降机构；6—附着支撑管

拉结杆固定在外墙体上；架体荷载由主框架上的斜拉杆传递到建筑物上，如图 4-31 (a) 所示。架体提升前，将套框架上移一层，通过套框架上的斜拉杆和附着支撑管，将套框架固定在上一层的墙体上，如图 4-31 (b) 所示。拆除主框架上的斜拉杆和附着支撑管，通过升降机构将主框架提升至上一层楼面，并固定好斜拉杆及附着支撑管，架体完成一次提升动作，如图 4-31 (c) 所示。再将套框架及斜拉杆移到上一层楼面，又可进行下一次提升。吊套式附着式升降脚手架和套框式附着式升降脚手架的升降都属于中心提升，升降过程中架体的外倾力矩较小。

4.3.5　互爬式附着式升降脚手架的升降原理

随着建筑施工技术的迅速发展，建筑结构和造型的不断变化，在市场经济的大环境下，建筑施工附着式升降脚手架在国内建筑领域的应用逐渐增多。在高层建筑施工过程中，采用液压互爬式附着式升降脚手架进行施工，具有施工速度快、操作简单、可确保工程质量、降低工程成本等的特点。互爬式附着式升降脚手架的升降机构一般采用手拉葫芦，其升降原理如图 4-32 所示。

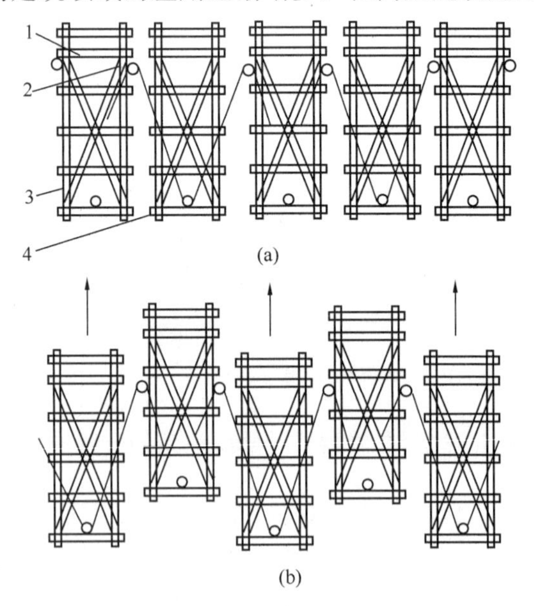

图 4-32　互爬式附着式升降脚手架升降原理图
(a) 提升一半脚手架体；(b) 准备提升另一半脚手架体
1—提升横梁；2—手拉葫芦；3—固定架体；4—被提升架体

先将各相间的一半脚手架单元架体固定在建筑物结构上，再将手拉葫芦的吊钩挂在固定架体的提升横梁上，挂钩则挂在被提升单元架体底部的水平梁架上，并拆除各相间架体之间的连接，拉动各葫芦将相邻的一半脚手架单元架体提升到位，如图 4-32 (a) 所示。在新的位置将被提升单元架体固定在建筑物主体结构上，再用同样的方法将手拉葫芦固定在升高后新位置的架体上，准备提升另一半脚手架单元架体，如图4-32（b)所示。

互爬式附着式升降脚手架整层架体提升完毕后，将各单元架体相互之间连接好，再进行新的一层建筑结构施工。不断重复以上动作，就可以使架体随着建筑物不断升高。互爬式附着式升降脚手架是采用两只手拉葫芦人工操作，其同步性及平稳性较差，而且每次升降所需要的时间较长。

5 附着式升降脚手架的施工工艺

附着式升降脚手架是仅需搭设一定高度并附着于建筑工程结构上，依靠自身的升降设备和装置，可随着工程结构施工逐层爬升或下降，具有防倾覆、防坠落装置的外脚手架，属于工具式脚手架的一种。整个作业过程其不占用其他起重机械，大大提高了施工效率。目前在高层建筑施工中越来越多地被采用。

附着式升降脚手架设备是21世纪初快速发展起来的一种新型脚手架技术，对我国土木和建筑工程施工技术的进步具有重要影响，经过多年众多工程的实践，我国在附着式升降脚手架施工工艺方面已取得很大进步。

5.1 附着式升降脚手架的安装

附着式升降脚手架的安装质量如何，关系到施工是否顺利和安全，因此，必须高度重视安装工作。附着式升降脚手架的安装主要包括：附着式升降脚手架架体的安装和脚手架附着升降系统的安装。

5.1.1 附着式升降脚手架架体的安装

1. 脚手架架体安装前的准备工作

（1）根据不同类型的建筑物主体结构和施工工艺及现场实际状况，编制每项工程的附着式升降脚手架专项施工方案，按规定进行审批后执行。

（2）施工方案编制人或单位技术负责人，应根据附着式升降脚手架专项施工方案的各项技术要求，以及国家现行有关附着式升降脚手架标准的强制性规定，向架体安装人员进行安全技术交底。安全技术交底的主要内容应包括：

1）工程概况。工程概况主要包括待建工程的层高、层数、建筑物总高度、建筑结构类型等，特别是建筑物平面外围结构的特殊性。

2）附着式升降脚手架的规格、型号，脚手架的搭设高度、宽度、步距、跨距，以及机位布置、架体搭设的特殊要求等。

3）根据待建工程的施工方案，检查施工现场人员、材料和设备的准备情况。

4）根据工程施工进度计划，详细介绍附着式升降脚手架架体搭设的方法和程序、施工进度要求及各工种的配合情况。

5）根据国家及行业标准，强调附着式升降脚手架架体搭设质量标准、要求及安全技术措施。

(3) 按规定对架体竖向主框架、架体水平桁架等架体结构件，以及钢管、扣件等搭设材料进行检查验收，不合格的构件或材料不得使用。

(4) 按照有关规定经检验合格的构配件和材料，应按品种、规格进行分类，堆放整齐、平稳，堆放场地应有良好的排水设施，场地内不得有积水。

(5) 按照有关要求清除架体搭设场地杂物，认真检查安装平台的平整度和牢固程度，确保架体搭设顺利、安全。

2. 脚手架架体安装的工艺步骤

工程实践证明，各种类型的附着式升降脚手架架体的安装工艺基本相同。附着式升降脚手架架体的搭设工艺流程如图 5-1 所示。

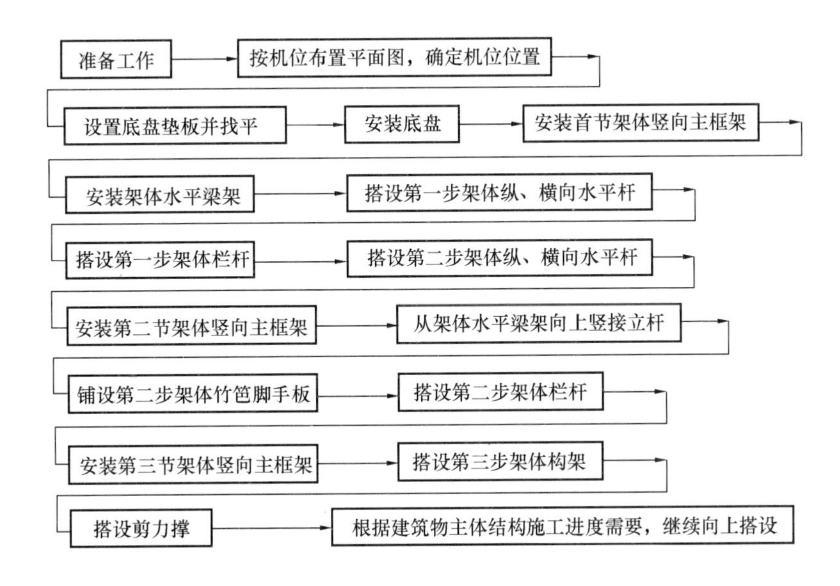

图 5-1 附着式升降脚手架架体的搭设工艺流程图

3. 架体竖向主框架安装操作要点

(1) 架体安装前应设置安装平台，安装平台应有保障施工人员安全操作的防护措施。安装平台的水平精度和承载能力应满足架体安装要求。

(2) 承力架安装时要调整平稳，各承力架之间的高差应不大于 20mm。承力架安装后，应将其固定，防止架体安装时晃动。

(3) 从底部向上依次安装架体竖向主框架，其搭设高度与架体构架的搭设同步，按各种类型架体竖向主框架的安装要求装好每一个螺栓、垫片、螺母或者销轴、开口销等连接件，不得以小代大。

(4) 在安装过程中随时注意调整架体竖向主框架的垂直偏差，应不大于主框架的 5‰和不超过 60mm，并及时将搭设好的架体与建筑物内支撑脚手架或楼面预埋管连接。

4. 架体水平梁架安装操作要点

（1）根据各种架体水平梁架的结构形式，安装架体水平梁架；按其要求安装好所有连接点的螺栓、螺母或销轴；要求各处水平梁架与建筑物之间的距离相等。

（2）当架体水平梁架采用定型梁式桁架结构，不能连续设置时，局部可采用普通脚手架杆件进行连接，但其长度不应大于 2m；并且应必须采取加强措施，确保其连接强度不低于桁架梁式结构。

5. 架体构架安装的操作要点

（1）在架体竖向主框架之间，从架体水平梁架向上逐步搭设架体构架。应采用扣件式钢管脚手架或碗扣式钢管脚手架，其搭设应满足现行国家或行业的相关标准或技术规范。

（2）架体外立面沿全高搭设剪刀撑，剪刀撑的搭设要求按现行行业标准《建筑施工扣件式钢管脚手架安全技术规范》JGJ 130—2011 执行。

（3）对架体构架需要加强的部位，应按照现行国家和行业的有关规定，采取可靠的加强构造措施。

（4）为了方便施工人员上下架体，可在架体的合适位置，从架体构架的第一步至架体顶部搭设楼梯通道，且通道的搭设应满足安全规范的要求。

6. 架体构架安全防护装置的安装

（1）架体水平梁架的底层应用脚手板严密铺设，并用密目安全网兜底封闭。

（2）在架体底层与建筑物外表面之间设置翻板构造；也可采用模板封死，只留 5～10mm 的距墙间隙，防止物料坠落伤人。

（3）在每一作业层架体外侧设置上、下两道防护栏杆，上杆的高度为 1.2m，下杆的高度为 0.6m，并设置高度为 0.18m 的挡脚板。

（4）在架体构架的各步纵向中线上，按现行行业标准《建筑施工扣件式钢管脚手架安全技术规范》JGJ 130—2011 的要求搭设纵向水平杆，并铺设竹笆脚手板或木脚手板。

（5）在架体外侧用密目安全网（800 目/100cm^2）围挡，密目安全网必须可靠固定在架体上，施工层的架体外侧还应设置竹笆片，并将其可靠固定。

（6）架体构架的断开处必须加设防护栏杆，并用密目安全网封闭。

（7）架体顶层与楼顶墙面之间的间隙，应当用大眼安全网进行封闭；架体提升前拆除，提升到位后及时与楼面拉结。

7. 架体安装的检查与验收

（1）架体构架在搭设过程中，脚手架施工单位应指定专职技术人员、安全人员对架体构架的搭设质量进行检查验收，并将检查验收结果记入检查报告，存档备查。

（2）架体竖向主框架和架体水平梁的各节点连接件的安装质量，应符合该类型桁架的安装要求。

（3）架体构架中采用扣件式钢管脚手架或碗扣式钢管脚手架搭设的部分，其搭设质量应达到有关技术规范的要求。

（4）架体安装搭设的水平度和垂直度偏差，应在现行标准的允许范围内。

（5）架体的安全防护装置的设置应符合现行国家和行业标准中的规定。

（6）架体搭设完毕后，应由附着式升降脚手架施工单位组织技术、质量、安全人员，对架体搭设的质量进行自检验收，并上报当地有关管理部门备案或复检验收。

（7）附着式升降脚手架是高层建筑施工的主要设施，是施工现场安全检查的主要项目之一，其检查评分可以参考现行行业标准《建筑施工企业安全检查标准》JGJ 59—2011。

5.1.2 脚手架附着升降系统的安装

1. 附着升降系统安装的准备工作

（1）制订方案。附着升降系统的安装与架体安装同步进行，因此在附着升降系统安装前，应根据该附着升降系统的特点，结合该工程结构、施工条件及施工要求，编制包括架体搭设和附着升降系统安装内容的附着式升降脚手架专项施工方案，并按规定办理审批手续。

（2）人员配备。附着升降系统的安装施工是技术性比较强的工作，应根据附着式升降脚手架专项施工方案的要求，配备合格的专业技术人员和专业施工队伍。

（3）安全技术交底。在附着升降系统安装前，根据专项施工方案的要求，对有关施工人员进行安全技术交底，并且明确各岗位职责。

（4）准备材料和工具。根据不同的附着升降系统，准备好安装中所用的材料、构件和作业工具，如锤子、扳子、水平尺、钳子、线锤、卷尺、对讲机等。

（5）使用前的检查。对附着升降系统所用的材料、工具和设备，使用前均应进行检验，材料应具有质量合格单，工具和设备应具有出厂合格证，不合格的产品严禁投入使用。

2. 附着升降系统的安装

各种附着升降系统的结构各不相同，其施工工艺也各有差异。在实际工程中，应用比较广泛的是吊拉式附着升降系统和导轨式附着升降系统。现以这两种附着升降系统为例，介绍其安装工艺、施工方法及要求。

（1）吊拉式附着升降系统的安装

吊拉式附着升降系统的安装应自下而上，与架体的安装搭设同步进行，其具体安装步骤如下：

1）安置承力架（底盘）。按脚手架机位布置平面图，将承力架放在对应位置的地面、楼面或架体上固定好，承力架应保证在同一水平面上，相邻两个机位其承力架的高度差应不大于20mm，然后安装竖向主框架和水平梁架，并搭设架体。

2）预埋穿墙管。每个机位处应根据不同的建筑结构形式，采用不同的方式预埋安装用的穿墙管。穿墙管中心距梁底或楼板底面的距离不小于100mm，预埋穿墙管的中心线与机位中心线的位置偏差不大于15mm，同时应采取有效的措施防止水泥砂浆堵塞预埋管。

3）安装下拉杆（承力架拉杆）。拉杆的下端与承力架连接，上端通过耳板座和穿墙螺栓与墙体连接。穿墙螺栓穿过预埋穿墙管，并用双螺母紧固。安装后应同时收紧双拉杆。

4）安装下道防倾覆装置。在每个机位架体竖向主框架1～2步的立杆上，安装下道防倾覆导轨。安装时导轨上面的抱箍应尽可能靠近结构节点处安装，并应拧紧螺母，外露的螺纹抹上黄油。然后将滑杆穿入导轨，并用穿墙螺栓固定在墙体上。

5）安装悬挑梁。将悬挑梁及上拉杆通过穿墙螺栓固定在墙体上。安装前先检查每个机位的预留孔位置是否正确，孔内有无堵塞现象；否则应采取补救措施，方可进行安装。安装好后将双拉杆的松紧度调整均匀。

6）安装电动葫芦并布置电缆线。悬挑梁安装完成后，将电动葫芦悬挂在悬挑梁下端的挂钩上，同时可布置连接电缆线。电缆线由操作台的两侧按顺时针、逆时针两个方向排列，连接每个电动葫芦；应先接通电动葫芦，再接通电气控制台，最后接通总电源箱；而后通电逐个检查并调整，使电动机的运转方向一致。

7）安装上道防倾覆装置。根据不同架体的设计位置，在每个机位架体竖向主框架的顶部立杆上，安装上道防倾覆导轨。导轨上面的抱箍同样应尽可能靠近结构节点处安装，再按照下滑杆的安装方式安装好上滑杆。以上构件全部安装好后，在上、下滑道和滑杆上涂抹全损耗系统用油。

8）安装架体同步升降及荷载监控系统。荷载监控系统与升降机构同时安装，荷载传感器悬挂在电动葫芦的下钩上，中继装置悬挂布置在架体上，并通过电缆线与荷载传感器和中央显示仪相连。布线要求同电缆线的布置，每根电缆线末端的插头平时应用塑料薄膜包裹好，防止潮湿、沾染脏污。全部安装好后，应检查信号是否正常，连接是否正确。

9）安装防坠落装置。将防坠吊杆与承力架吊杆连接牢靠，再将楔块套管式触发型防坠落装置穿过防坠吊杆，并用螺栓将其安装在悬挑梁的端部。防坠吊杆上端用铅丝悬挂在脚手架钢管上，清除防坠吊杆上的污物，涂抹系统用油。

10）安装检查及调试。附着升降系统安装完毕，应按各项安全技术要求，对附着支撑结构、升降机构、安全保护装置和电气控制系统逐项进行检查、调试，全部符合要求后方能交付使用。

（2）导轨式附着升降系统的安装

1）安装底盘。根据施工方案布置底盘并搭设架体水平梁架，随着工程进度搭设上部架体，同时逐步安装附着升降系统。

2）安装导轮。在架体的设计位置安装上导轮和下导轮，导轮应安装在架体竖向主框架桁架的节点上，并且上导轮与下导轮的间距应符合设计规范的要求。

3）预埋穿墙管。每个机位处应根据不同的建筑结构形式，采用不同的方式预埋安装用的穿墙管。穿墙管中心距梁底或楼板底面的距离不小于100mm，预埋穿墙管的中心线与机位中心线的位置偏差不大于15mm，并应采取有效措施防止水泥砂浆堵塞预埋管。

4）安装导轨连接件。将导轨连接件（即连墙支杆、连墙支杆座和连墙挂板）用穿墙螺栓安装在建筑物上，两连墙支杆的夹角宜控制在45°～150°之间。

5）安装导轨。将第一根导轨插入导轮与架体桁架之间，并与连墙支杆座连接（即导轨固定在墙体上），导轨底部应低于底盘1m左右。作为架体升降同步性测量使用的导轨，应注意使每根导轨上的数字处于同一水平面上，以便于今后在升降过程中测量和调整。随着架体的搭设，以第一根导轨为基准依次向上安装导轨，并应通过连墙支杆调节导轨的垂直度，将其控制在安装高度的5‰以内。

6）安装提升机构。在架体的中部导轨上安装提升挂座，将电动葫芦的上钩挂在提升挂座上，下钩挂在竖向主框架的提升支座上。

7）安装斜拉钢丝绳。将斜拉钢丝绳下端固定在架体竖向主框架的底部，上端通过花篮螺栓挂在连墙挂板上，并收紧钢丝绳。

8）安装限位锁。将限位锁固定在架体竖向主框架与导轨之间，使架体的荷载通过限位锁传递到导轨及建筑物上。

9）电气安装。搭设电控操作台，将电缆线布置到每个提升机位置处，并与电动葫芦连接，应注意将电缆线留足升降时所需要的长度。

10）安装防坠落装置。将制动装置固定在架体竖向主框架的底部，使传感装置与提升机构连接。

11）安装检查及调试。附着升降系统安装完毕，应按各项安全技术要求对附着支撑结构、升降机构、安全保护装置和电气控制系统逐项进行检查、调试，全部符合要求后方能交付验收。

3. 升降机构的安装与调试

（1）电动葫芦的安装比较简单，只要将其悬挂并连接在提升挂座（或悬挑梁）与架体底盘之间即可。安装后要注意检查链条有无翻链现象；通电后应观察电动葫芦工作是否正常，有无异常响声；应检查并调整所有电动葫芦，使其正、反转（即上升、下降）方向一致，制动后无下滑现象。

（2）电动卷扬机的固定应牢靠，连接螺栓应紧固到位，并应有防松措施。安装后应检查钢丝绳有无打折、断丝现象，排绳是否整齐；通电后应检查电动卷扬机正、反转（即上升、下降）方向是否一致，制动后有无下滑现象。

（3）液压提升设备的安装，主要包括液压控制台和液压千斤顶的安装，以及外接胶管、分油管路、支油管路的布置和连接。安装后要仔细检查各接头处有无漏油现象，各种油管的分布和固定要避免干涉与碰撞，严禁架体在升降中挤压或碰撞油管。液压提升设备安装后应进行如下调试：

1）若提升机构使用穿心式液压千斤顶，则将所有千斤顶接通油管，在千斤顶中间插入节状支撑杆；接通电源，按下按钮使电动机空载启动；松开溢流阀，按下工作按钮，调节溢流阀压力至4～5MPa，将转换开关旋到手动位置，试验空载升降情况；试验结果正确后，再将溢流阀调节至工作压力（8～10MPa），用时间继电器进行进油和回油补偿，确保锁紧卡体完全打开。

2）将转换开关旋转到自动位置上，按上升或下降按钮，千斤顶自动上升或下降；按停止按钮，千斤顶停止升降。

3）将溢流阀的压力调到12MPa，检查各油管接头、管路是否有漏油情况。

4）再将溢流阀压力调回到8～10MPa，按下上升或下降按钮，检查上升或下降工作情况，如无异常情况，则调试工作完毕，可以进行正常的升降操作。

4. 升降系统安全技术要求

（1）附着支撑结构采用普通穿墙螺栓与建筑结构连接时，应使用双螺母加垫板固定，螺杆露出螺母应不少于3扣，垫板尺寸应根据设计确定，且不得小于80mm×80mm×8mm。

（2）当附着点采用单根穿墙螺栓进行锚固时，应具有可靠的防止扭转措施。

（3）对附着支撑结构与建筑结构连接处混凝土的强度要求，应按照计算的结果确定。

（4）附着支撑结构、防倾覆装置、防坠落装置等关键部件的加工件，要有可追溯性的标志，加工件必须进行检验。构配件出厂时，应提供出厂合格证。

（5）附着升降系统安装的施工人员，必须经过专业技术培训，并持有效证件上岗操作。

（6）附着式升降脚手架所使用的各种材料、工具和设备，应有质量合格证、材质单等质量文件，使用前应按相关规定对其进行检验，不合格产品严禁投入使用。

（7）在同一个升降脚手架中，同时使用的升降机构、防坠落装置以及架体同步升降及荷载监控系统，应分别采用同一厂家生产的、同一规格型号的产品。

（8）防倾覆装置在安装过程中应进行必要的调整，使导轨的垂直度偏差不大于

5‰，并且不超过60mm。

(9) 预留穿墙螺栓孔或预埋件应有效固定在建筑结构上，且垂直于建筑结构的外表面，其中心误差应小于15mm。

(10) 承力架（底盘）的安装位置，由现场施工技术人员按脚手架施工方案确定，未经施工方案设计人员同意，不得随意更改其安装位置。

5.2 附着式升降脚手架的升降

5.2.1 附着式升降脚手架升降的准备工作

1. 附着式升降脚手架在每次升降前，应根据专项施工组织设计或脚手架施工方案，并结合施工现场的实际情况，对施工人员进行安全技术交底。

2. 脚手架在升降运行前，应全面检查是否达到以下要求：

(1) 建筑工程结构混凝土的强度应达到附着支撑对其附加荷载的要求。

(2) 升降工况下的附着支撑装置的安装质量应符合设计规定，严禁少装附着固定连接螺栓和使用不合格螺栓。

(3) 下一层预埋穿墙螺栓孔的埋设应符合脚手架施工方案的要求。

(4) 脚手架的架体结构应非常牢靠，所有的螺栓应确实拧紧。

(5) 各项安全保护装置全部检验合格；防倾覆装置安装牢固；导轨垂直度符合要求。

(6) 电源、电缆及控制柜等的设置符合用电安全的有关规定；控制柜与升降机构的连线正确；供电正常，控制有效；电缆线的长度满足升降的需要。

(7) 脚手架的升降机构工作正常；电动葫芦无翻链现象。

(8) 同步升降及荷载控制系统的设置和试运行效果符合设计要求。

(9) 脚手架上的各种安全防护设施齐备，均符合设计要求。

(10) 架体与墙体之间的障碍物全部清除；架体上的所有约束已解除。

(11) 脚手架升降施工中，各岗位上的施工人员已落实，并且责任到人。

(12) 附着式升降脚手架应设置必要的消防设施及照明设施。

5.2.2 附着式升降脚手架的提升工艺

各种附着式升降脚手架的组成各不相同，但每种升降脚手架的提升工艺和下降工艺基本相同，现列举具有代表性的升降脚手架——吊拉式附着式升降脚手架和导轨式附着式升降脚手架的提升工艺。

1. 吊拉式附着式升降脚手架的提升工艺

(1) 在脚手架安装全部完成后，架体上施工的作业人员撤离架体，清除架体上的施工材料和设备，吊离插入架体的进出料平台。

（2）检查外墙面上有无钢筋、模板、支模架及其他外挑结构，凡是有碍架体提升的均应排除。

（3）检查电控操作台上各开关、按钮、指示灯是否正常，电缆线各处插件连接是否可靠，升降机构的动作是否灵敏，电动葫芦钩头运行方向是否与操作台指示方向一致。

（4）逐台开动电动葫芦，使吊钩均匀承力；检查链条应无扭曲、打结现象；电缆线应自由垂挂，既不得接触链条，也不得挂、钩钢管和扣件等。

（5）按规定顺序先后拆除下拉杆、附墙拉结杆，翻开架体与建筑物之间的防护安全网和防护板并固定。

（6）放下防坠落装置的扳杆，挂好脱钩机构，打开所有悬挑梁端部防坠落装置的卡爪，使防坠落装置处于“开启状态”。

（7）启动脚手架的架体整体提升，仔细观察机位升降机构和安全装置工作是否正常，提升50～80mm后停机，检查各处是否正常，对出现的故障应及时排除。

（8）架体提升一切正常后，可继续运行到位。

（9）架体提升到位后，调整整个架体的水平度，控制各机位高度差在30mm以内。

（10）松开防坠落装置的脱钩机构，使卡爪夹紧防坠吊杆，防坠落装置处于“闭锁”状态。用塑料薄膜包扎防坠落装置和电动机，以防止雨水、混凝土和砂浆污染，使提升机构正常使用。

（11）在每一个机位处安装架体底部和顶部的附墙拉结杆。

（12）拉结架体顶部与施工楼层面的安全网，翻下架体底部的防护板，封闭脚手架上部和下部与墙体之间的空隙。

（13）安装下拉杆，紧固穿墙螺栓、垫片及双螺母，调节花篮螺栓，使两根下拉杆受载均衡。

（14）对提升后的架体进行全面检查，并办理交接使用手续。

（15）将悬挑梁、防坠落装置、上拉杆和防倾覆装置分别移位安装在上一层预埋孔处，两根上拉杆应调整为受力均匀，悬挑梁与墙面应垂直，做好下一次提升的准备。

2. 导轨式附着式升降脚手架的提升工艺

（1）以同一水平位置的导轮为基准，记下该导轮所对应的导轨上的孔位或数字，确定第一次提升的距离（一般为500mm）。

（2）拆除脚手架架体与墙体之间的防护，拆除架体附墙拉结杆。

（3）收紧电动葫芦的吊钩，拆除斜拉钢丝绳和限位销。

（4）启动电动葫芦，脚手架沿着导轨平稳上升，升至预定的第一次提升位置后停机，检查各处有无障碍，机构工作是否正常，发现问题应及时处理。

（5）将架体继续提升到位。在提升的过程中应注意观察各提升点的同步性，当发现高度差超过一个孔位时，应立即停机进行调整。

（6）将斜拉钢丝绳挂在上一层连墙挂板上并收紧，用限位锁锁住导轨和架体，使限位锁和斜拉钢丝绳同时受力。

（7）做好脚手架架体底部和里口的安全防护，安装各机位处的附墙拉结杆。

（8）对提升后的架体进行全面检查，一切正常后可办理交接手续。

（9）松下电动葫芦，将提升挂座连同电动葫芦移至上层导轨处安装。

（10）将下部已超出架体的导轨连同导轨固定装置（连墙挂板、连墙支杆、连墙支杆座）移装到架体的顶部，准备下次提升。

5.2.3 附着式升降脚手架升降安全操作规程

（1）为确保脚手架升降顺利和施工安全，负责脚手架升降的施工人员必须经专业技术培训，并持有效证件上岗操作。

（2）整体附着式升降脚手架的控制中心应指定专人负责操作，不允许其他人员操作。

（3）在脚手架正式升降前，应通过试验确定作业程序和具体要求，在升降中应严格执行规定的脚手架升降作业程序和技术要求。

（4）严格控制并确保架体上的荷载符合“升降脚手架使用说明书”的规定。

（5）在正式升降前，对所有妨碍架体升降的障碍物必须彻底拆除；所有升降作业要求解除的约束必须拆除。

（6）在升降过程中，严禁操作人员停留在架体上，特殊情况确实需要登架的，必须采取有效的安全防护措施，并且经建筑安全监督部门审查同意后方可实施。

（7）正在升降的脚手架下方应设置安全警戒线，严禁有人进入警戒区，并设专人负责监护。

（8）严格按设计规定控制各提升点的同步性，相邻提升点间的高度差不得大于30mm，整体架体的最大升降差不得大于50mm。

（9）在脚手架升降过程中，应实行统一指挥、规范指令。升降指令只能由总指挥一人下达，但遇有异常情况出现时，任何人均可立即发出停止升降指令。

（10）在脚手架升降过程中，当某台升降机构损坏需要拆下修理或更换，而该机位附着支撑结构又无法安装时，应采取安全可靠的措施，使该机位的荷载能直接传递到建筑结构上。

（11）附着式升降脚手架升降到位后，必须及时按使用工况的要求进行附着固定。在没有完成架体固定工作前，施工人员不得擅自离岗或下班。未办理交付使用手续的架体不得投入使用。

（12）脚手架每次升降结束后，应切断操作台的总电源，并关好操作室的门窗。

（13）当遇到下列情况之一时，应当立即停止作业：

1）出现影响脚手架安全作业的恶劣天气，如大雨、大雪、大雾、大风等。

2）脚手架的升降机构出现漏电现象，应立即停止升降并查明漏电原因。

3）当发现钢丝绳磨损严重、扭曲、断股、打结或出槽时，应立即停止作业。

4）钢丝绳在卷筒上出现爬绳、乱绳、啃绳、多层缠绕，各层间的绳索互相塞挤。

5）提升设备采用电动葫芦出现翻链和其他影响正常运行的故障。

6）脚手架上所设置的安全保护装置失效。

7）脚手架各传动机构或附着支撑机构出现异常现象或异常响声。

8）脚手架的竖向主框架或水平梁架部分发生变形。

9）在升降的过程中发生其他妨碍作业及影响安全的故障。

（14）附着式升降脚手架应经过国务院建设行政主管部门组织鉴定或者委托具有资格的单位进行认证。从事附着式升降脚手架安装、拆除、升降施工的单位应取得相应的施工资质证书。

（15）附着式升降脚手架的施工单位，应当到当地建设行政主管部门办理相应的申报备案手续。

（16）附着式升降脚手架组装完毕后，工程项目的总承包单位必须根据相关的技术规定和专项施工方案等有关文件的要求，组织有关人员进行检查验收，合格后方可进行升降作业。

5.3 附着式升降脚手架的拆除

附着式升降脚手架的拆除是脚手架施工中一项重要的工作。工程实践证明，这项工作不仅关系到工程施工进度的快慢、工程造价的高低，而且也关系到施工人员的安危、现场施工的文明。因此，在附着式升降脚手架的施工中，一定要高度重视这项工作。

5.3.1 附着式升降脚手架拆除工作的特点

（1）附着式升降脚手架拆除工作时间紧、任务重。附着式升降脚手架的拆除工作一般在主体工程完成之后进行，往往要求在很短的时间内完成。架体安装是随着建筑结构施工逐层搭设的，整个脚手架搭设完毕一般需要一个月左右时间，而架体的拆除要求在几天内完成，这就强调附着式升降脚手架拆除工作必须做到井井有条、安全有效。

（2）多数附着式升降脚手架施工到顶层后，建筑物主体结构的外装饰施工不再使用附着式升降脚手架，架体必须在高空予以拆除，这时导致人、物坠落的可能性较大。

（3）附着式升降脚手架在搭设的过程中，可利用塔式起重机等起重机械来运送架体构件和材料，并协助进行搭设。而在拆除架体时，起重机械一般已拆除退场，架体的拆除以及各种构件和材料的运输只能通过人工完成，拆除工作的难度与危险性均比较大。

5.3.2 附着式升降脚手架拆除的主要原则

（1）附着式升降脚手架架体拆除顺序为先搭后拆，后搭先拆，严禁不按搭设程序拆除架体。

（2）拆除架体各步时应做到一步一清，不得同时拆除两步以上。每步上铺设的竹笆脚手板或木脚手板以及架体外侧的安全网，应随架体逐层拆除，使操作人员有一个相对安全的操作条件。

（3）架体上的附墙拉结杆应随架体逐层拆除，严禁同时拆除多层附墙拉结杆。

（4）拆除脚手架使用的工具，应用尼龙绳系在安全带的腰带上，防止工具从高空坠落。

（5）各杆件或零部件拆除时，应用绳索捆扎牢固，缓慢放至地面、裙楼顶或楼面，不得抛掷脚手架上的各种材料及工具。

（6）拆下的结构件和杆件应分类进行堆放，并及时运出施工现场，集中清理、维修和保养，以备重复使用。

5.3.3 附着式升降脚手架拆除的准备工作

工程实践证明，附着式升降脚手架拆除作业的危险性往往大于安装搭设作业，因此，在拆除工作开始前，必须充分做好以下准备工作：

1. 制订方案

根据施工组织设计和附着式升降脚手架专项施工方案，并结合拆除现场的实际情况，有针对性地编制脚手架拆除方案，对人员组织、拆除步骤、安全技术措施等提出详细要求。拆除方案必须经脚手架施工单位安全、技术主管部门审批后方可实施。

2. 技术交底

脚手架拆除方案审批后，由施工单位技术负责人和脚手架项目负责人，对具体操作人员进行拆除工作的安全技术交底。

3. 清理现场

在脚手架拆除工作开始前，应清理架体上堆放的材料、工具和杂物，清理拆除现场周围的障碍物，为正式拆除做好准备工作。

4. 人员组织

为尽快拆除脚手架，施工单位应组织足够的操作人员参加架体拆除工作。一般拆除附着式升降脚手架需要 6～8 人配合操作，其中应有 1 名负责人指挥并监督检查安全操作规程的执行情况，架体上至少安排 5～6 人拆除，1 人负责拆除区域的安全警戒工作。

5.3.4 附着式升降脚手架拆除的工艺流程

附着式升降脚手架架体的拆除工艺流程如图 5-2 所示。

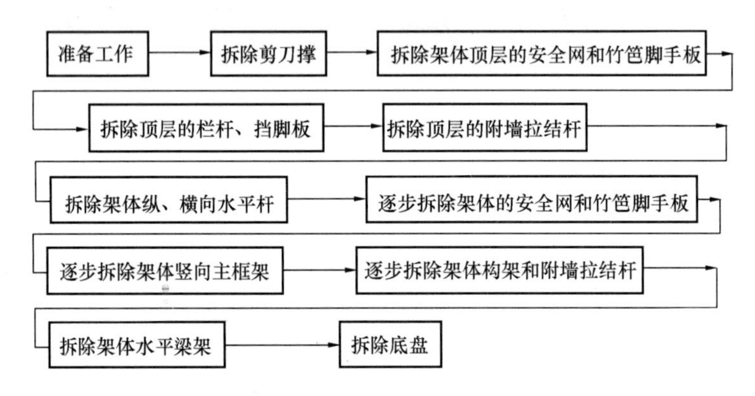

图 5-2 附着式升降脚手架架体的拆除工艺流程图

5.3.5 附着式升降脚手架拆除的操作要点

（1）附着式升降脚手架的拆除工作，必须按经审批的专项施工方案及安全操作规程的有关要求完成。

（2）拆除工作正式开始前，应由该升降脚手架项目负责人组织施工人员进行岗位职责分工，定员定岗操作，不得随意调换人员。

（3）上架操作的施工人员应按规定佩戴各种必需的劳保用品，并正确使用。

（4）在脚手架的拆除过程中，架体周围应设置警戒区，并派专人监管。

（5）架体上的材料、工具、设备和垃圾等应及时清理至楼内，严禁向下抛掷。

（6）自上而下按顺序拆除栏杆、竹笆脚手板、剪刀撑以及纵横向水平杆。

（7）架体竖向主框架同时随架体逐层拆除，注意结构件吊运时的牢固性，并及时收集拆下来的螺栓、销轴等连接件。

（8）附着式升降脚手架在建筑物的顶层拆除时，应在架体水平梁架的底部搭设悬挑支撑平台，并有保障拆架施工人员安全操作的防护措施。按各种类型架体水平梁架的设计要求逐段拆除水平梁架、承力架及下道附着支撑结构。

5.4　附着式升降脚手架的验收

1. 附着式升降脚手架安装前应持有下列文件：

（1）从事附着式升降脚手架工程施工的单位应取得由国务院建设行政主管部门颁发的相应资质证书及安全生产许可证。

（2）必须具备国务院建设行政主管部门组织鉴定或验收的证书。

（3）应有专项施工方案，并经企业技术负责人审批及工程项目总监理工程师审核。

（4）其他资料：1）产品进场前的自检记录；2）特种作业人员和管理人员岗位证书；3）各种材料、工具和设备应有的质量合格证、材质单、测试报告；4）主要部件及提升机构必须具备的合格证。

2. 附着式升降脚手架应在下列阶段进行检查与验收：1）首次安装完毕使用前；2）提升或下降前；3）提升、下降到位，投入使用前。

3. 附着式升降脚手架安装及使用前，应按表 5-1 进行检验，合格后方能使用。

附着式升降脚手架安装及使用检查表　　**表 5-1**

序号	检查项目		具体标准	检查结果
1	保证项目	竖向主框架	各杆件的轴线应交汇于节点处，并应采用螺栓或焊接连接，如不交汇于一点，应进行附加弯矩验算	
2			各节点均应采用螺栓或焊接连接	
3			相邻竖向主框架的商度差不大于 30mm	
4		水平支承桁架	桁架上、下弦应采用整根通长杆件，或设置刚性接头；腹杆上、下弦连接应采用螺栓或焊接连接	
5			桁架各杆件的轴线应相交于节点上，并宜用节点板构造连接，节点板的厚度不小于 6mm	
6		架体构造	空间几何不可变体系的稳定结构	
7		立杆支承位置	架体构架的立杆底端应放置在上弦节点各轴线的交汇处	
8		立杆间距	应符合现行行业标准《建筑施工扣件式钢管脚手架安全技术规范》JGJ 130—2011 中的小于或等于 1.5m 的要求	
9		纵向水平杆的步距	应符合现行行业标准《建筑施工扣件式钢管脚手架安全技术规范》JGJ 130—2011 中的小于或等于 1.8m 的要求	

续表

序号	检查项目		具体标准	检查结果
10	保证项目	剪刀撑设置	剪刀撑的水平夹角应满足45°～60°的要求	
11		脚手板设置	架体底部应铺设严密，与墙体无间隙，操作层的脚手板应铺满、铺牢，孔洞直径小于25mm	
12		扣件拧紧力矩	扣件拧紧力矩应满足40～65N·m的要求	
13		附墙支座	每个竖向主框架所覆盖的每一楼层处应设置一道附墙支座	
14			使用工况：应将竖向主框架固定于附墙支座上	
15			升降工况：附墙支座上应设有防倾覆、导向的结构装置	
16			附墙支座应采用锚固螺栓与建筑物连接，受拉螺栓的螺母不得少于两个或采用单螺母加弹簧垫圈	
17			附墙支座支承在建筑物上连接处混凝土的强度应按设计要求确定，但不得小于C10	
18		架体构造尺寸	架高要不大于5倍的层高	
19			架宽应不大于1.2m	
20			架体全高与支承跨度的乘积应不大于110m²	
21			支承跨度直线形架体应不大于7m	
22			支承跨度折线或曲线形架体，相邻两个主框架支撑点处的架体外侧距离不大于5.4m	
23			水平悬挑长度不大于2m，且不大于跨度的1/2	
24			升降工况上端悬臂高度不大于2/5架体高度，且不大于6m	
25			水平悬挑端以竖向主框架为中心对称斜拉杆水平夹角应不小于45°	
26		防坠落装置	防坠落装置应设置在竖向主框架处，并附着在建筑结构上	
27			每一升降点不得少于一个防坠落装置，在使用和升降工况下都能确实起作用	
28			防坠落装置与升降设备应分别独立固定在建筑结构上	
29			防坠落装置应具有防尘、防污染措施，并应灵敏可靠和运转自如	
30			钢吊杆式的防坠落装置，钢吊杆的规格应由计算确定，且其直径不应小于25mm	
31		防倾覆设置情况	防倾覆装置中，应包括导轨和两个以上与导轨连接的可滑动的导向件	
32			在防倾覆导向件的范围内应当设置防倾覆导轨，且应与竖向主框架进行可靠连接	
33			在升降和使用两种工况下，最上和最下两个导向件之间的最小间距不得小于2.8m或架体高度的1/4	
34			应具有防止竖向主框架倾斜的功能	
35			应用螺栓与附墙支座连接，其装置与导轨之间的间隙应小于5mm	
36		同步装置设置情况	连续式水平支承桁架，应采用限制荷载自控系统	
37			简支静定水平支承桁架，应采用水平高差同步自控系统，若设备受限时可选择限制荷载自控系统	
38	一般项目	防护设施	防护栏杆的高度应为1.2m	
39			密目式安全网的规格型号为：≥2000目/100cm²，≥3kg/张	
40			挡脚板的高度应为180mm	
41			架体底层脚手板铺设应严密，与墙体无间隙	

4. 附着式升降脚手架提升、下降作业前应按表5-2进行检验，合格后方能实施提升或下降作业。

附着式升降脚手架提升、下降作业前应检查项目　　表5-2

序号	检查项目		具体标准	检查结果
1	保证项目	支承与工程结构连接处混凝土强度	混凝土的强度应达到专项方案计算值，且不得小于C10	
2		附墙支座设置情况	每个竖向主框架所覆盖的每一楼层处应设置一道附墙支座	
3			附墙支座上应当设有完整的防坠落、防倾覆和导向装置	
4		升降装置设置情况	单跨升降式可采用手动葫芦；整体升降式应采用电动葫芦或液压设备；升降装置应启动灵敏、运转可靠、旋转方向正确；控制柜工作正常、功能齐备	
5		防坠落装置设置情况	防坠落装置应设置在竖向主框架处并附着在建筑结构上	
6			每一升降点不得少于一个，在使用和升降工况下都能够起到作用	
7			防坠落装置与升降设备应分别独立固定在建筑结构上	
8			防坠落装置应具有防尘、防污染的措施，并应灵敏可靠和运转自如	
9			防坠落装置设置方法及部位正确，灵敏可靠，不应人为失效和减少	
10			钢吊杆式的防坠落装置，钢吊杆的规格应由计算确定，且其直径不应小于25mm	
11		防倾覆装置设置情况	防倾覆装置应包括导轨和两个以上与导轨连接的可滑动的导向件	
12			在防倾导向件的范围内应设置防倾覆导轨，且应与竖向主框架可靠连接	
13			在升降和使用两种工况下，最上和最下两个导向件之间的最小间距不得小于2.8m或架体高度的1/4	
14		建筑物的障碍物清理情况	无障碍物阻碍外架的正常滑升	
15		架体构架上的连墙杆	架体构架上的连墙杆应全部拆除	
16		塔吊或施工电梯附墙装置	符合专项施工方案的规定	
17		专项施工方案	符合专项施工方案的规定	
18	一般项目	操作人员	经过安全技术交底，按规定持证上岗	
19		运行指挥人员、通信设备	人员已全部到位，设备工作正常	
20		监督检查人员	总承包单位和监理单位人员已全部到场	
21		电缆线路、开关箱	电缆线路应当符合现行行业标准《施工现场临时用电安全技术规范（附条文说明）》JGJ 46—2005中对线路负荷计算的要求，设置专用的开关箱	

5. 防坠落、防倾覆装置在附着式升降脚手架使用、提升和下降阶段均应进行检查，合格后才能作业。

6. 附着式升降脚手架的临时用电，应符合《施工现场临时用电安全技术规范（附条文说明）》JGJ 46—2005 的要求。

5.5　附着式升降脚手架的管理

（1）从事附着式升降脚手架工程的施工单位必须取得附着式升降脚手架专业承包资质，并在规定的范围内承担附着式升降脚手架的设计、制作、安装和施工。

（2）附着式升降脚手架产品必须经过建设主管部门组织鉴定或项目验收后方可使用。

（3）新研制的附着式升降脚手架应符合相关各项技术要求，并到当地建设行政主管部门办理试用手续，经审查合格后，只可批准在一个工程上试用，试用期间必须随时接受当地建设行政主管部门的指导和监督。试用成功后，再按照上述第 2 条的规定进行鉴定合格后方可投入正式使用。

（4）施工总承包单位必须将附着式升降脚手架专业工程发包给具有相应资质等级的附着式升降脚手架专业承包队伍，签订专业工程承包合同，并明确双方的安全生产责任。

（5）附着式升降脚手架专业承包企业应当建立健全安全生产管理制度，制订相应的安全操作规程和检验规程，加强对设计、制作、安装、升降、使用、拆卸和日常维护保养等环节的管理。

（6）附着式升降脚手架安装前，附着式升降脚手架专业承包单位应根据工程结构、施工环境等特点编制专项施工方案，并应经总承包单位技术负责人审批。专项施工方案应当包括安装、升降和拆卸等内容。

（7）安装、升降、使用、拆卸等作业前，专业承包单位技术人员应当根据专项施工方案以及安全操作规程对有关施工人员进行安全技术交底。

（8）附着式升降脚手架使用前，应向当地建设行政主管部门办理备案登记手续，并接受其监督管理。

（9）施工总承包单位必须对施工现场的安全工作实行统一监督管理，对使用的附着式升降脚手架进行监督检查，发现问题应及时解决。安全监管主要内容应包括：

1）按照规定对附着式升降脚手架专项施工组织设计进行审查。

2）对附着式升降脚手架专业承包单位人员配备情况和有关人员的资格进行审查。

3）附着式升降脚手架安装、升降后，组织专业承包单位、监理单位进行验收。

4）定期组织对附着式升降脚手架使用情况进行安全检查。

5）安装、升降和拆除作业时，应设置安全警示区域，并安排专人巡视。

（10）工程监理单位应对附着式升降脚手架专业工程进行安全监理。主要内容应包括：

1）按规定对附着式升降脚手架专项施工组织设计及施工方案进行审查。

2）对专业承包单位的资质及有关人员的资格进行审查。

3）参加总承包单位组织的验收和定期检查。

4）在附着式升降脚手架的安装、升降、拆除等作业时应进行旁站监理。

5）发现存在生产安全事故隐患时，应当要求安装单位、使用单位限期整改，对安装单位、使用单位拒不整改的，及时向建设单位报告。

（11）安装单位、使用单位拒不整改生产安全事故隐患的，建设单位接到监理单位报告后，应当责令安装单位、使用单位立即停工整改。

（12）附着式升降脚手架安装、升降、拆除等施工过程中，施工总承包和专业承包单位应配备专职安全管理人员，负责对安装、升降、拆除等施工活动的升降脚手架施工现场进行安全监督检查。

（13）附着式升降脚手架所使用的电气设施、线路及接地、避雷措施等，应符合现行行业标准《施工现场临时用电安全技术规范（附条文说明）》JGJ 46—2005 中的规定。

（14）附着式升降脚手架的防坠落装置应经法定检测机构标定后方可使用；使用的过程中，使用单位应定期对其有效性和可靠性进行检测。安全装置受冲击荷载后应进行解体检验。

（15）附着式升降脚手架临街搭设时，外侧应有防止坠落物伤人的防范措施。

（16）在进行附着式升降脚手架安装和拆除时，在地面应设置围栏和警戒标志，并应派专人看守，非操作人员不得入内。

（17）附着式升降脚手架专业施工单位应设置专业技术人员、安全管理人员及相应的特种作业人员。特种作业人员必须经专门培训，并应经建设行政主管部门考核合格，取得特种作业操作资格证书后，方可上岗作业。

（18）作业层上的施工荷载应符合设计要求，不允许超重。不得将模板支架、缆风绳、泵送混凝土和砂浆的输送管等固定在架体上，不得用其悬挂起重设备。

（19）遇到雷雨、六级和六级以上大风及雾、雪、雨等恶劣的天气时，必须停止施工。

（20）当施工中发现附着式升降脚手架故障和存在安全隐患时，应及时排除，可能危及人身安全时，应停止作业，应由专业人员进行整改。整改后的附着式升降脚手架应重新进行验收检查，合格后方可使用。

（21）停工前做好架体固定工作和防上翻措施，架上人员撤离前，应对设备、工具、零散材料、可移动的铺板等进行整理，固定并作好防护，全部人员撤离后立即切断供电电源。

（22）附着式升降脚手架的剪刀撑应随立杆同步搭设；扣件的螺栓拧紧力矩不应小于 40N·m，且不大于 65N·m。

（23）各地建设安全主管部门及产权单位和使用单位，应对附着式升降脚手架建立设备技术档案，其主要内容应包括：机型、编号、出厂日期、验收、检修、试验、检修记录及故障情况。

（24）附着式升降脚手架作业人员在施工过程中应戴安全帽、系安全带、穿防滑鞋，酒后不得上岗作业。附着式升降脚手架在施工现场安装完成后应进行整体检测。

6　架体的维护保养与安全防范

为了保证附着式升降脚手架的正常使用，消除事故隐患，应定期对升降脚手架进行维护和保养。为了确保附着式升降脚手架施工顺利进行，保证施工人员的人身安全，应根据工程实际制订切实可靠的安全防范措施。

6.1　附着升降系统的维护与保养

由于附着式升降脚手架的使用环境比较差，在施工过程中的水泥、砂浆、灰尘和污水，随时都在污染着升降机构、附着装置和安全保护装置，如果不按照有关规定进行维护与保养，将影响附着式升降脚手架的使用寿命，严重时还会直接影响架体的使用安全。因此，在附着式升降脚手架的使用过程中，必须做好附着系统的维护与保养工作。

6.1.1　架体的维护与保养

（1）架体不得超载使用，不得使用体积较小而质量过重的集中荷载，如设置装有混凝土养护用水的水槽、集中堆放大模板等。

（2）架体仅作为施工人员的外防护架，不得作为外墙模板的支模架，更不得作为升降中的承重架。

（3）架体禁止下列违章作业：任意拆除架体部件和穿墙螺栓；起吊构件时碰撞或扯动脚手架的架体；在脚手架上拉结吊装缆绳；在脚手架上安装卸料平台；在脚手架上推运物料；利用脚手架吊运重物等。

（4）穿墙螺栓应牢固拧紧，扭矩应控制在45～60N·m范围内。

（5）在架体的作业过程中，应按以下要求进行检查保养：

1）在整个施工期间，每次浇筑完混凝土后，必须将导轨表面的杂物及时清除，以确保导轨能自由上下。

2）在施工期间，应按规定定期对架体及连接螺栓进行检查，如有发现连接螺栓脱扣或架体变形现象，应查明原因及时处理。

3）脚手架架体每次提升、使用前都必须对穿墙螺栓进行严格检查，如发现有裂纹或螺纹损坏现象，必须及时更换。

4）工程竣工后，应将架体的所有零部件表面杂物清除干净，重新刷漆。将已损坏的零件重新修复或者更换，以备新的工程继续使用。

5）在施工过程中，对架体上的杂物应及时进行清理；穿墙螺栓正常使用一个单位工程后应更换。

6）当该脚手架预计停用超过一个月时，使用前应对其采取加固措施，附着支座以上悬臂部分应做硬性拉结，同时每个附着支座处的承重定位必须紧固。

7）当附着式升降脚手架停用超过一个月，或遇五级以上大风复工后，必须按照有关要求进行检查，合格后方可使用。

8）螺栓连接件、升降动力设备、防倾覆装置、防坠落装置、电控设备等应至少每月维护保养一次。

9）遇到五级以上（包括五级）大风、大雨、大雪、浓雾等恶劣天气时，禁止进行升降和拆除作业，并对架体采取必要的加固措施或其他应急措施。如将架体上部悬挑部位用钢管和扣件与建筑物拉结，以及撤离架体上的所有施工活荷载等。夜间禁止进行架体的升降作业。

6.1.2 电动葫芦的维护保养

（1）在首次使用电动葫芦时，应按照使用说明书的要求严格检查减速器是否有油，并按规定加足润滑油（脂）。

（2）电动葫芦若频繁使用，应每周加一次润滑油；若断续使用，应每月加一次润滑油；链条应每半个月涂刷一次润滑油。

（3）在升降过程中，电动葫芦应用塑料薄膜包封，防止水和杂物落在其上面；操作人员应随时观察电动葫芦的使用状况，以便发现问题及时处理，严禁非专业人员拆卸修理。

（4）链轮装在轴上应没有歪斜和摆动。在同一传动组件中两个链轮的端面应位于同一平面内，链轮中心距在0.5m以下时，允许偏差为1mm；链轮中心距在0.5m以上时，允许偏差为2mm。但不允许有摩擦链轮齿侧面的现象，如果两轮偏移过大容易产生脱链和加速磨损现象。在更换链轮时必须注意检查和调整偏移量。

（5）附着式升降脚手架电动葫芦起重链条的松紧度应适宜，太紧会增加功率消耗，轴承易磨损；太松链条易跳动和脱链。链条的松紧程度应经常检查并调整。

（6）链轮磨损严重后，应同时更换新链轮和新链条，以保证良好的啮合。千万不能只单独更换新链条或新链轮，否则会造成啮合不好加速新链条或新链轮的磨损。链轮齿面磨损到一定程度后应及时翻面使用（指可调面使用的链轮），以延长使用时间。

（7）新的起重链条过长或经使用后伸长，如果确实难以调整，可视情况拆去链节，但必须为偶数。链节应从链条背面穿过，锁片插在外面，锁紧片的开口应朝向的转动的相反方向。

（8）工程结束后，应清除机体及链条上的砂浆和泥垢，链条及外露部件涂刷润滑油，存放在干燥、通风处，如长期不用应装箱保存。

6.1.3　防坠落装置的维护保养

防坠落装置作为架体主要的安全装置，在正常升降工作中不起作用，一旦架体出现坠落，就必须在第一时间内起作用，因此对防坠落装置的日常维护保养尤为重要。但这也是现场人员容易忽视的部分，在日常施工中要随时进行监控，及时润滑相关部位。根据工程实践经验，防坠落装置的维护保养主要包括以下几方面：

（1）进行脚手架日常检查时，要注意防坠落装置运转是否正常，在架体提升或下降时不会出现卡链现象，如果有卡链现象应及时处理。

（2）当防坠落装置金属结构出现变形或开焊时，应查明原因、及时处理，最好是更换新的装置，严禁采取补焊的措施。

（3）当架体出现卡阻现象后，应认真检查防坠落装置，一旦出现问题，必须更换新的防坠落装置，不允许带病使用。

（4）日常施工中应在防坠落装置处加设防尘装置，避免因污染而失效。

（5）为确保附着式升降脚手架施工安全，禁止在未安装防坠落装置或防坠落装置失效的情况下升降架体。

6.1.4　电动卷扬机的维护保养

（1）电动卷扬机传动部分应设有可靠的安全罩，并保持完好无损。

（2）应经常检查卷扬机的机械传动部分工作是否正常，制动器是否灵敏、可靠，润滑情况是否良好，密封处有无漏油等，发现异常时应及时处理。

（3）制动瓦与制动轮的接触面积不应少于80%，间隙为0.6～0.8mm；制动带磨损量不得超过50%，铆钉不得与制动轮面接触，否则应更换。

（4）班前应认真检查钢丝绳是否完整，若发现钢丝绳有断丝、凹槽、绳结或锈蚀等情况，应根据钢丝绳报废的标准确定是否需要更换，达到更换标准的钢丝绳决不可再用于工程中。

（5）在整个施工的过程中，应保持电动卷扬机的清洁，特别是卷筒和钢丝绳部分应采取有效的防护措施，防止污水或砂石污染、磨损钢丝绳。

（6）钢丝绳应按照规定的期限涂抹钢丝绳油，涂前应当用煤油洗去原有的油污，然后在80℃的温度下进行涂抹。

（7）应定期检查减速器中的油量，一般在工作1000h后应进行一次清洗，并重新加注润滑油。润滑油冬季应采用HL-20齿轮油，夏季应采用HL-30齿轮油。

6.1.5 电气控制系统的维护保养

(1) 附着式升降脚手架的电气控制系统，应按照有关规定进行维护保养，其维护保养必须由专业电工来完成。

(2) 电控柜或操作台是电气控制系统的主要组成部分，其维护保养主要是做到防水、防潮、防止剧烈振动和冲击碰撞。

(3) 电气控制系统的电缆线布置要避开操作人员的行走路线，在架体上安装应悬挂在脚手板的下方，接头处应用防水绝缘带进行包扎。

(4) 电气控制系统在每次操作前，应清扫操作台上的尘土，检查配电箱内交流接触器、开关、熔断器、各种继电器、指示灯以及接线端子的紧固情况，如有松动应立即紧固，如发现损坏应立即更换。巡回检查各电动机及电缆线，做到及时包扎或更换。

(5) 经常检查上述元件的触头，如有烧损的地方，应用细锉磨光修复，保持触头清洁平滑。

(6) 电气控制系统中的插头、插座要保持干燥，若受潮或被水淋湿，未损坏的可用电吹风吹干以后继续使用，损坏的应立即更换。

(7) 每次操作结束后，应清扫操作台及电控箱上的灰尘，盖好防护罩，严防因渗漏雨水而造成短路。

(8) 每使用一个工程周期后，应更换受损的接触器、控制开关和各种电表及电缆线，以保证施工顺利和安全。

6.1.6 荷载控制系统的维护保养

(1) 荷载控制系统是附着式升降脚手架不可缺少的组成部分，对其线路须设置专门的防护，如用 PVC 管等。

(2) 荷载控制系统的荷载传感器表面不得有腐蚀性液体，尤其是线路的接头处应设置保护措施，以防被下落物体砸断。

(3) 荷载控制系统的电气控制柜包括主控和分控，均应设置必要的防护管理，及时清理上面的杂物，避免雨水、砂浆及混凝土进入。

(4) 当脚手架的架体升降完成后，应当及时进行卸荷，并松开电动葫芦，防止架体冲击荷载损伤荷载传感器。

(5) 在脚手架的整个作业过程中，应及时监控供电电压，保证荷载传感器的正常供电。

6.2　脚手架架体使用注意事项

6.2.1　架体安全监管

1. 现场监管

(1) 在架体施工的过程中，应建立有效的实施和监督机构，必须设立架体专业施工管理员，并组织专门的作业小组，小组成员应基本固定，做到定员、定岗、定责任。

(2) 施工单位的安全委员会、工程部、技术部等有关部门，应经常对现场的全体职工进行架体的正确使用和安全注意事项的再教育，考核后，结合作业部位分别授权。

(3) 脚手架在实施过程中，施工单位和操作班组应结合现场的实际情况，制订必要的其他措施。

(4) 脚手架在实施过程中，应注意积累、收集资料，总结经验教训，并将需要修改补充的意见及时反馈到技术部门，以便进一步修改、完善。

(5) 当发现架体出现异常情况后，现场管理人员及操作班组应当采取有效措施防止事故发生，并立即向施工单位工程部和有关部门报告。

2. 备案登记

附着式升降脚手架租赁单位在某一地区进行租赁使用，应当向当地有关部门申请备案登记，办理好相关备案手续后方可使用。

在房屋建筑物和基础设施施工现场，对已安装的附着式升降脚手架委托第三方检测合格，组织完成验收的施工单位可向当地主管部门申请办理使用登记，待使用登记办理完毕后方可进行使用。

现以××市办理使用登记所需资料（表6-1），举例说明如下：

××市附着式升降脚手架备案资料　　表6-1

序号	资　料	备　注
1	《××市附着式升降脚手架使用登记备案表》	表格应加盖施工总承包单位和监理单位公章
2	住房和城乡建设部出具的科学技术成果鉴定（评估）证书	科学技术成果鉴定（评估）证书应为住房和城乡建设部相关部门出具的对产品的鉴定、评估、验收证明，资料应加盖施工总承包单位公章
3	附着式升降脚手架产品合格证	附着式升降脚手架产品合格证应以每个单位工程为单位出具，作为每个单位工程上所使用的所有附着式升降脚手架产品合格的证明、资料应加盖施工总承包单位公章

续表

序号	资料	备注
4	附着式升降脚手架专业承包单位法人营业执照	资料应加盖施工总承包单位公章
5	附着式升降脚手架专业承包单位法人营业执照	资料应加盖施工总承包单位公章
6	附着式升降脚手架专业承包资质证书	资料应加盖施工总承包单位公章
7	建筑施工特种作业操作资格证书	建筑施工特种作业操作资格证书必须为建筑架子工（附着式升降脚手架类）。资料应加盖施工总承包单位公章
8	单位工程附着式升降脚手架检验检测报告	安装验收合格日期以检测报告检测合格日期为准；使用登记应在安装验收合格之日起30日内办理；检验检测报告应附有附着式升降脚手架机位布置图；资料应加盖施工总承包单位公章
9	单位工程附着式升降脚手架安装验收资料	资料应加盖施工总承包单位公章
10	某市建筑企业档案管理手册	资料应加盖施工总承包单位公章

6.2.2 安全施工保障

在实施附着式升降脚手架安装、升降、拆除时，应严格执行安全技术操作规程和执行国家有关安全施工法规，本着“安全第一、预防为主”的方针，努力做好安全工作，重点应注意以下事项：

（1）脚手架安装或拆除时，操作人员必须系好安全带，指挥与吊车人员应与架子工密切配合，以防意外发生。

（2）脚手架在升降时，架体上不得有除架子工以外的其他人员，且应清除脚手架上的杂物、模板和钢筋等。

（3）附着式升降脚手架的操作人员必须经过专门培训合格，并获得从业资格方可上岗。

（4）脚手架的操作人员应严格遵守工作纪律，严禁违规操作，严禁酒后上架操作。

（5）脚手架在升降时倒链的吊挂点应牢靠、稳固，每次升降前应取得升降许可证后方可升降。

（6）为防止脚手架在升降过程中发生意外，在升降前应检查摆针式防坠器的摆针是否灵活，摆针弹簧是否正常。

（7）应对现场施工人员进行升降架的正确使用和维护的安全教育，严禁任意拆除和损坏架体结构或防护设施，严禁超载使用，严禁直接在架体上将重物吊放或吊离。

（8）脚手架与建筑物之间的护栏和支撑物，不得任意拆除，以防意外发生。

(9) 脚手架在升降的过程中，脚手架上的物品均应清除，架体上严禁站人。不允许在夜间进行脚手架的升降操作。

(10) 在施工过程中，应经常对架体、配件等承重构件进行检查，如出现锈蚀严重、焊缝异常等情况，应及时进行处理。

(11) 升降任务完成后，应立即对该组架体进行检查验收，经检查验收取得准用证后方可使用。

(12) 在脚手架上的作业人员必须按要求佩戴安全带和工具包，以防坠人、坠物。

(13) 在脚手架升降的施工过程中，应建立严格的检查制度，班前班后及风雨之后均应有专人按制度认真检查。

6.2.3 防雷技术措施

附着式升降脚手架多数是高耸的金属构架，又紧靠在钢筋混凝土结构一侧，二者都是极易遭受雷击的对象，因此脚手架的防雷工作十分重要，必须采取可靠的避雷措施。

(1) 升降架如果在相邻建筑物、构筑物防雷保护范围之外，则应单独安装防雷装置，防雷装置的冲击接地电阻值不得大于 10Ω。

(2) 避雷针是最简单易做的避雷装置之一，它可用直径 25～48mm、壁厚不小于 3mm 的钢管或直径不小于 12mm 的圆钢制作，并将其顶部削尖，设在房屋升降架的立杆顶部上，高度不小于 1m，并将所有最上层的大横杆全部接通，形成避雷网络。

(3) 在建筑电气设计中，随着建筑物主体的施工，各种防雷接地线和引下线都在同步施工，建筑物的竖向钢筋就是防雷接地的引下线，所以当升降架一次上升工作完成时，在每组架上只要找一至两处，用直径大于 16mm 的圆钢把架体与建筑物主体结构的竖向钢筋焊接起来（焊缝长度应大于接地线直径的 6 倍），使架体良好接地，就能达到防雷的目的。

(4) 当脚手架的架体处于下降状态时，架体已处在楼顶避雷针的伞形防雷区内，这样就不需要在架体上再另外设置防雷装置了。

(5) 在每次提升架体前，必须将架体和建筑物主体结构的连接钢筋断开，将其放置在一边，然后再进行提升。提升到位后，再用连接圆钢筋把架体和建筑物主体结构竖向焊接起来。所有连接均应采取焊接，焊缝长度应大于接地线直径的 6 倍。

7 常见故障和现场安装主要问题

7.1 常见故障

7.1.1 电气线路问题

1. 升降时电控柜控制开关跳闸

（1）产生原因

1）附着式升降脚手架的总配电容量太小而不能正常启动。

2）电气设备漏电。

（2）处置方法

附着式升降脚手架的供电线路应单独敷设，并要有足够的用电容量。查找漏电原因，进行处理。

2. 升降时电动葫芦转速慢，出现只响不转现象

（1）产生原因

1）供电电压过低。

2）大面积一次提升，同时作业的葫芦数量较多，致使供电功率不足。

（2）处理方法

1）联系工地及当地电管部门保证供电。

2）当机位数较多时采取分片提升的方式进行。

7.1.2 由于荷载控制系统原因无法正常升降架体

升降时多数电动葫芦出现点动现象。

（1）产生原因

荷载控制系统超失载控制参数设置不合理。

（2）处理方法

1）合理采集升降初始值

由于架体的摩擦力，在升降时单个机位载重量有明显不同，如果初始值设置成一个，升降过程中很有可能超出或达到报警值的现象。

2）调整超失载报警值的比例设置

由于架体摩擦力或其他阻力原因，致使架体在升降时测得的力超出了设计的比例

范围，出现此状况应及时调整比例参数。

7.1.3 防坠落装置原因无法正常升降架体

升降过程中防坠落装置卡死，架体出现报警或停机

（1）产生原因

防坠安全制动器内漏入混凝土等杂物或部件缺失，内部传动机构失灵而阻碍导轨运动。

（2）处置方法

1）在结构施工时，因散落的混凝土较多，故要对防坠安全制动器进行保护，特别是制动口要有防止混凝土和建筑垃圾进入的防护，附着式升降脚手架每次升降前要进行检查和清理建筑垃圾。

2）及时检查防坠落装置状况，做好维护保养。

7.1.4 其他影响架体正常升降的故障

1. 升降时低速环链电动葫芦断链

（1）产生原因

1）大多数情况是在提升情况下吊钩的链轮内有混凝土、石子等杂物，当运转时链条在链轮内的节距已改变而拉坏链条。

2）低速环链电动葫芦运转时有翻链的情况，翻链的链条被拉坏。

（2）处置方法

附着式升降脚手架每次升降前应清理链轮内的建筑垃圾和混凝土，并加油润滑链条，一旦发生断链情况，首先对其他点位进行断电，此时防坠器生效，首先顶紧调节顶撑，然后更换电动葫芦，预紧并单独提升该点位置和其他点位平齐，松开防坠器后继续提升。

2. 升降时架体与支模架相碰

（1）产生原因

土建施工时支模架向建筑外伸出距离太大并进入附着式升降脚手架内，附着式升降脚手架在提升时硬把模板支撑系统或脚手架架体拉坏。

（2）处置方法

与土建施工项目部协调，要求木工在支模时支模架向建筑外伸出的距离不要大于20mm。

3. 提升时架体向外倾斜

（1）产生原因

1）机位处抗倾覆导向轮没有安装或安装不正确。

2）附着式升降脚手架机位与建筑物之间的距离较大，倾覆导向轮向外伸出距离太大或太软，抗倾覆效果较差。

（2）处置方法

每个机位须在相隔两层的位置安装抗倾覆导向轮，附着式升降脚手架上升时在第二层和第四层楼面位置安装抗倾覆导向轮，附着式升降脚手架下降时在第一层和第三层楼面位置安装抗倾覆导向轮。

4. 脚手架架体倾斜

（1）产生原因

通常情况下，是由于防倾装置安装不当或失灵，导致架体向内或向外倾斜。

（2）处置方法

1）检查防倾装置安装是否正确，若防倾装置数量不足应根据设计加装；若防倾装置间距过小按设计要求进行调整；若防倾装置安装位置不正确，例如最高一组防倾装置的安装高度低于架体的重心位置，应按设计要求进行调整；若防倾装置的支撑臂调整不当，应进行调整直至架体满足垂直度要求。

2）检查防倾装置是否有效，若部件损坏，应及时更换；若防倾装置与建筑结构附着不当，应按设计要求进行安装或调整。若可滑动导向件与导轨的间隙过大，应及时调整。

5. 机位运行不同步

（1）产生原因

通常情况下，机位不同步主要是由于电动葫芦提升速度不一致造成的。

（2）处理方法

1）动力电动葫芦不是同厂同批次产品，其转运速度不一致，须更换新的同厂同批次电动葫芦。

2）同步性监控方法落后，改人工测量监控为电子监控。

3）电动葫芦控制按钮接触性不好，时好时坏，引起葫芦断续工作，人为难以察觉。因此须经常性检查按钮触点工作状态，一有情况须立即更换。

6. 机位锁锁死处理

（1）产生原因

1）导轨偏差。

2）机位运行不同步。

3）架体与建筑物上突出物（如钢管、模板等）发生受阻情况而引起的某机位突然短距离坠落。

（2）处理方法

在发生误锁情况时，必须立即停止施工作业，把误锁机位左右一到二个机位提起到比锁死机位略高位置时再与锁死机位同时提起 1cm 左右，使锁夹松开，然后重新调整锁夹间隙和各机位高度后重新进行升降作业。

7.2 现场安装存在主要问题

7.2.1 架体尺寸参数问题

2004 年建设部颁布的《建筑施工附着式升降脚手架管理暂行规定》中要求架体全高不超过 5 倍楼层高度，架体相邻机位跨度不超 8m（曲线跨度不超 5.4m），悬挑部分不得超过 2m，悬臂部分不得超出 6m 且不超架体全高的五分之二等。但由于建筑结构或施工的要求，有时不可避免地要超出标准要求，这是在现场安装验收常遇到的问题，一般在这种情况下，要求架体增加合理的安全措施，例如，加可靠临时拉结，增加机位间的卸荷措施等，并要求其方案通过专家论证。

7.2.2 升降系统问题

提升系统包括提升支座、电动葫芦和钢丝绳等组成。在现场安装使用中常出现的问题有的电动葫芦不满挂；提升支座螺栓松动（无备母弹垫或未露丝）；提升支座安装位置不合理，致使电动葫芦斜拉架体；提升上支座用钢丝绳代替；钢丝绳直接担设于墙体上等问题，如图 7-1～图 7-3 所示。

图 7-1　提升支座用钢丝绳代替并直接担设于阳台板

图 7-2　电动葫芦斜拉架体

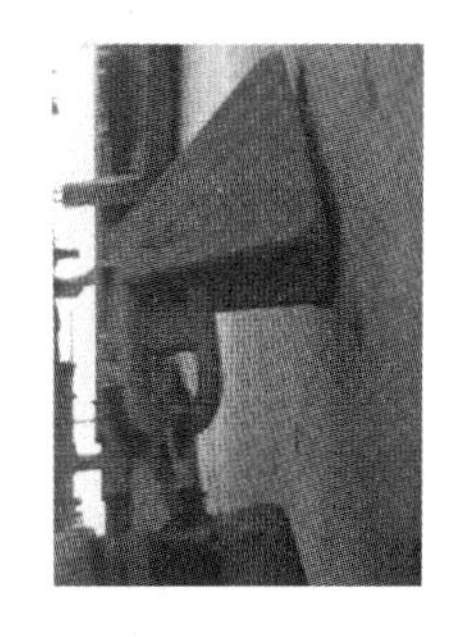

图 7-3　提升支座螺栓松动

7.2.3 防坠系统问题

对于附着式升降脚手架，防坠系统尤为重要，它是保证架体升降过程安全的主要保障。一般也是安装验收重点查看的部分。对于防坠系统，各个厂家生产差别很大，目前常用的有钢吊杆式、转轮式、摆针式等。对于不同防坠器安装时出现问题也不同。

1. 钢吊杆式的防坠器安装出现主要问题

钢吊杆式的防坠器是依靠钢吊杆的运行速度触发的。对于钢吊杆式的防坠器，由于在每次爬升后须重新安装吊杆及支座，所以现场工人往往忽略或漏装钢吊杆、在安装过程中支座螺栓未上紧等，如图 7-4、图 7-5 所示。此外，钢吊杆弯曲变形也是常遇到问题，如图 7-6 所示，但由于弯曲会影响架体提升，一般安装单位会及时纠正。

图 7-4 钢吊杆未安装

图 7-5 支座螺栓松动

2. 转轮式防坠器安装出现主要问题

转轮式防坠器是靠架体运行速度触发，一般靠弹簧或转轮自重复位。对于此类防坠器常因防尘措施不到位出现卡死现象，不能正常升降，如图 7-7 所示；对于靠弹簧复位的转轮防坠器，经常出现弹簧疲劳失效、塑性变形或未安装现象。

图 7-6 钢吊杆变形

图 7-7 防坠器缺少防尘措施并卡死

3. 摆针式防坠器安装出现主要问题

摆针式防坠器是一种靠弹簧松紧度来触发的防坠器，一般通过弹簧与提升装置连接，在架体提升装置受力后自行恢复。对于此类防坠器，安装时连接弹簧或钢丝绳的张紧度就尤为重要，也是现场出现问题较多的部分，如弹簧漏装、张紧度不合适等。

7.2.4 卸荷系统问题

附墙支座是架体的卸荷结构，架体自重及施工荷载全部通过附墙支座传递到主体结构上。由此可见，其安全性也是尤为重要的。

附墙支座一般是由板材和杆件焊接或铰接而成，有些厂家将防坠器设置其中，通过穿墙螺栓与墙体连接起来，实现卸荷目的。对于附墙支座，现场安装问题一般有：安装倾斜、穿墙螺栓不规范（松动、缺备母或弹垫、螺母未露丝、螺栓预埋偏移、未漏三丝，螺母不紧），如图 7-8～图 7-12 所示。有时由于建筑结构问题，附墙支座安装在挑梁（或板凳）一端或三角件上，挑梁（或板凳）或三角件固定于建筑结构上，挑梁（或板凳）安装时出现备母松动、安装板凳尺寸设置不合理和垫木枋等现象，如图 7-13～图 7-14 所示。此外，有时由于现场人员或其他原因，会出现架体提升后导座上调不及时的现象。

图 7-8 支座安装倾斜

图 7-9 缺备母

图 7-10 穿墙螺栓松动

图 7-11 螺栓预埋偏移

图7-12 未漏三丝，螺母不紧

图 7-13 备母松动

图 7-14　板凳尺寸不合理同时垫木枋

7.2.5　荷载控制系统问题

在《建筑施工工具式脚手架安全技术规范》JGJ 202—2010 规范中要求架体必须安装荷载控制系统，要求其在超欠载 15%报警，超欠载 30%时断电停机。目前，生产厂家多在提升系统中加入一个拉力传感器来测量每个机位的拉力，将测量值传递到控制箱，与设置的值进行对比计算。但是，在现场安装使用时常出现拉力传感器未安装、连接线未接或断开的现象。此外，由于现在安装人员的专业水平有限，时常出现数值设置不准确或由于设置有误系统无法正常工作等问题。

7.2.6　其他注意事项

（1）水平防护不到位。水平防护包括底部硬防护、上部水平防护等。由于建筑物外形的不规则，加上施工班组的交叉作业，水平防护是最容易破坏而出现安全隐患的部位。

（2）卸料平台是脚手架施工的最大危险源。由于它是独立承载物料重量，且悬挂于脚手架架体以外，最容易造成物料坠落伤人事故。控制卸料平台的施工荷载是平台安全使用的最基本保证。同时做到材料即装即吊，不准交班和过夜，并做好平台的交接使用记录工作。

（3）脚手架运行过程中的障碍物是脚手架最常遇见的最基本问题。这就要求在脚手架升降前，从脚手架的底部到顶部全方位检查并拆除障碍物，保证架体运行平稳。

（4）脚手架的同步控制问题。目前在施工现场采用的几乎都是刻度标尺观察记录控制，同时采用同型号同批次的电动葫芦。每次升降前通过做电动葫芦链条空放的试验来检查其空载时的同步性从而来保证承载时的同步。升降过程中出现超过规定的不同步参数时，要立即处理，采用单机调整的方式来达到架体的水平度。当出现某一机位严重不同步时要采取更换电动葫芦等方式来解决。

(5) 提前提升问题。项目部为赶工期，在主体结构混凝土强度尚未达到要求时，就要求提升脚手架，这样容易造成提升架在提升过程中发生垮塌垮架事故。

7.3 附着式升降脚手架安全事故实例

在国内建筑施工工地历年发生的安全事故中，与脚手架有关的大致占1/4左右，脚手架作业是建筑工地安全事故的多发区，下面列举几起脚手架重大事故。

7.3.1 事故一

2012年，某建设工地发生附着式升降脚手架坠落事故，造成10人死亡、2人受伤，是该省首次发生的房屋建筑施工重大安全生产事故。

事故分析：

1. 技术方面

据相关专家分析，作业人员违规、违章作业是造成该起事故发生的主要原因。按照规定，附着式升降脚手架在准备下降时，应先悬挂电动葫芦，然后撤离架体上的人员，最后拆除定位承力构件，方可进行下降。据初步调查，在这起事故中，作业人员在没有先悬挂电动葫芦，而且架体本身安装的防坠落装置未能有效起作用，在架体一断开处下坠后，由于不能及时制动，导致连锁反应，架体坠落。此外，操作过程中在未能撤清架体上人员的情况下就直接进行脚手架下降作业，也是这次事故的原因之一。

2. 管理方面

租赁单位存在资质挂靠、违法分包等现象。为了节约成本，电动葫芦配置数量不够，且在安装不到位情况未能及时处理，施工现场管理混乱；现场技术人员培训不到位，未能按照操作规程操作，也是造成这次事故的原因之一。

7.3.2 事故二

2018年某月，某商住楼工地附着式升降脚手架在施工中发生架体严重变形、结构件损坏无法使用事故。该商住楼西边单元架体在下运行过程中，由于一个机位防坠器故障卡阻了导轨，造成架体下运行过程中架体严重变形，导致结构件损坏无法使用，只得做拆除处理。

事故分析：

1. 技术方面

(1) 防坠器构件设计不合理，在下运行过程中容易失效，也容易发生卡阻现象。该架体采用的星轮式防坠器，在正常下运行过程中也发生了卡阻现象，不能自动复位，且架体防坠器长期没有进行维护保养，导致不能正常工作。

（2）同步控制系统失效。在运行过程中一个机位发生卡阻不能正常下运行时，该机位失载，同时两侧机位超载，同步荷载控制系统对失载和超载情况不能及时报警，更不能在失载和超载情况下自动停机，同步控制系统形同虚设。

2. 管理方面

（1）在运行过程中现场监督不到位，运行时操作人员配备不足；操作人员责任心不强，导致巡查不到位，出现问题不能及时发现；在作业过程中没有认真履行职责，没能对运行情况进行实时监控。

（2）现场管理人员对架体关键部位检查不严或检查出问题后不能及时采取有效处理措施；各构件没有按照要求定期进行维护保养，且安全意识薄弱；对工人监管不严，没有严格执行安全技术交底制度。

3. 事故教训与警示

（1）脚手架施工单位必须严格按照施工方案和操作规程进行施工，制定合理的检查制度，对架体安全装置定期检查和保养，发现问题及时整改，消除安全隐患；严格执行安全技术交底制度，确保架体安全装置齐全有效，确保架体各结构件正常。

（2）脚手架使用单位必须严格监督脚手架施工单位严格落实安全专项施工方案，认真履行各项安全制度，对架体结构进行仔细检查，核实脚手架形式、构配件等是否与鉴定产品一致。在架体搭拆、升降作业时派专人监督，在架体使用和运行前严格落实检查制度。

7.3.3 事故三

2019年3月某工程工地，发生一起附着式升降脚手架坍塌事故，致多人死伤。

事故分析：

1. 直接原因

（1）违规采用钢丝绳替代爬架提升支座，人为拆除爬架所有防坠器防倾覆装置，并拔掉同步控制装置信号线，在架体邻近吊点荷载增大，引起局部损坏时，架体失去超载保护和停机功能，产生连锁反应，造成架体整体坠落。

（2）作业人员违规在下降的架体上作业和在落地架上交叉作业，导致事故后果扩大。

2. 间接原因

（1）项目管理混乱

1）施工公司未认真履行统一协调、管理职责，现场安全管理混乱。

2）该项目安全员兼任施工员删除爬架下降作业前检查验收表中监理单位签字栏。

3）备案项目经理长期不在岗，安全员充当现场实际负责人，冒充项目经理签字，相关方未采取有效措施予以制止。

4）项目部安全管理人员与劳务人员作业时间不一致，作业过程缺乏有效监督。

（2）违章指挥

1）安全部负责人通过微信形式，指挥爬架施工人员拆除爬架部分防坠防倾覆装置（实际已全部拆除），致使爬架失去防坠控制。

2）项目部工程部经理、安全员违章指挥爬架分包单位与劳务分包单位人员在爬架和落地架上同时作业。

3）在落地架未经验收合格的情况下，违章指挥劳务分包单位人员上架从事外墙抹灰作业。

4）在爬架下降过程中，违章指挥劳务分包单位人员在爬架架体上从事墙洞修补作业。

（3）工程项目存在挂靠、违法分包和架子工持假证等问题

1）采用挂靠资质方式承揽爬架工程项目。

2）违法将劳务作业发包给不具备资质的个人承揽。

3）爬架作业人员持有的架子工资格证书存在伪造情况。

（4）工程监理不到位

1）监理公司发现爬架在下降作业存在隐患的情况下，未采取有效措施予以制止。

2）监理公司未按住房和城乡建设部有关危大工程检查的相关要求检查爬架项目。

3）监理公司明知分包单位项目经理长期不在岗和相关人员冒充项目经理签字的情况下，未跟踪督促落实到位。

（5）监管责任落实不力

住房和城乡建设局建筑施工安全管理方面存在工作基础不牢固、隐患排查整治不彻底、安全风险化解不到位、危大工程管控不力，监管责任履行不深入、不细致等问题，没有从严从实从细抓好建设工程安全监管各项工作。

鉴于上述原因分析，调查组认定，该起事故因违章指挥、违章作业、管理混乱引起，交叉作业导致事故后果扩大。事故等级为“较大事故”，事故性质为“生产安全责任事故”。

附　　录

附录 A　住房和城乡建设部关于印发《建筑施工特种作业人员管理规定》的通知

第一章　总　　则

第一条

为加强对建筑施工特种作业人员的管理，防止和减少生产安全事故，根据《安全生产许可证条例》《建筑起重机械安全监督管理规定》等法规规章，制定本规定。

第二条

建筑施工特种作业人员的考核、发证、从业和监督管理，适用本规定。本规定所称建筑施工特种作业人员是指在房屋建筑和市政工程施工活动中，从事可能对本人、他人及周围设备设施的安全造成重大危害作业的人员。

第三条

建筑施工特种作业包括：（一）建筑电工；（二）建筑架子工；（三）建筑起重信号司索工；（四）建筑起重机械司机；（五）建筑起重机械安装拆卸工；（六）高处作业吊篮安装拆卸工；（七）经省级以上人民政府建设主管部门认定的其他特种作业。

第四条

建筑施工特种作业人员必须经建设主管部门考核合格，取得建筑施工特种作业人员操作资格证书（以下简称“资格证书”），方可上岗从事相应作业。

第五条

国务院建设主管部门负责全国建筑施工特种作业人员的监督管理工作。省、自治区、直辖市人民政府建设主管部门负责本行政区域内建筑施工特种作业人员的监督管理工作。

第二章　考　　核

第六条

建筑施工特种作业人员的考核发证工作，由省、自治区、直辖市人民政府建设主管部门或其委托的考核发证机构（以下简称“考核发证机关”）负责组织实施。

第七条

考核发证机关应当在办公场所公布建筑施工特种作业人员申请条件、申请程序、工作时限、收费依据和标准等事项。考核发证机关应当在考核前在机关网站或新闻媒体上公布考核科目、考核地点、考核时间和监督电话等事项。

第八条

申请从事建筑施工特种作业的人员，应当具备下列基本条件：（一）年满18周岁且符合相关工种规定的年龄要求；（二）经医院体检合格且无妨碍从事相应特种作业的疾病和生理缺陷；（三）初中及以上学历；（四）符合相应特种作业需要的其他条件。

第九条

符合本规定第八条规定的人员应当向本人户籍所在地或者从业所在地考核发证机关提出申请，并提交相关证明材料。

第十条

考核发证机关应当自收到申请人提交的申请材料之日起5个工作日内依法作出受理或者不予受理决定。对于受理的申请，考核发证机关应当及时向申请人核发准考证。

第十一条

建筑施工特种作业人员的考核内容应当包括安全技术理论和实际操作。考核大纲由国务院建设主管部门制定。

第十二条

考核发证机关应当自考核结束之日起10个工作日内公布考核成绩。

第十三条

考核发证机关对于考核合格的，应当自考核结果公布之日起10个工作日内颁发资格证书；对于考核不合格的，应当通知申请人并说明理由。

第十四条

资格证书应当采用国务院建设主管部门规定的统一样式，由考核发证机关编号后签发。资格证书在全国通用。资格证书样式见附件一，编号规则见附件二。

第三章　从　　业

第十五条

持有资格证书的人员，应当受聘于建筑施工企业或者建筑起重机械出租单位（以下简称用人单位），方可从事相应的特种作业。

第十六条

用人单位对于首次取得资格证书的人员，应当在其正式上岗前安排不少于3个月的实习操作。

第十七条

建筑施工特种作业人员应当严格按照安全技术标准、规范和规程进行作业，正确佩戴和使用安全防护用品，并按规定对作业工具和设备进行维护保养。建筑施工特种作业人员应当参加年度安全教育培训或者继续教育，每年不得少于24小时。

第十八条

在施工中发生危及人身安全的紧急情况时，建筑施工特种作业人员有权立即停止作业或者撤离危险区域，并向施工现场专职安全生产管理人员和项目负责人报告。

第十九条

用人单位应当履行下列职责：（一）与持有效资格证书的特种作业人员订立劳动合同；（二）制定并落实本单位特种作业安全操作规程和有关安全管理制度；（三）书面告知特种作业人员违章操作的危害；（四）向特种作业人员提供齐全、合格的安全防护用品和安全的作业条件；（五）按规定组织特种作业人员参加年度安全教育培训或者继续教育，培训时间不少于 24 小时；（六）建立本单位特种作业人员管理档案；（七）查处特种作业人员违章行为并记录在档；（八）法律法规及有关规定明确的其他职责。

第二十条

任何单位和个人不得非法涂改、倒卖、出租、出借或者以其他形式转让资格证书。

第二十一条

建筑施工特种作业人员变动工作单位，任何单位和个人不得以任何理由非法扣押其资格证书。

第四章　延　期　复　核

第二十二条

资格证书有效期为两年。有效期满需要延期的，建筑施工特种作业人员应当于期满前 3 个月内向原考核发证机关申请办理延期复核手续。延期复核合格的，资格证书有效期延期 2 年。

第二十三条

建筑施工特种作业人员申请延期复核，应当提交下列材料：（一）身份证（原件和复印件）；（二）体检合格证明；（三）年度安全教育培训证明或者继续教育证明；（四）用人单位出具的特种作业人员管理档案记录；（五）考核发证机关规定提交的其他资料。

第二十四条

建筑施工特种作业人员在资格证书有效期内，有下列情形之一的，延期复核结果为不合格：（一）超过相关工种规定年龄要求的；（二）身体健康状况不再适应相应特种作业岗位的；（三）对生产安全事故负有责任的；（四）2 年内违章操作记录达 3 次（含 3 次）以上的；（五）未按规定参加年度安全教育培训或者继续教育的；（六）考核发证机关规定的其他情形。

第二十五条

考核发证机关在收到建筑施工特种作业人员提交的延期复核资料后，应当根据以下情况分别作出处理：（一）对于属于本规定第二十四条情形之一的，自收到延期复核资料之日起5个工作日内作出不予延期决定，并说明理由；（二）对于提交资料齐全且无本规定第二十四条情形的，自受理之日起10个工作日内办理准予延期复核手续，并在证书上注明延期复核合格，并加盖延期复核专用章。

第二十六条

考核发证机关应当在资格证书有效期满前按本规定第二十五条作出决定；逾期未作出决定的，视为延期复核合格。

第五章　监　督　管　理

第二十七条

考核发证机关应当制定建筑施工特种作业人员考核发证管理制度，建立本地区建筑施工特种作业人员档案。县级以上地方人民政府建设主管部门应当监督检查建筑施工特种作业人员从业活动，查处违章作业行为并记录在档。

第二十八条

考核发证机关应当在每年年底向国务院建设主管部门报送建筑施工特种作业人员考核发证和延期复核情况的年度统计信息资料。

第二十九条

有下列情形之一的，考核发证机关应当撤销资格证书：（一）持证人弄虚作假骗取资格证书或者办理延期复核手续的；（二）考核发证机关工作人员违法核发资格证书的；（三）考核发证机关规定应当撤销资格证书的其他情形。

第三十条

有下列情形之一的，考核发证机关应当注销资格证书：（一）依法不予延期的；（二）持证人逾期未申请办理延期复核手续的；（三）持证人死亡或者不具有完全民事行为能力的；（四）考核发证机关规定应当注销的其他情形。

第六章　附　　则

第三十一条

省、自治区、直辖市人民政府建设主管部门可结合本地区实际情况制定实施细则，并报国务院建设主管部门备案。

第三十二条

本办法自2008年6月1日起施行。

附件略。

附录B 《建筑施工附着式升降脚手架管理暂行规定》(建建〔2000〕230号)

第一章 总 则

第一条 为贯彻“安全第一，预防为主”的方针和《中华人民共和国建筑法》，加强建筑施工附着式升降脚手架（以下简称“附着式升降脚手架”）的管理，保证施工安全，制定本规定。

第二条 本规定适用于在高层、超高层建筑工程结构上使用的由不同形式的架体、附着支承结构、升降设备和升降方式组成的各类附着式升降脚手架。

第三条 各类附着式升降脚手架的设计、制作、安装、使用和拆卸都必须执行本规定，并应遵守相关现行国家和行业的规程、规范、标准和规定。

第四条 建设部对附着式升降脚手架实行统一管理。各省、自治区和直辖市的建设行政主管部门对本辖区内附着式升降脚手架实施监督管理。

第二章 设 计 计 算

第五条 附着式升降脚手架的设计应执行本规定和《建筑结构荷载规范》(GBJ 9)《钢结构设计规范》(GBJ 17)、《冷弯薄壁型钢结构技术规范》(GBJ 18)、《混凝土结构设计规范》(GBJ 10)、《编制建筑施工脚手架安全技术标准的统一规定》(修订稿）以及其他有关标准。

第六条 附着式升降脚手架的架体结构和附着支承结构应按“概率极限状态法”进行设计计算，承载力设计表达式为：

$$\gamma_0 \leqslant SR$$

式中 γ_0——结构重要性系数，取0.9；

S——荷载效应；

R——结构抗力。

第七条 附着式升降脚手架升降结构中的升降动力设备、吊具、索具，按“容许应力设计法”进行设计计算，执行本规定和有关起重吊装的现行规范，计算表达式为：

$$\sigma \leqslant [\sigma]$$

式中 σ——设计应力；

$[\sigma]$——容许应力。

第八条 附着式升降脚手架的各组成部分应按其结构形式、工作状态和受力情况，分别确定在使用、升降和坠落三种不同状况下的计算简图，并按最不利情况进行计算和验算。必要时应通过整体模型试验验证脚手架架体结构的设计承载能力。

第九条　附着式升降脚手架设计中荷载标准值应分使用、升降及坠落三种状况按以下规定分别确定：

1. 恒载标准值

包括架体结构、围护设施、作业层设施以及固定于架体结构上的升降机构和其他设备、装置的自重，其值可按现行《建筑结构荷载规范》（GBJ 9）附录一确定。对于木脚手板及竹串片脚手板，取自重标准值为 0.35kN/m^2。

2. 施工活荷载标准值 Q_K

包括施工人员、材料及施工机具等自重；可按施工设计确定的控制荷载采用，但其取值不得小于以下规定：

结构施工按二层同时作业计算，使用状况时按每层 3kN/m^2 计算，升降及坠落状况时按每层 0.5kN/m^2 计算；装修施工按三层同时作业计算，使用状况时按每层 2kN/m^2 计算，升降及坠落状况时按每层 0.5kN/m^2 计算。

3. 风荷载标准值 w_K 按下式计算：

$$w_K = k\mu_S \cdot \mu_Z w_O$$

式中　k——风压折减系数，在取当地基本风压值时，取 0.7；

μ_S——脚手架风荷载体型系数，按表 1 选用。

脚手架风荷载体型系数　　**表 1**

背靠建筑物状况	全封闭	敞开、开洞
μ_S	1.0ϕ	1.3ϕ

表中：ϕ 为脚手架封闭情况确定的挡风系数，$\phi=\frac{脚手架挡风面积}{脚手架迎风面积}$，当用彩条布做脚手架围挡时，取 ϕ=1.0；

μ_Z——风压高度变化系数，按现行的《建筑结构荷载规范》（GBJ 9）的规范取用；

w_O——基本风压，使用状况下按现行的《建筑结构荷载规范》（GBJ 9）的规定取用；升降及坠落状况可取 0.25kN/m^2。

第十条　附着式升降脚手架各组成部分的设计应按表 2 的规定计入相应的荷载计算系数。

荷载计算系数　　**表 2**

<table>
<tr><th colspan="2" rowspan="2">设计项目</th><th colspan="2">应计入的计算系数</th><th rowspan="2">设计方法</th></tr>
<tr><th>使用工况</th><th>升降及其坠落工况</th></tr>
<tr><td rowspan="3">架体结构</td><td>构架</td><td>$(\gamma_G\gamma_Q\psi),\gamma'_m$</td><td>—</td><td rowspan="5">概率极限状态法</td></tr>
<tr><td>竖向主框架</td><td rowspan="4">$\gamma_1(\gamma_G\gamma_Q\psi)$</td><td rowspan="4">$\gamma_2(\gamma_G\gamma_Q\psi)$</td></tr>
<tr><td>水平梁架</td></tr>
<tr><td colspan="2">附着支承结构</td></tr>
<tr><td colspan="2">防倾、防坠落装置</td></tr>
</table>

续表

设计项目	应计入的计算系数		设计方法
	使用工况	升降及其坠落工况	
升降动力设备	—	γ_2	容许应力法
索具、吊具	γ_1	γ_2	

表中：γ_G——永久荷载分项系数，一般取1.2，但当有利于抗倾覆验算时，取0.9；

γ_Q——可变荷载分项系数，取1.4；

ψ——可变荷载组合系数，取0.85；

γ'_m——结构抗力调整系数，按《编制建筑施工脚手架安全技术标准的统一规定》（修订稿）确定；

γ_1，γ_2——荷载变化系数，$\gamma_1=1.3$，$\gamma_2=2.0$

第十一条 采用“概率极限状态”设计时，按承载力极限状态设计的计算荷载取荷载的设计值；按使用极限状态设计的计算荷载取荷载的标准值。

第十二条 索具、吊具按表2的规定进行设计计算时，其安全系数的取值参照相关的设计规范确定，但升降机构中使用的索具、吊具的安全系数不得小于6.0。

第十三条 对于升降动力设备，其容许荷载的取值参照相关的设计规范确定，当无规定时可取其额定荷载。

第十四条 螺栓连接强度的设计值应按表3取用；

螺栓连接强度设计值（N/mm^2） **表3**

钢号	抗拉 f_t^b	抗剪 f_v^b
Q235	170	130

第十五条 受压构件的长细比应不大于150。

受弯构件的容许挠度应不超过表4规定的允许值：

受弯构件的容许挠度值 **表4**

构件类别	容许挠度
大横杆 、小横杆	$L/150$
水平支承结构	$L/200$
其他受弯构件	$L/300$

第十六条 附着式升降脚手架架体的脚手架构件部分的设计执行《编制建筑施工脚手架安全技术标准的统一规定》（修订稿）。

第十七条 附着支承结构的平面布置必须依据安全要求和工程情况审慎设计，避免出现超过其设计承载能力的工作状态。

第三章 构 造 与 装 置

第十八条 附着式升降脚手架的架体尺寸应符合以下规定：

1. 架体高度不应大于5倍楼层高。

2. 架体宽度不应大于1.2m。

3. 直线布置的架体支承跨度不应大于8m。折线或曲线布置的架体支承跨度不应大于5.4m。

4. 整体式附着式升降脚手架架体的悬挑长度不得大于1/2水平支承跨度和3m；单片式附着式升降脚手架架体的悬挑长度不应大于1/4水平支承跨度。

5. 升降和使用工况下，架体悬臂高度均不应大于6.0m和2/5架体高度。

6. 架体全高与支承跨度的乘积不应大于110m^2。

第十九条　附着式升降脚手架应具有足够强度和适当刚度的架体结构；应具有安全可靠的能够适应工程结构特点的附着支承结构；应具有安全可靠的防倾覆装置、防坠落装置；应具有保证架体同步升降和监控升降荷载的控制系统；应具有可靠的升降动力设备；应设置有效的安全防护，以确保架体上操作人员的安全，并防止架体上的物料坠落伤人。

第二十条　附着式升降脚手架的架体结构应符合以下规定：

1. 架体必须在附着支承部位沿全高设置定型加强的竖向主框架，竖向主框架应采用焊接或螺栓连接的片式框架或格构式结构，并能与水平梁架和架体构架整体作用，且不得使用钢管扣件或碗扣架等脚手架杆件组装。竖向主框架与附着支承结构之间的导向构造不得采用钢管扣件、碗扣架或其他普通脚手架连接方式。

2. 架体水平梁架应满足承载和与其余架体整体作用的要求，采用焊接或螺栓连接的定型桁架梁式结构；当用定型桁架构件不能连续设置时，局部可采用脚手架杆件进行连接，但其长度不能大于2m，并且必须采取加强措施，确保其连接刚度和强度不低于桁架梁式结构。主框架、水平梁架的各节点中，各杆件的轴线应汇交于一点。

3. 架体外立面必须沿全高设置剪刀撑，剪刀撑跨度不得大于6.0m；其水平夹角为45°～60°，并应将竖向主框架、架体水平梁架和构架连成一体。

4. 悬挑端应以竖向主框架为中心成对设置对称斜拉杆，其水平夹角应不小于45°。

5. 单片式附着式升降脚手架必须采用直线形架体。

第二十一条　架体结构在以下部位应采取可靠的加强构造措施：

1. 与附着支承结构的连接处。

2. 架体上升降机构的设置处。

3. 架体上防倾、防坠装置的设置处。

4. 架体吊拉点设置处。

5. 架体平面的转角处。

6. 架体因碰到塔吊、施工电梯、物料平台等设施而需要断开或开洞处。

7. 其他有加强要求的部位。

第二十二条 物料平台必须将其荷载独立传递给工程结构。在使用工况下，应有可靠措施保证物料平台荷载不传递给架体。物料平台所在跨的附着式升降脚手架应单独升降，并应采取加强措施。

第二十三条 附着支承结构必须满足附着式升降脚手架在各种工况下的支承、防倾和防坠落的承力要求，其设置和构造应符合以下规定：

1. 附着支承结构采用普通穿墙螺栓与工程结构连接时，应采用双螺母固定，螺杆露出螺母应不少于3扣。垫板尺寸应设计确定，且不得小于80mm×80mm×8mm。

2. 当附着点采用单根穿墙螺栓锚固时，应具有防止扭转的措施。

3. 附着构造应具有对施工误差的调整功能，以避免出现过大的安装应力和变形。

4. 位于建筑物凸出或凹进结构处的附着支承结构应单独进行设计，确保相应工程结构和附着支承结构的安全。

5. 对附着支承结构与工程结构连接处混凝土的强度要求应按计算确定，并不得小于C10。

6. 在升降和使用工况下，确保每一架体竖向主框架能够单独承受该跨全部设计荷载和倾覆作用的附着支承构造均不得少于二套。

第二十四条 附着式升降脚手架的防倾装置必须与竖向主框架、附着支承结构或工程结构可靠连接，并遵守以下规定：

1. 防倾装置应用螺栓同竖向主框架或附着支承结构连接，不得采用钢管扣件或碗扣方式。

2. 在升降和使用两种工况下，位于在同一竖向平面的防倾装置均不得少于二处，并且其最上和最下一个防倾覆支承点之间的最小间距不得小于架体全高的1/3。

3. 防倾装置的导向间隙应小于5mm。

第二十五条 附着式升降脚手架的防坠落装置必须符合以下要求：

1. 防坠落装置应设置在竖向主框架部位，且每一竖向主框架提升设备处必须设置一个。

2. 防坠装置必须灵敏、可靠，其制动距离对于整体式附着式升降脚手架不得大于80mm，对于单片式附着式升降脚手架不得大于150mm。

3. 防坠装置应有专门详细的检查方法和管理措施，以确保其工作可靠、有效。

4、防坠装置与提升设备必须分别设置在两套附着支承结构上，若有一套失效，另一套必须能独立承担全部坠落荷载。

第二十六条 附着式升降脚手架的升降动力设备应满足附着式升降脚手架使用工作性能的要求，升降吊点超过两点时，不能使用手拉葫芦。升降动力控制台应具备相应的功能，并应符合相应的安全规程。

第二十七条 同步及荷载控制系统应通过控制各提升设备间的升降差和控制各提

升设备的荷载来控制各提升设备的同步性，且应具备超载报警停机、欠载报警等功能。

第二十八条　附着式升降脚手架的安全防护措施应满足以下要求：

1. 架体外侧必须用密目安全网（≥800 目/100cm^2）围挡；密目安全网必须可靠固定在架体上。

2. 架体底层的脚手板必须铺设严密，且应用平网及密目安全网兜底。应设置架体升降时底层脚手板可折起的翻板构造，保持架体底层脚手板与建筑物表面在升降和正常使用中的间隙，防止物料坠落。

3. 在每一作业层架体外侧必须设置上、下两道防护栏杆（上杆高度 1.2m，下杆高度 0.6m）和挡脚板（高度 180mm）。

4. 单片式和中间断开的整体式附着式升降脚手架，在使用工况下，其断开处必须封闭并加设栏杆；在升降工况下，架体开口处必须有可靠的防止人员及物料坠落的措施。

第二十九条　附着式升降脚手架在升降过程中，必须确保升降平稳。

第四章　加　工　制　作

第三十条　附着式升降脚手架构配件的制作，必须具有完整的设计图纸、工艺文件、产品标准和产品质量检验规则；制作单位应有完善有效的质量管理体系，确保产品质量。

第三十一条　制作构配件的原、辅材料的材质及性能应符合设计要求，并按规定对其进行验证和检验。

第三十二条　加工构配件的工装、设备及工具应满足构配件制作精度的要求，并定期进行检查。工装应有设计图纸。

第三十三条　附着式升降脚手架构配件的加工工艺，应符合现行有关标准的相应规定，所用的螺栓连接件，严禁采用钣牙套丝或螺纹锥攻丝。

第三十四条　附着式升降脚手架构配件应按照工艺要求及检验规则进行检验。对附着支承结构、防倾防坠落装置等关键部件的加工件要有可追溯性标识，加工件必须进行 100%检验。构配件出厂时，应提供出厂合格证。

第五章　安装、使用和拆卸

第三十五条　使用前，应根据工程结构特点、施工环境、条件及施工要求编制“附着式升降脚手架专项施工组织设计”，并根据本规定有关要求办理使用手续，备齐相关文件资料。

第三十六条　施工人员必须经过专项培训。

第三十七条　组装前，应根据专项施工组织设计要求，配备合格人员，明确岗位职责，并对有关施工人员进行安全技术交底。

第三十八条 附着式升降脚手架所用各种材料、工具和设备应具有质量合格证、材质单等质量文件。使用前应按相关规定对其进行检验。不合格产品严禁投入使用。

第三十九条 附着式升降脚手架在每次升降以及拆卸前应根据专项施工组织设计要求对施工人员进行安全技术交底。

第四十条 整体式附着式升降脚手架的控制中心应设专人负责操作，禁止其他人员操作。

第四十一条 附着式升降脚手架在首层组装前应设置安装平台，安装平台应有保障施工人员安全的防护设施，安装平台的水平精度和承载能力应满足架体安装的要求。

第四十二条 附着式升降脚手架的安装应符合以下规定：

1. 水平梁架及竖向主框架在两相邻附着支承结构处的高差应不大于 20mm。

2. 竖向主框架和防倾导向装置的垂直偏差应不大于 5‰ 和 60mm。

3. 预留穿墙螺栓孔和预埋件应垂直于结构外表面，其中心误差应小于 15mm。

第四十三条 附着式升降脚手架组装完毕，必须进行以下检查，合格后方可进行升降操作：

1. 工程结构混凝土强度应达到附着支承对其附加荷载的要求。

2. 全部附着支承点的安装符合设计规定，严禁少装附着固定连接螺栓和使用不合格螺栓。

3. 各项安全保险装置全部检验合格。

4. 电源、电缆及控制柜等的设置符合用电安全的有关规定。

5. 升降动力设备工作正常。

6. 同步及荷载控制系统的设置和试运效果符合设计要求。

7. 架体结构中采用普通脚手架杆件搭设的部分，其搭设质量达到要求。

8. 各种安全防护设施齐备并符合设计要求。

9. 各岗位施工人员已落实。

10. 附着式升降脚手架施工区域应有防雷措施。

11. 附着式升降脚手架应设置必要的消防及照明设施。

12. 同时使用的升降动力设备、同步与荷载控制系统及防坠装置等专项设备，应分别采用同一厂家、同一规格型号的产品。

13. 动力设备、控制设备、防坠装置等应有防雨、防砸、防尘等措施。

14. 其他需要检查的项目。

第四十四条 附着式升降脚手架的升降操作必须遵守以下规定：

1. 严格执行升降作业的程序规定和技术要求。

2. 严格控制并确保架体上的荷载符合设计规定。

3. 所有妨碍架体升降的障碍物必须拆除。

4. 所有升降作业要求解除的约束必须拆开。

5. 严禁操作人员停留在架体上，特殊情况确实需要上人的，必须采取有效安全防护措施，并由建筑安全监督机构审查后方可实施。

6. 应设置安全警戒线，正在升降的脚手架下部严禁有人进入，并设专人负责监护。

7. 严格按设计规定控制各提升点的同步性，相邻提升点间的高差不得大于30mm，整体架最大升降差不得大于80mm。

8. 升降过程中应实行统一指挥、规范指令。升、降指令只能由总指挥一人下达，但当有异常情况出现时，任何人均可立即发出停止指令。

9. 采用环链葫芦作升降动力的，应严密监视其运行情况，及时发现、解决可能出现的翻链、绞链和其他影响正常运行的故障。

10. 附着式升降脚手架升降到位后，必须及时按使用状况要求进行附着固定。在没有完成架体固定工作前，施工人员不得擅自离岗或下班。未办交付使用手续的，不得投入使用。

第四十五条 附着式升降脚手架升降到位架体固定后，必须通过以下检查项目：

1. 附着支承和架体已按使用状况下的设计要求固定完毕；所有螺栓连接处已拧紧；各承力件预紧程度应一致。

2. 碗扣和扣件接头无松动。

3. 所有安全防护已齐备。

4. 其他必要的检查项目。

第四十六条 附着式升降脚手架的使用必须遵守其设计性能指标，不得随意扩大使用范围；架体上的施工荷载必须符合设计规定，严禁超载，严禁放置影响局部杆件安全的集中荷载，并应及时清理架体、设备及其他构配件上的建筑垃圾和杂物。

第四十七条 附着式升降脚手架在使用过程中严禁进行下列作业：

1. 利用架体吊运物料。

2. 在架体上拉结吊装缆绳（索）。

3. 在架体上推车。

4. 任意拆除结构件或松动连结件。

5. 拆除或移动架体上的安全防护设施。

6. 起吊物料碰撞或扯动架体。

7. 利用架体支顶模板。

8. 使用中的物料平台与架体仍连接在一起。

9. 其他影响架体安全的作业。

第四十八条 附着式升降脚手架在使用过程中，应按第四十二条的规定每月进行一次全面安全检查，不合格部位应立即改正。

第四十九条 当附着式升降脚手架预计停用超过一个月时，停用前采取加固措施。

第五十条 当附着式升降脚手架停用超过一个月或遇六级以上大风后复工时，必须按第四十四条的要求进行检查。

第五十一条 螺栓连接件、升降动力设备、防倾装置、防坠落装置、电控设备等应至少每月维护保养一次。

第五十二条 附着式升降脚手架的拆卸工作必须按专项施工组织设计及安全操作规程的有关要求进行。拆除工程前应对施工人员进行安全技术交底，拆除时应有可靠的防止人员与物料坠落的措施，严禁抛扔物料。

第五十三条 拆下的材料及设备要及时进行全面检修保养，出现以下情况之一的，必须予以报废：

1. 焊接件严重变形且无法修复或严重锈蚀。
2. 导轨、附着支承结构件、水平梁架杆部件、竖向主框架等构件出现严重弯曲。
3. 螺纹连接件变形、磨损、锈蚀严重或螺栓损坏。
4. 弹簧件变形、失效。
5. 钢丝绳扭曲、打结、断股，磨损断丝严重达到报废规定。
6. 其他不符合设计要求的情况。

第五十四条 遇五级（含五级）以上大风和大雨、大雪、浓雾和雷雨等恶劣天气时，禁止进行升降和拆卸作业。并应预先对架体采取加固措施。夜间禁止进行升降作业。

第六章　管　　理

第五十五条 国务院建设行政主管部门对从事附着式升降脚手架工程的施工单位实行资质管理，未取得相应资质证书的不得施工；对附着式升降脚手架实行认证制度，即所使用的附着式升降脚手架必须经过国务院建设行政主管部门组织鉴定或者委托具有资格的单位进行认证。

第五十六条 附着式升降脚手架工程的施工单位应当根据资质管理有关规定到当地建设行政主管部门办理相应审查手续。

第五十七条 新研制的附着式升降脚手架应符合本规定的各项技术要求，并到当地建设行政主管部门办理试用手续，经审查合格后，只可批在一个工程上试用，试用期间必须随时接受当地建设行政主管部门的指导和监督。

试用成功后，再按照第五十五条的规定取得认证资格，方可投入正式使用。

第五十八条 对已获得附着式升降脚手架资质证书的施工单位实行年检管理制度，有下列情况之一者，一律注销资质证书：

1. 使用与其资质证书所载明的附着式升降脚手架名称和型号不一致者。

2. 有出借，出租资质证书、转包行为者。

3. 严重违反本规定，多次整改仍不合格者。

4. 发生一次死亡 3 人以上重大事故或事故累计死亡达 3 人以上者。

第五十九条　异地使用附着式升降脚手架的，使用前应向当地建设行政主管部门或建筑安全监督机构办理备案手续，接受其监督管理。

第六十条　工程项目的总承包单位必须对施工现场的安全工作实行统一监督管理，对使用的附着式升降脚手架要进行监督检查，发现问题，及时采取解决措施。

附着式升降脚手架组装完毕，总承包单位必须根据本规定以及施工组织设计等有关文件的要求进行检查，验收合格后，方可进行升降作业。分包单位对附着式升降脚手架的使用安全负责。

第六十一条　附着式升降脚手架发生重大事故后，应当严格保护事故现场，采取有效措施防止事故扩大和组织抢救工作，并立即向当地建设行政主管部门和有关部门报告。抢救人员需移动现场物件时，应做出标志，绘制现场简图并做出书面记录，保存现场重要痕迹、物证，有条件的应拍照或录像。

第六十二条　各级建设行政主管部门或建筑安全监督机构应当加强对附着式升降脚手架工程的监督检查，确保安全生产。

第六十三条　本规定由建设部建筑管理司负责解释。

附录C 《建筑施工工具式脚手架安全技术规范》JGJ 202—2010部分

4 附着式升降脚手架

4.1 荷载

4.1.1 作用于附着式升降脚手架的荷载可分为永久荷载（即恒载）和可变荷载（即活载）两类。

4.1.2 荷载标准值应符合下列规定：

1 永久荷载标准值（G_K）应包括整个架体结构，围护设施、作业层设施以及固定于架体结构上的升降机构和其他设备、装置的自重，应实际计算；其值可按现行的《建筑结构荷载规范》GB 50009—2001（2006年版）附录A的规定确定。脚手板自重标准值和栏杆、挡脚板线荷载标值可分别按表4.1.2-1、4.1.2-2的规定选用，密目式安全立网应按0.005kN/m²选用。

脚手板自重标准值（kN/mm²） **表4.1.2-1**

类别	标准值
冲压钢脚手板	0.30
竹笆板	0.06
木脚手板	0.35
竹串片脚手板	0.35
胶合板	0.15

栏杆、挡脚板线荷载标准值（kN/m） **表4.1.2-2**

类别	标准值
栏杆、冲压钢脚手挡板	0.11
栏杆、竹串片脚手板挡板	0.14
栏杆、木脚手板挡板	0.14

2 可变荷载中施工活荷载（Q_K）应包括施工人员、材料及施工机具，应根据施工具体情况，按使用、升降及坠落三种工况确定控制荷载标准值，设计计算时施工活荷载标准值应按表4.1.2-3的规定选取。

3 风荷载标准值（w_K）应按下式计算

$$w_K = \beta_z \cdot \mu_z \cdot \mu_s \cdot w_0 \qquad (4.1.2\text{-}1)$$

式中 w_K——风荷载标准值，kN/m²；

μ_z——风压高度变化系数，应按现行国家标准《建筑结构荷载规范》GB 50009的规定采用；

μ_s——脚手架风荷载体型系数，应按表 4.1.2-4 的规定采用；表中 ϕ 为挡风系数，应为脚手架挡风面积与迎风面积之比；密目式安全立网的挡风系数 ϕ 应按 0.8 计算；

w_0——基本风压值，应按现行国家标准《建筑结构荷载规范》GB 50009—2001（2006 年版）附表 D.4 中 $n=10$ 年的规定采用；工作状态应按本地区的 10 年风压最大值选用，升降及坠落工况，可取 0.25 kN/m^2 计算；

β_z——风振系数，一般可取 1，也可按实际情况选取。

施工活荷载标准值　　表 4.1.2-3

工况类别		按同时作业层数计标	每层活荷载标准值 kN/m^2	注
使用工况	结构施工	2	3.0	
	装修施工	3	2.0	
升降工况	结构施工和装修施工	2	0.5	施工人员、材料、机具全部撤离
坠落工况	结构施工	2	0.5；3.0	在使用工况下坠落时，其瞬间标准荷载应为 3.0 kN/m^2；升降工况下坠落标准值应为 0.5 kN/m^2
	装修施工	3	0.5；2.0	在使用工况下坠落时，其标准荷载为 2.0 kN/m^2；升降工况下坠落其标准值应为 0.5 kN/m^2

脚手架风荷载体型系数　　表 4.1.2-4

背靠建筑物状况	全封闭	敞开开洞
μ_s	1.0ϕ	1.3ϕ

4.1.3　当计算结构或构件的强度、稳定性及连接强度时，应采用荷载设计值（即荷载标准值乘以荷载分项系数）；计算变形时，应采用荷载标准值。永久荷载的分项系数（γ_G）应采用 1.2，当对结构进行倾覆计算而对结构有利时，分项系数应采用 0.9。可变荷载的分项系数（γ_Q）应采用 1.4。风荷载标准值的分项系数（γ_{QW}）应采用 1.4。

4.1.4　当采用容许应力法计算时，应采用荷载标准值作为计算依据。

4.1.5　附着式升降脚手架应按最不利荷载组合进行计算，其荷载效应组合应按表 4.1.5 的规定采用，荷载效应组合设计值（S）应按式（4.1.5-1）、式（4.1.5-2）计算：

荷载效应组合　　表 4.1.5

计算项目	荷载效应组合
纵、横向水平杆，水平支承桁架，使用过程中的固定吊拉杆和竖向主框架，附墙支座、防倾及防坠落装置	永久荷载＋施工活荷载
竖向主框架 脚手架立杆稳定性	①永久荷载＋施工荷载 ②永久荷载＋0.9（施工荷载值＋风荷载） 取两种组合，按最不利的计算
选择升降动力设备时 选择钢丝绳及索吊具时 横吊梁及吊拉杆计算	永久荷载＋升降过程的施工活荷载
连墙杆及连墙件	风荷载＋5.0kN

不考虑风荷载

$$S = \gamma_G S_{GK} + \gamma_Q S_{Qk} \tag{4.1.5-1}$$

考虑风荷载

$$S = \gamma_G S_{GK} + 0.9(\gamma_Q S_{Qk} + \gamma_Q S_{wk}) \tag{4.1.5-2}$$

式中　S——荷载效应组合设计值（kN）

γ_G——恒荷载分项系数取 1.2；

γ_Q——活荷载分项系数取 1.4；

S_{GK}——恒荷载效应的标准值（kN）；

S_{Qk}——活荷载效应的标准值（kN）；

S_{wk}——风荷载效应的标准值（kN）。

4.1.6　水平支承桁架应选用使用工况中的最大跨度进行计算，其上部的扣件式钢管脚手架计算立杆稳定时，其设计荷载值应乘以附加安全系数 $\gamma_1 = 1.43$

4.1.7　附着式升降脚手架使用的升降动力设备、吊具、索具、主框架在使用工况条件下，其设计荷载值应乘以附加荷载不均匀系数 $\gamma_2 = 1.3$；在升降、坠落工况时，其设计荷载值应乘以附加荷载不均匀系数 $\gamma_2 = 2.0$。

4.1.8　计算附墙支座时，应按使用工况进行，选取其中承受荷载最大处的支座进行计算，其设计荷载值应乘以冲击系数 $\gamma_3 = 2.0$。

4.2　设计计算基本规定

4.2.1　附着式升降脚手架的设计应符合现行国家标准《钢结构设计规范》GB 50017、《冷弯薄壁型钢结构技术规范》GB 50018、《混凝土结构设计规范》GB 50010 以及其他相关行业标准的规定。

4.2.2　附着式升降脚手架架体结构、附着支承结构、防倾装置、防坠装置的承载能力应按概率极限状态设计法的要求采用分项系数设计表达式进行设计，并应进行下列设计计算：

1　竖向主框架构件强度和压杆的稳定计算。

2　水平支承桁架构件的强度和压杆的稳定计算。

3　脚手架架体构架构件的强度和压杆稳定计算。

4　附着支承结构构件的强度和压杆稳定计算。

5　附着支承结构穿墙螺栓以及螺栓孔处混凝土局部承压计算。

6　连接节点计算。

4.2.3　竖向主框架、水平支承桁架、架体构架应根据正常使用极限状态的要求验算变形。

4.2.4　附着式升降脚手架的索具、吊具应按有关机械设计规定，按容许应力法进行设计。同时还应符合下列规定：

1　荷载值小于升降动力设备的额定值；

2　吊具安全系数 K 应取 5；

3　钢丝绳索具安全系数 $K=6\sim8$，当建筑物层高 3m（含）以下时应取 6，3m 以上时应取 8。

4.2.5　脚手架结构构件的容许长细比 [λ] 应符合下列规定：

1　竖向主框架压杆　　[λ]≤150

2　脚手架立杆　　[λ]≤210

3　横向斜撑杆　　[λ]≤250

4　竖向主框架接杆　　[λ]≤300

5　剪刀撑及其他拉杆　[λ]≤350

4.2.6　受弯构件的挠度限值应符合表 4.2.6 的规定。

受弯构件的挠度限值　　**表 4.2.6**

构件类别	挠度限值
脚手板和纵向、横向水平杆	$L/150$ 和 10mm（L 为受弯杆件跨度）
水平支承桁架	$L/250$（L 为受弯杆件跨度）
悬臂受弯杆件	$L/400$（L 为受弯杆件跨度）

4.2.7　螺栓连接强度设计值应按表 4.2.7 的规定采用。

螺栓连接强度设计值（N/mm²）　　**表 4.2.7**

钢材强度等级	抗拉强度 f_t^b	抗剪强度 f_v^b
Q235	170	140

4.2.8　扣件承载力设计值应按表 4.2.8 的规定采用：

扣件承载力设计值　　表 4.2.8

项目	承载力设计值（kN）
对接扣件（抗滑）（1个）	3.2
直角扣件、旋转扣件（抗滑）（1个）	8.0

4.2.9 钢管截面特性及自重标准值应符合表 4.2.9 的规定。

钢管截面特性及自重标准值　　表 4.2.9

外径 d (mm)	壁厚 t (mm)	截面积 A (mm^2)	惯性矩 I (mm^4)	截面模量 W (mm^3)	回转半径 i (mm)	每米长自重 (N/m)
48.3	3.2	453	1.16×10^5	4.80×10^3	16.0	35.6
48.3	3.6	506	1.27×10^5	5.26×10^3	15.9	39.7

4.3 构件、结构计算

4.3.1 受弯构件计算应符合下列规定。

1 抗弯强度应按下式计算：

$$\sigma=\frac{M_{\max}}{W_{n}}\leqslant f \tag{4.3.1-1}$$

式中 $M_{\max}$——最大弯矩设计值（N·m）；

f——钢材的抗拉、抗压和抗弯强度设计值（N/mm^2）；

W_n——构件的净截面抵抗矩（mm^3）。

2 挠度应按下式验算：

$$v\leqslant[v] \tag{4.3.1-2}$$

$$v\leqslant\frac{5q_{k}l^{4}}{384EI_{x}} \tag{4.3.1-3}$$

或

$$v\leqslant\frac{5q_{k}l^{4}}{384EI_{x}}+\frac{P_{k}l^{3}}{48EI_{x}} \tag{4.3.1-4}$$

式中 v——受弯构件的挠度计算值（mm）；

$[v]$——受弯构件的容许挠度值（mm）；

q_k——均布线荷载标准值（N/mm）；

P_k——跨中集中荷载标准值（N）；

E——钢材弹性模量（N/mm^2）；

I_x——毛截面惯性矩（mm^4）；

l——计算跨度（m）。

4.3.2 受拉和受压杆件计算应符合下列规定：

1 中心受拉和受压杆件强度应按下式计算

$$\sigma = \frac{N}{A_n} \leqslant f \tag{4.3.2-1}$$

式中　N——拉杆或压杆最大轴力设计值（N）；

A_n——拉杆或压杆的净截面面积（mm^2）；

f——钢材的抗拉、抗压和抗弯强度设计值（N/mm^2）。

2　压弯杆件稳定性应满足下式要求：

$$\frac{N}{\varphi A} \leqslant f \tag{4.3.2-2}$$

当有风荷载组合时，水平支承桁架上部的扣件式钢管脚手架立杆的稳定性应符合下式要求：

$$\frac{N}{\varphi A} + \frac{M_x}{W_x} \leqslant f \tag{4.3.2-3}$$

式中　A——压杆的截面面积（mm^2）；

φ——轴心受压构件的稳定系数，应按本规范附录A表A选取；

M_x——压杆的弯矩设计值（N·m）；

W_x——压杆的截面抗弯模量（mm^3）；

f——钢材的抗拒、抗压和抗弯强度设计值（N/mm^2）。

4.3.3　水平支承桁架设计计算应符合下列规定：

1　水平支承桁架上部脚手架立杆的集中荷载应作用在桁架上弦的节点上。

2　水平支承桁架应构成空间几何不变体系的稳定结构。

3　水平支承桁架与主框架的连接应设计成铰接并应使水平支承桁架按静定结构计算。

4　水平支承桁架设计计算应包括下列内容：

（1）节点荷载设计值。

（2）杆件内力设计值。

（3）杆件最不利组合内力。

（4）最不利杆件强度和压杆稳定性；受弯构件还要验算变形验算。

（5）节点板和及节点焊缝或连接螺栓的强度。

5　水平支承桁架的外桁架和内桁架应分别计算，其节点荷载应为架体构架的立杆轴力；操作层内外桁架荷载的分配应通过小横杆支座反力求得。

4.3.4　竖向主框架设计计算应符合下列规定：

1　竖向主框架应是几何不可变体系的稳定结构，且受力明确。

2　竖向主框架内外立杆的垂直荷载应包括下列内容：

（1）内外水平支承桁架传递来的支座反力。

（2）操作层纵向水平杆传递给竖向主框架的支座反力。

3 风荷载按每根大横杆挡风面承担的风荷载，传递给主框架节点上的集中荷载计算。

4 主框架设计计算应包括下列内容：

（1）节点荷载标准值的计算。

（2）分别计算风荷载与垂直荷载作用下，主框架杆件的内力设计值。

（3）将风荷载与垂直荷载组合计算最不利杆件的内力设计值。

（4）最不利杆件强度和压杆稳定性以及受弯构件的变形计算。

（5）节点板及节点焊缝或螺栓连接时螺栓强度。

（6）支座的边墙件强度计算。

4.3.5 附墙支座设计应符合下列规定：

1 每一楼层处均应设置附墙支座，而每一附墙支座均应能承受该机位范围内的全部荷载的设计值，并乘以荷载不均匀系数 2 或冲击系数 2。

2 应进行抗弯、抗压、抗剪、焊缝、平面内外稳定性、锚固螺栓计算和变形验算。

4.3.6 附着支承结构穿墙螺栓计算应符合下列规定：

1 穿墙螺栓应同时承受剪力和轴向拉力，其强度应按下列公式计算：

$$\sqrt{\left(\frac{N_v}{N_v^b}\right)^2+\left(\frac{N_t}{N_t^b}\right)^2}\leqslant 1 \tag{4.3.6-1}$$

$$N_v^b=\frac{\pi D_{螺}^2}{4}f_v^b \tag{4.3.6-2}$$

$$N_t^b=\frac{\pi d_0^2}{4}f_t^b \tag{4.3.6-3}$$

式中 N_v、N_t——一个螺栓所承受的剪力和拉力设计值（N）；

N_v^b、N_t^b——一个螺栓抗剪、抗拉承载能力设计值（N）；

$D_{螺}$——螺杆直径（mm）；

f_v^b——螺栓抗剪强度设计值一般采用取 Q235，取 $f_v^b=140N/mm^2$；

d_0——螺栓螺纹处有效截面直径（mm）；

f_t^b——螺栓抗拉强度设计值，一般采用取 Q235，取 $f_t^b=170N/mm^2$。

4.3.7 穿墙螺栓孔处混凝土承压状况如图 4.3.7 所示，其承载能力应符合下式要求：

$$N_v\leqslant 1.35\beta_b\beta_l f_c bd \tag{4.3.7}$$

式中 N_v——一个螺栓所承受的剪力设计值（N）；

β_b——螺栓孔混凝土受荷计算系数，取 0.39；

β_l——混凝土局部承压强度提高系数，取 1.73；

f_c——上升时混凝土龄期试块轴心抗压强度设计值（N/mm^2）；

b——混凝土外墙的厚度（mm）；

d——穿墙螺栓的直径（mm）。

4.3.8 导轨（或导向柱）设计应符合下列规定：

1 荷载设计值应根据不同工况分别乘以相应的荷载不均匀系数。

2 应进行抗弯、抗压、抗剪、焊缝、平面内外稳定、锚固螺栓计算和变形验算。

4.3.9 防坠装置设计应符合下列规定：

1 荷载的设计值应乘以相应的冲击系数，并应在一个机位内分别按升降工况和使用工况的荷载取值进行验算。

2 应依据实际情况分别进行强度和变形验算。

3 防坠装置不得与提升装置设置在同一附墙支座上。

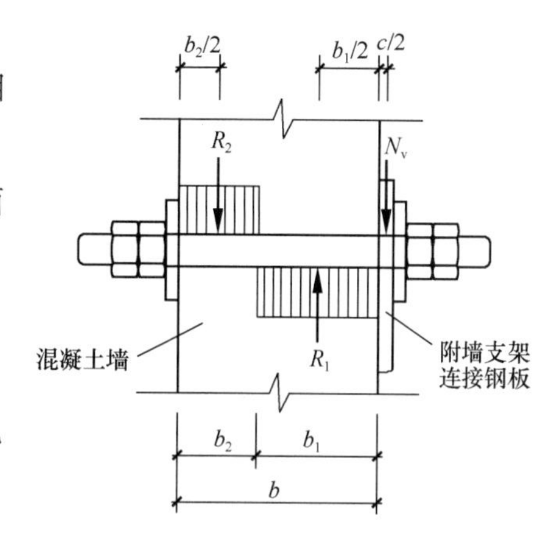

图 4.3.7 穿墙螺栓孔处混凝土受压状况图

4.3.10 主框架底座框和吊拉杆设计应符合下列规定：

1 荷载设计值应依据主框架传递的反力计算。

2 结构构件应进行强度和稳定验算，并对连接焊缝及螺栓进行强度计算。

4.3.11 用作升降和防坠的悬臂梁设计应符合下列规定：

1 应按升降和使用工况分别选择荷载设计值，两种情况选取最不利的荷载进行计算，并应乘以冲击系数 2，使用工况时应乘以荷载不均匀系数 1.3。

2 应进行强度和变形计算。

3 悬挂动力设备或防坠装置的附墙支座应分别计算。

4.3.12 升降动力设备选择应符合下列规定：

1 应按升降工况一个机位范围内的总荷载，并乘以荷载不均匀系数 2 选取荷载设计值。

2 升降动力设备荷载设计值 N_s 不得大于其额定值 N_c。

4.3.13 液压油缸活塞推力应按下列公示计算：

$$p_Y \geqslant 1.2 p_1 \tag{4.3.13-1}$$

$$P_H = \frac{\pi D^2}{4} p_Y \tag{4.3.13-2}$$

式中 p_1——活塞杆的静工作阻力也即是起重计算时一个液压机位的荷载设计值（kN/cm²）；

1.2——活塞运动的摩阻力系数；

P_H——活塞杆设计推力（kN）；

D——活塞直径（cm）；

p_Y——液压油缸内的工作压力（kN/cm²）。

4.3.14 对位于建筑物凸出或凹进结构处的附着式升降脚手架，应进行专项设计。

4.4 构造措施

4.4.1 附着式升降脚手架是由竖向主框架、水平支承桁架、架体构架、附着支承结构、防倾装置、防坠装置等组成。

4.4.2 附着式升降脚手架结构构造的尺寸应符合下列规定：

1 架体高度不应大于5倍楼层高。

2 架体宽度不应大于1.2m。

3 直线布置的架体支承跨度不得大于7m，折线或曲线布置的架体，相邻两主框架支撑点处的架体外侧距离不得大于5.4m。

4 架体的水平悬挑长度不应大于2m，且不得大于跨度的1/2。

5 架体全高与支承跨度的乘积不得大于110m^2。

4.4.3 附着式升降脚手架应在附着支承结构部位设置与架体高度相等的与墙面垂直的定型的竖向主框架，竖向主框架应是桁架或钢架结构，其杆件的连接点应采用焊接或螺栓连接，并应与水平支承桁架和架体构架构成有足够强度和支撑刚度的空间几何不变体系的稳定结构。竖向主框架结构构造（图4.4.3）应符合下列规定：

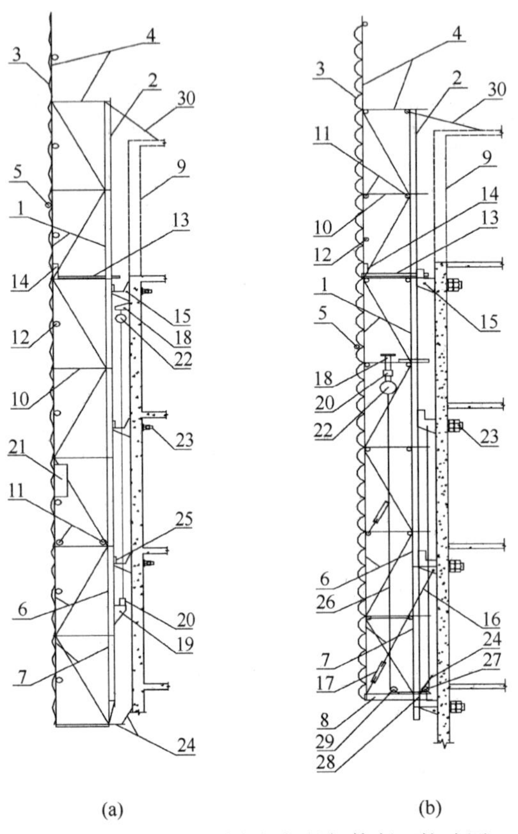

(a)　　(b)

图4.4.3　两种不同主框架的架体断面构造图

（a）竖向主框架为单片式；（b）竖向主框架为空间桁架式
1—竖向主框架；2—导轨；3—密目安全网；4—架体；5—剪刀撑（45°～60°）；6—立杆；7—水平支承桁架；8—竖向主框架底部托盘；9—正在施工层；10—架体横向水平杆；11—架体纵向水平杆；12—防护栏杆；13—脚手板；14—作业层挡脚板；15—附墙支座（含导向、防倾装置）；16—吊拉杆（定位）；17—花篮螺栓；18—升降上吊挂点；19—升降下吊挂点；20—荷载传感器；21—同步控制装置；22—电动葫芦；23—锚固螺栓；24—底部脚手板及密封翻板；25—定位装置；26—升降钢丝绳；27—导向滑轮；28—主框架底部托座与附墙支座临时固定连接点；29—升降滑轮；30—临时拉结

1 竖向主框架可采用整体结构或分段对接式结构。结构型式应为竖向桁架或门型刚架形式等。各杆件的轴线应汇交于节点处，并应采用螺栓或焊接连接，如不交汇于一点，应进行附加弯矩验算。

2 当架体升降采用中心吊时，在悬臂梁行程范围内竖向主框架内侧水平杆去掉部分的断面，应采取可靠的加固措施。

3 主框架内侧应设有导轨。

4 竖向主框架宜采用单片式主框架［图 4.43（a)］；或可采用空间桁架式主框架［4.4.3（b)］。

4.4.4 在竖向主框架的底部应设置水平支承桁架，其宽度与主框架相同，平行于墙面，其高度不宜小于 1.8m。水平支承桁架结构构造应符合下列规定：

1 桁架各杆件的轴线应相交于节点上，并宜用节点板构造连接，节点板的厚度不得小于 6mm。

2 桁架上、下弦应采用整根通长杆件，或设置刚性接头。腹杆上、下弦连接应采用焊接或螺栓连接。

3 桁架与主框架连接处的斜腹杆宜设计成拉杆。

4 架体构架的立杆底端应放置在上弦节点各轴线的交汇处。

5 内外两片水平桁架的上弦和下弦之间应设置水平支撑杆件，各节点必须是焊接或螺栓连接。

6 水平支撑桁架的两端与主框架的连接，可采用杆件轴线交汇于一点，且能活动的铰接点；或可将水平支承桁架放在竖向主框架的底端的桁架框中。

4.4.5 附着支承结构应包括附墙支座、悬臂梁及斜拉杆，其构造应符合下列规定：

1 竖向主框架所覆盖的每个楼层处应设置一道附墙支座。

2 在使用工况时，应将竖向主框架固定于附墙支座上。

3 在升降工况时，附墙支座上应设有防倾、导向的结构装置。

4 附墙支座应采用锚固螺栓与建筑物连接，受拉螺栓的螺母不得少于两个。或应采用弹簧螺杆垫圈加单螺母，露出螺母端部长度应不少于 3 扣，并不得小于 10mm，垫板尺寸应由设计确定，且不得小于 100mm×100mm×10mm。

5 附墙支座支承在建筑物上连接处混凝土的强度应按设计要求确定，且不得小于 C10。

4.4.6 架体构架宜采用扣件式钢管脚手架，其结构构造应符合现行行业标准《建筑施工扣件式钢管脚手架安全技术规范》JGJ 130 的规定。架体构架应设置在两竖向主框架之间，并应以纵向水平杆与之相连，其立杆应设置在水平支承桁架的节点上。

4.4.7 水平支承桁架最底层应设置脚手板，并应铺满铺牢，与建筑物墙面之间也应设置脚手板全封闭，宜设置可翻转的密封翻版。在脚手板的下面应采用安全网兜底。

4.4.8 架体悬臂高度不得大于架体高度的 2/5，且不得大于 6m。

4.4.9 当水平支承桁架不能连续设置时，局部可采用脚手架杆件进行连接，但其长度不得大于 2.0m。且必须采取加强措施，确保其强度和刚度不得低于原有的桁架。

4.4.10 物料平台不得与附着式升降脚手架各部位和各结构构件相连，其荷载应直接传递给建筑工程结构。

4.4.11 当架体遇到塔吊、施工升降机、物料平台需断开或开洞时，断开处应加设栏杆和封闭，开口处应有可靠的防止人员及物料坠落的措施。

4.4.12 架体外立面应沿全高连续设置剪刀撑，并应将竖向主框架、水平支承桁架和架体架连成一体，剪刀撑斜杆水平夹角为45°～60°；应与所覆盖架体构架上每一个主节点的立杆或横向水平杆伸出端扣紧；悬挑端应以竖向主框架为中心成对设置对称斜拉杆，其水平夹角不应小于45°。

4.4.13 架体结构应在以下部位采取可靠的加强构造措施：

1 与附墙支座的连接处。

2 架体上提升机构的设置处。

3 架体上防坠、防倾装置的设置处。

4 架体吊拉点设置处。

5 架体平面的转角处。

6 架体因碰到塔吊、施工升降机、物料平台等设施而需要断开或开洞处。

7 其他有加强要求的部位。

4.4.14 附着式升降脚手架的安全防护措施应符合以下规定：

1 架体外侧必须用密目安全网封闭，密度不应低于2000目/100cm^2，且应可靠地固定在架体上。

2 作业层外侧应设置1.2m高的防护栏杆和180mm高的挡脚板。

3 作业层应设置固定牢靠的脚手板，其与结构之间的间距应满足现行行业标准《建筑施工扣件式钢管脚手架安全技术规范》JGJ 130的相关规定。

4.4.15 附着式升降脚手架构配件的制作应符合以下规定：

1 应具有完整的设计图纸、工艺文件、产品标准和产品质量检验规程；制作单位应有完善有效的质量管理体系。

2 制作构配件的原材料和辅材料的材质及性能应符合设计要求，并应按本规范第3.0.1～3.0.6条规定对其进行验证和检验。

3 加工构配件的工装、设备及工具应满足构配件制作精度的要求，并定期进行检查，工装应有设计图纸。

4 构配件应按照工艺要求及检验规程进行检验；对附着支承结构、防倾、防坠落装置等关键部件的加工件应进行100%检验；构配件出厂时，应提供出厂合格证。

4.4.16 附着式升降脚手架必须在每个竖向主框架处设置升降设备，升降设备宜采用电动葫芦或电动液压设备，单跨升降时可采用手动葫芦，并应符合下列规定：

1 升降设备必须与建筑结构和架体有可靠连接。

2 固定电动升降动力设备的建筑结构必须安全可靠。

3 设置电动液压设备的架体部位，应有加强措施。

4.4.17　两主框架之间架体的搭设应符合现行行业标准《建筑施工扣件式钢管脚手架安全技术规范》JGJ 130 的规定。

4.5　安全装置

4.5.1　附着式升降脚手架必须具有防倾覆、防坠落和同步升降控制的安全装置。

4.5.2　防倾覆装置应符合下列规定：

1　防倾覆装置中必须包括导轨和两个以上与导轨连接的可滑动的导向件。

2　防倾覆导轨的长度不应小于竖向主框架，且必须与竖向主框架可靠连接。

3　在升降和使用两种工况下，最上和最下两个导向件之间的最小间距不得小于 2.8m 或架体高度的 1/4。

4　应具有防止竖向主框架倾斜的功能。

5　应采用螺栓与附墙支座连接，其装置与导向杆之间的间隙应不小于 5mm。

4.5.3　防坠落装置必须符合以下规定：

1　防坠落装置应设置在竖向主框架处并附着在建筑结构上，每一升降点不得少于一个防坠落装置，防坠落装置在使用和升降工况下都必须起作用。

2　防坠落装置必须采用机械式的全自动装置，严禁使用每次升降都需重组的手动装置。

3　防坠落装置技术性能除应满足承载能力要求外，还应符合表 4.5.3 的规定：

防坠落装置技术性能　　　　**表 4.5.3**

脚手架类别	制动距离（mm）
整体式升降脚手架	≤80
单片式升降脚手架	≤150

4　防坠落装置应具有防尘防污染的措施，并应灵敏可靠和运转自如。

5　防坠落装置与升降设备必须分别独立固定在建筑结构上。

6　钢吊杆式防坠落装置，钢吊杆规格应由计算确定，且不应小于 Φ25mm。

4.5.4　同步控制装置应符合下列规定：

1　附着式升降脚手架升降时，必须配备有限制荷载或水平高差的同步控制系统。连续式水平支承桁架，应采用限制荷载自控系统；简支静定水平支承桁架，应采用水平高差同步自控系统，当设备受限时，可选择限制荷载自控系统。

2　限制荷载自控系统应具有下列功能：

1）当某一机位的荷载超过设计值的 15％时，应采用声光形式自动报警和显示报警机位；当超过 30％时；应能使该升降设备自动停机。

2）应具有超载、失载、报警和停机的功能；宜增设记忆和储存功能。

3）除应具有本身故障报警功能外，并应适应施工现场环境。

4）性能应可靠、稳定，控制精度应在5%以内。

3 水平高差同步控制系统应具有下列功能：

1）当水平支承桁架两端高差达到30mm时，应能自动停机。

2）应具有显示各提升点的实际升高和超高的数据，并应有记忆和储存的功能。

3）不得采用附加重量的措施控制同步。

4.6 安装

4.6.1 附着式升降脚手架应按专项施工方案进行安装，可采用单片式主框架的架体（图4.6.1-1），也可采用空间桁架式主框架的架体（图4.6.1-2）。

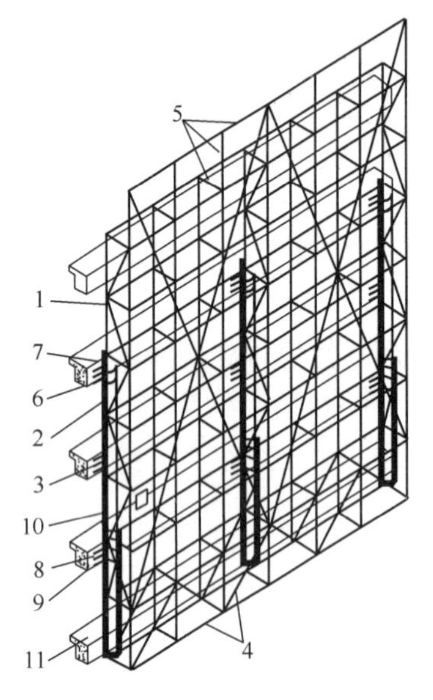

图4.6.1-1　单片式主框架的架体示意图

1—竖向主框架（单片式）；2—导轨；3—附墙支座（含防倾覆、防坠落装置）；4—水平支承桁架；5—架体构架；6—升降设备；7—升降上吊挂件；8—升降下吊点（含荷载传感器）；9—定位装置；10—同步控制装置；11—工程结构

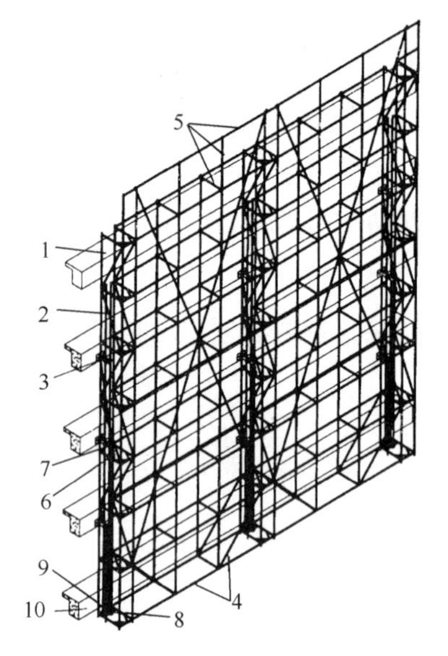

图4.6.1-2　空间桁架式主框架的架体示意图

1—竖向主框架（空间桁架式）；2—导轨；3—悬臂梁（含防倾覆装置）；4—水平支承桁架；5—架体构架；6——升降设备；7—悬吊梁；8—下提升点；9—防坠落装置；10—工程结构

4.6.2 附着式升降脚手架在首层安装前应设置安装平台，安装平台应有保障施工人员安全的防护设施，安装平台的水平精度和承载能力应满足架体安装的要求。

4.6.3 安装时应符合以下规定：

1 相邻竖向主框架的高差应不大于20mm。

2 竖向主框架和防倾导向装置的垂直偏差应不大于5‰，且不得大于60mm。

3 预留穿墙螺栓孔和预埋件应垂直于建筑结构外表面，其中心误差应小于15mm。

4　连接处所需要的建筑结构混凝土强度应由计算确定，但不应小于C10。

5　升降机构连接正确且牢固可靠。

6　安全控制系统的设置和试运行效果应符合设计要求。

7　升降动力设备工作正常。

4.6.4　附着支承结构的安装应符合设计规定，不得少装和使用不合格螺栓及连接件。

4.6.5　安全保险装置应全部合格，安全防护设施齐备，且应符合设计要求，并应设置必要的消防设施。

4.6.6　电源、电缆及控制柜等的设置应符合现行行业标准《施工现场临时用电安全技术规范》JGJ 46的有关规定。

4.6.7　采用扣件式脚手架的架体构架，其构造应符合现行行业标准《建筑施工扣件式钢管脚手架安全技术规范》JGJ 130的要求。

4.6.8　升降设备、同步与荷载控制系统及防坠落装置等专项设备，均应分别采用同一厂家的产品。

4.6.9　升降设备、控制系统、防坠落装置等应采取防雨、防砸、防尘等措施。

4.7　升降

4.7.1　附着式升降脚手架可有采用手动、电动和液压三种升降形式，并应符合下列规定：

1　单跨架体升降时，可采用手动、电动和液压三种升降形式。

2　当两跨以上的架体同时整体升降时，应采用电动或液压设备。

4.7.2　附着式升降脚手架每次升降前，应按本规范表8.1.4的规定进行检查，经检查合格后，方可进行升降。

4.7.3　附着式升降脚手架的升降操作应符合下列规定：

1　应按升降作业的程序和操作规程进行作业。

2　操作人员不得停留在架体上。

3　升降过程中不得有施工荷载。

4　所有妨碍升降的障碍物已拆除。

5　所有影响升降作业的约束已经解除。

6　各相邻提升点间的高差不得大于30mm，整体架最大升降差不得大于80mm。

4.7.4　升降过程中应实行统一指挥、规范指令。升、降指令只能由总指挥一人下达；当有异常情况出现时，任何人均可立即发出停止指令。

4.7.5　采用环链葫芦作升降动力的，应严密监视其运行情况，及时排除翻链、绞链和其他影响正常运行的故障。

4.7.6　采用液压设备作升降动力的，应严密监视整个液压系统的泄漏、失压、颤动、油缸爬行和不同步等问题和故障，确保正常工作。

4.7.7 架体升降到位后，应及时按使用状况要求进行附着固定；在没有完成架体固定工作前，施工人员不得擅自离岗或下班。

4.7.8 附着式升降脚手架架体升降到位固定后，应按本规范表 8.1.3 进行检查，合格后方可使用；遇五级及以上大风和大雨、大雪、浓雾和雷雨等恶劣天气时，严禁进行升降作业。

4.8 使用

4.8.1 附着式升降脚手架必须按照设计性能指标进行使用，不得随意扩大使用范围；架体上的施工荷载必须符合设计规定，不得超载，不得放置影响局部杆件安全的集中荷载。

4.8.2 架体内的建筑垃圾和杂物应及时清理干净。

4.8.3 附着式升降脚手架在使用过程中不得进行下列作业：

1 利用架体吊运物料。

2 在架体上拉结吊装缆绳（或缆索）。

3 在架体上推车。

4 任意拆除结构件或松动连接件。

5 拆除或移动架体上的安全防护设施。

6 利用架体支撑模板或卸料平台。

7 其他影响架体安全的作业。

4.8.4 当附着式升降脚手架停用超过 3 个月时，应提前采取加固措施。

4.8.5 当附着式升降脚手架停用超过 1 个月或遇 6 级及以上大风后复工时，应进行检查，确认合格后方可使用。

4.8.6 螺栓连接件、升降设备、防倾装置、防坠落装置、电控设备、同步控制装置等应每月维护保养。

4.9 拆除

4.9.1 附着式升降脚手架的拆除工作应按专项施工方案及安全操作规程的有关要求进行。

4.9.2 应对拆除作业人员进行安全技术交底。

4.9.3 拆除时应有可靠的防止人员与物料坠落的措施，拆除的材料及设备不得抛扔。

4.9.4 拆除作业应在白天进行。遇 5 级及以上大风和大雨、大雪、浓雾和雷雨等恶劣天气时，不得进行拆除作业。

附录D《危险性较大的分部分项工程安全管理规定》

(中华人民共和国住房和城乡建设部令第37号)

第一章　总　　则

第一条　为加强对房屋建筑和市政基础设施工程中危险性较大的分部分项工程安全管理，有效防范生产安全事故，依据《中华人民共和国建筑法》《中华人民共和国安全生产法》《建设工程安全生产管理条例》等法律法规，制定本规定。

第二条　本规定适用于房屋建筑和市政基础设施工程中危险性较大的分部分项工程安全管理。

第三条　本规定所称危险性较大的分部分项工程（以下简称“危大工程”），是指房屋建筑和市政基础设施工程在施工过程中，容易导致人员群死群伤或者造成重大经济损失的分部分项工程。

危大工程及超过一定规模的危大工程范围由国务院住房城乡建设主管部门制定。

省级住房城乡建设主管部门可以结合本地区实际情况，补充本地区危大工程范围。

第四条　国务院住房城乡建设主管部门负责全国危大工程安全管理的指导监督。

县级以上地方人民政府住房城乡建设主管部门负责本行政区域内危大工程的安全监督管理。

第二章　前　期　保　障

第五条　建设单位应当依法提供真实、准确、完整的工程地质、水文地质和工程周边环境等资料。

第六条　勘察单位应当根据工程实际及工程周边环境资料，在勘察文件中说明地质条件可能造成的工程风险。

设计单位应当在设计文件中注明涉及危大工程的重点部位和环节，提出保障工程周边环境安全和工程施工安全的意见，必要时进行专项设计。

第七条　建设单位应当组织勘察、设计等单位在施工招标文件中列出危大工程清单，要求施工单位在投标时补充完善危大工程清单并明确相应的安全管理措施。

第八条　建设单位应当按照施工合同约定及时支付危大工程施工技术措施费以及相应的安全防护文明施工措施费，保障危大工程施工安全。

第九条　建设单位在申请办理安全监督手续时，应当提交危大工程清单及其安全管理措施等资料。

第三章　专　项　施　工　方　案

第十条　施工单位应当在危大工程施工前组织工程技术人员编制专项施工方案。

实行施工总承包的，专项施工方案应当由施工总承包单位组织编制。危大工程实行分包的，专项施工方案可以由相关专业分包单位组织编制。

第十一条 专项施工方案应当由施工单位技术负责人审核签字、加盖单位公章，并由总监理工程师审查签字、加盖执业印章后方可实施。

危大工程实行分包并由分包单位编制专项施工方案的，专项施工方案应当由总承包单位技术负责人及分包单位技术负责人共同审核签字并加盖单位公章。

第十二条 对于超过一定规模的危大工程，施工单位应当组织召开专家论证会对专项施工方案进行论证。实行施工总承包的，由施工总承包单位组织召开专家论证会。专家论证前专项施工方案应当通过施工单位审核和总监理工程师审查。

专家应当从地方人民政府住房城乡建设主管部门建立的专家库中选取，符合专业要求且人数不得少于 5 名。与本工程有利害关系的人员不得以专家身份参加专家论证会。

第十三条 专家论证会后，应当形成论证报告，对专项施工方案提出通过、修改后通过或者不通过的一致意见。专家对论证报告负责并签字确认。

专项施工方案经论证需修改后通过的，施工单位应当根据论证报告修改完善后，重新履行本规定第十一条的程序。

专项施工方案经论证不通过的，施工单位修改后应当按照本规定的要求重新组织专家论证。

第四章 现场安全管理

第十四条 施工单位应当在施工现场显著位置公告危大工程名称、施工时间和具体责任人员，并在危险区域设置安全警示标志。

第十五条 专项施工方案实施前，编制人员或者项目技术负责人应当向施工现场管理人员进行方案交底。

施工现场管理人员应当向作业人员进行安全技术交底，并由双方和项目专职安全生产管理人员共同签字确认。

第十六条 施工单位应当严格按照专项施工方案组织施工，不得擅自修改专项施工方案。

因规划调整、设计变更等原因确需调整的，修改后的专项施工方案应当按照本规定重新审核和论证。涉及资金或者工期调整的，建设单位应当按照约定予以调整。

第十七条 施工单位应当对危大工程施工作业人员进行登记，项目负责人应当在施工现场履职。

项目专职安全生产管理人员应当对专项施工方案实施情况进行现场监督，对未按照专项施工方案施工的，应当要求立即整改，并及时报告项目负责人，项目负责人应当及时组织限期整改。

施工单位应当按照规定对危大工程进行施工监测和安全巡视，发现危及人身安全的紧急情况，应当立即组织作业人员撤离危险区域。

第十八条　监理单位应当结合危大工程专项施工方案编制监理实施细则，并对危大工程施工实施专项巡视检查。

第十九条　监理单位发现施工单位未按照专项施工方案施工的，应当要求其进行整改；情节严重的，应当要求其暂停施工，并及时报告建设单位。施工单位拒不整改或者不停止施工的，监理单位应当及时报告建设单位和工程所在地住房城乡建设主管部门。

第二十条　对于按照规定需要进行第三方监测的危大工程，建设单位应当委托具有相应勘察资质的单位进行监测。

监测单位应当编制监测方案。监测方案由监测单位技术负责人审核签字并加盖单位公章，报送监理单位后方可实施。

监测单位应当按照监测方案开展监测，及时向建设单位报送监测成果，并对监测成果负责；发现异常时，及时向建设、设计、施工、监理单位报告，建设单位应当立即组织相关单位采取处置措施。

第二十一条　对于按照规定需要验收的危大工程，施工单位、监理单位应当组织相关人员进行验收。验收合格的，经施工单位项目技术负责人及总监理工程师签字确认后，方可进入下一道工序。

危大工程验收合格后，施工单位应当在施工现场明显位置设置验收标识牌，公示验收时间及责任人员。

第二十二条　危大工程发生险情或者事故时，施工单位应当立即采取应急处置措施，并报告工程所在地住房城乡建设主管部门。建设、勘察、设计、监理等单位应当配合施工单位开展应急抢险工作。

第二十三条　危大工程应急抢险结束后，建设单位应当组织勘察、设计、施工、监理等单位制定工程恢复方案，并对应急抢险工作进行后评估。

第二十四条　施工、监理单位应当建立危大工程安全管理档案。

施工单位应当将专项施工方案及审核、专家论证、交底、现场检查、验收及整改等相关资料纳入档案管理。

监理单位应当将监理实施细则、专项施工方案审查、专项巡视检查、验收及整改等相关资料纳入档案管理。

第五章　监　督　管　理

第二十五条　设区的市级以上地方人民政府住房城乡建设主管部门应当建立专家

库，制定专家库管理制度，建立专家诚信档案，并向社会公布，接受社会监督。

第二十六条 县级以上地方人民政府住房城乡建设主管部门或者所属施工安全监督机构，应当根据监督工作计划对危大工程进行抽查。

县级以上地方人民政府住房城乡建设主管部门或者所属施工安全监督机构，可以通过政府购买技术服务方式，聘请具有专业技术能力的单位和人员对危大工程进行检查，所需费用向本级财政申请予以保障。

第二十七条 县级以上地方人民政府住房城乡建设主管部门或者所属施工安全监督机构，在监督抽查中发现危大工程存在安全隐患的，应当责令施工单位整改；重大安全事故隐患排除前或者排除过程中无法保证安全的，责令从危险区域内撤出作业人员或者暂时停止施工；对依法应当给予行政处罚的行为，应当依法作出行政处罚决定。

第二十八条 县级以上地方人民政府住房城乡建设主管部门应当将单位和个人的处罚信息纳入建筑施工安全生产不良信用记录。

第六章　法　律　责　任

第二十九条 建设单位有下列行为之一的，责令限期改正，并处1万元以上3万元以下的罚款；对直接负责的主管人员和其他直接责任人员处1000元以上5000元以下的罚款：

（一）未按照本规定提供工程周边环境等资料的。

（二）未按照本规定在招标文件中列出危大工程清单的。

（三）未按照施工合同约定及时支付危大工程施工技术措施费或者相应的安全防护文明施工措施费的。

（四）未按照本规定委托具有相应勘察资质的单位进行第三方监测的。

（五）未对第三方监测单位报告的异常情况组织采取处置措施的。

第三十条 勘察单位未在勘察文件中说明地质条件可能造成的工程风险的，责令限期改正，依照《建设工程安全生产管理条例》对单位进行处罚；对直接负责的主管人员和其他直接责任人员处1000元以上5000元以下的罚款。

第三十一条 设计单位未在设计文件中注明涉及危大工程的重点部位和环节，未提出保障工程周边环境安全和工程施工安全的意见的，责令限期改正，并处1万元以上3万元以下的罚款；对直接负责的主管人员和其他直接责任人员处1000元以上5000元以下的罚款。

第三十二条 施工单位未按照本规定编制并审核危大工程专项施工方案的，依照《建设工程安全生产管理条例》对单位进行处罚，并暂扣安全生产许可证30日；对直接负责的主管人员和其他直接责任人员处1000元以上5000元以下的罚款。

第三十三条 施工单位有下列行为之一的，依照《中华人民共和国安全生产法》

《建设工程安全生产管理条例》对单位和相关责任人员进行处罚：

（一）未向施工现场管理人员和作业人员进行方案交底和安全技术交底的。

（二）未在施工现场显著位置公告危大工程，并在危险区域设置安全警示标志的。

（三）项目专职安全生产管理人员未对专项施工方案实施情况进行现场监督的。

第三十四条　施工单位有下列行为之一的，责令限期改正，处1万元以上3万元以下的罚款，并暂扣安全生产许可证30日；对直接负责的主管人员和其他直接责任人员处1000元以上5000元以下的罚款：

（一）未对超过一定规模的危大工程专项施工方案进行专家论证的。

（二）未根据专家论证报告对超过一定规模的危大工程专项施工方案进行修改，或者未按照本规定重新组织专家论证的。

（三）未严格按照专项施工方案组织施工，或者擅自修改专项施工方案的。

第三十五条　施工单位有下列行为之一的，责令限期改正，并处1万元以上3万元以下的罚款；对直接负责的主管人员和其他直接责任人员处1000元以上5000元以下的罚款：

（一）项目负责人未按照本规定现场履职或者组织限期整改的。

（二）施工单位未按照本规定进行施工监测和安全巡视的。

（三）未按照本规定组织危大工程验收的。

（四）发生险情或者事故时，未采取应急处置措施的。

（五）未按照本规定建立危大工程安全管理档案的。

第三十六条　监理单位有下列行为之一的，依照《中华人民共和国安全生产法》《建设工程安全生产管理条例》对单位进行处罚；对直接负责的主管人员和其他直接责任人员处1000元以上5000元以下的罚款：

（一）总监理工程师未按照本规定审查危大工程专项施工方案的。

（二）发现施工单位未按照专项施工方案实施，未要求其整改或者停工的。

（三）施工单位拒不整改或者不停止施工时，未向建设单位和工程所在地住房城乡建设主管部门报告的。

第三十七条　监理单位有下列行为之一的，责令限期改正，并处1万元以上3万元以下的罚款；对直接负责的主管人员和其他直接责任人员处1000元以上5000元以下的罚款：

（一）未按照本规定编制监理实施细则的。

（二）未对危大工程施工实施专项巡视检查的。

（三）未按照本规定参与组织危大工程验收的。

（四）未按照本规定建立危大工程安全管理档案的。

第三十八条　监测单位有下列行为之一的，责令限期改正，并处1万元以上3万元以下的罚款；对直接负责的主管人员和其他直接责任人员处1000元以上5000元以下的罚款：

（一）未取得相应勘察资质从事第三方监测的。

（二）未按照本规定编制监测方案的。

（三）未按照监测方案开展监测的。

（四）发现异常未及时报告的。

第三十九条 县级以上地方人民政府住房城乡建设主管部门或者所属施工安全监督机构的工作人员，未依法履行危大工程安全监督管理职责的，依照有关规定给予处分。

第七章 附 则

第四十条 本规定自2018年6月1日起施行。

模 拟 练 习

一、判断题

1. 爆炸力、撞击力属于可变荷载。

【答案】错误

【解析】可变作用（可变荷载或活荷载）：在设计基准期内，其值随时间变化。如安装荷载、屋面与楼面上的活荷载、雪荷载、风荷载、吊车荷载、积灰荷载等。偶然作用（偶然荷载、特殊荷载）：在设计基准期内可能出现，也可能不出现，而一旦出现其值很大，且持续时间较短。例如爆炸力、撞击力、雪崩、严重腐蚀、地震、台风等。

2.《建筑制图标准》规定，尺寸单位除总平面图和标高以米为单位外，其余均以厘米为单位。

【答案】错误

【解析】《房屋建筑制图统一标准》GB/T 50001—2017 规定，施工图上的尺寸大小应以标注的尺寸数字为准，不应在图中直接量取；尺寸单位除总平面图和标高以米（m）为单位外，其余均以毫米（mm）为单位。

3. 所用钢丝绳长度应满足起重机的使用要求，并且在源头卷筒上的终端位置应至少保留 3 圈钢丝绳。

【答案】正确

【解析】卷筒上的钢丝绳必须排列整齐，吊装中卷筒上的钢丝绳至少要保留 3 圈。

4. 附着式升降脚手架，要依靠其他辅助升降设备和装置来逐层爬升和下降。

【答案】错误

【解析】附着式升降脚手架是指搭设一定高度并附着于工程结构上，依靠自身的升降设备和装置，可以随着工程结构逐层爬升或下降，具有防倾覆、防坠落装置的外脚手架。

5. 竖向主框架、水平支撑桁架、架体构架应根据承载能力极限状态的要求验算变形。

【答案】错误

【解析】附着式升降脚手架架体结构、附着支承结构、防倾装置、防坠装置的承载能力应按概率极限状态设计法的要求采用分项系数设计表达式进行设计。

6. 附着式升降脚手架的架体悬臂高度不得大于架体高度的 2/5，且不能大于 6m。

【答案】正确

7. 物料平台可以与附着式升降脚手架各部位和各结构构件相连。

【答案】错误

【解析】物料平台不得与附着式升降脚手架各部位和各结构构件相连，其荷载应直接传递给建筑工程结构。

8. 附着式升降脚手架应在每个竖向主框架处设置升降设备。

【答案】正确

【解析】附着式升降脚手架必须在每个竖向主框架处设置升降设备，升降设备宜采用电动葫芦或电动液压设备，单跨升降时可采用手动葫芦

9. 电动附着式升降脚手架的升降动力装置一般采用高速环链葫芦。

【答案】错误

【解析】电动附着式升降脚手架的升降动力装置一般采用低速环链葫芦。

10. 在面板上每个机位对应一个变光显示灯，当各机位荷载正常时，总预警黄灯常亮，各机位黄灯常亮。

【答案】错误

【解析】自动检测显示仪面板上每个机位有一个红、黄、绿变光显示灯，当机位荷载超出上限值时，灯光显示红色，表示机位超载；当机位荷载低于下限值时，灯光显示黄色，表示机位欠载；当机位荷载在上、下限值之间时，灯光显示绿色，表示正常。

11. 机械式荷载预警系统能同时监视多机位。

【答案】正确

【解析】操作人员通过面板上各机位显示灯的颜色和警示标记，可了解所有机位的受力状况，并能及时找出故障机位的位置。待故障排除后，架体才能正常升降。

12. 楔钳制动式防坠器主要靠活动锁块、楔块，在扭力弹簧的压力作用下压紧在防坠杆上，产生摩擦力作用而锁牢防坠落杆。

【答案】错误

【解析】楔钳制动式防坠器的工作原理是利用起升荷载的重力与弹簧的平衡，使安全器处于“开启”的平衡状态，一旦平衡被破坏，则立即可转换为“制动”状态，从而制止架体的坠落。

13. 竖向主框架所覆盖的每两个楼层处应设置一道附墙支座。

【答案】错误

【解析】竖向主框架所覆盖的每个楼层处应设置一道附墙支座。

14. 工程总承包单位必须将附着式升降脚手架专业工程发包给具有相应资质的专业承包队伍。

【答案】正确

【解析】施工总承包单位必须将附着式升降脚手架专业工程发包给具有相应资质等

级的附着式升降脚手架专业承包队伍，签订专业工程承包合同，并明确双方的安全生产责任。

15. 附着式升降脚手架若在相邻建筑物、构筑物防雷保护范围之外时，应安装防雷保护装置，接地电阻不大于 20Ω。

【答案】错误

【解析】升降架如果在相邻建筑物、构筑物防雷保护范围之外，则应单独安装防雷装置，防雷装置的冲击接地电阻值不得大于 10Ω。

16. 附着式升降脚手架架体安装搭设后整体垂直度偏差不大于 60mm 或 5‰的质量标准。

【答案】正确

【解析】防倾覆装置在安装过程中应进行必要的调整，使导轨的垂直度偏差不大于 5‰，并且不超过 60mm。

17. 在同一单位工程的附着式升降脚手架中使用的低速电动环链葫芦，必须是同一厂家、同一型号、同一规格的产品，安装后应进行空载转速检测。

【答案】正确

【解析】在同一个升降脚手架中，同时使用的升降机构、防坠落装置以及架体同步升降及荷载监控系统，应分别采用同一厂家生产的、同一规格型号的产品。

18. 在提升和下降时，当电动葫芦断链或脱钩时，防坠安全制动器在架体坠落时，能自动锁住制动杆，其制动距离不得大于 90mm。

【答案】错误

【解析】防坠装置必须灵敏、可靠，其制动距离对于整体式附着式升降脚手架不得大于 80mm，对于单片式附着式升降脚手架不得大于 150mm

19. 脚手架上升时，须在第二层楼面和第四层楼面位置安装抗倾覆装置。

【答案】正确

【解析】附着式升降脚手架上升时须在第二层和第四层楼面位置安装抗倾覆导向轮。

20. 脚手架在升降过程中的升、降指令，允许有多个指挥下达。

【答案】错误

【解析】在脚手架升降过程中，应实行统一指挥、规范指令。升降指令只能由总指挥一人下达，但遇有异常情况出现时，任何人均可立即发出停止升降指令。

21. 脚手架在升降过程中，若出现异常情况，可暂且忽视继续进行下一步。

【答案】错误

【解析】当发现架体出现异常情况后，现场管理人员及操作班组应当采取有效措施防止事故发生，并立即向施工单位工程部和有关部门报告。

22. 可以由一人拆除架体的立杆、纵向水平杆。

【答案】错误

【解析】一般拆除附着式升降脚手架需要6～8人配合操作，其中应有1名负责人指挥并监督检查安全操作规程的执行情况，架体上至少安排5～6人负责拆除工作，1人负责拆除区域的安全警戒工作。

23. 拆卸的钢管、扣件、脚手板、安全网等物品可以直接向下抛扔。

【答案】错误

【解析】架体上的材料、工具、设备和垃圾等应及时清理至楼内，严禁向下抛掷。

24. 辅助材料转运钢平台不得与附着式升降脚手架各部位和各结构构件相连，其荷载应直接传递给建筑工程结构。

【答案】正确

【解析】物料平台不得与附着式升降脚手架各部位和各结构构件相连，其荷载应直接传递给建筑工程结构。

25. 附着式升降脚手架升降工况下，架体开口处必须有可靠的防止人员及物料坠落措施。

【答案】正确

【解析】单片式和中间断开的整体式附着式升降脚手架，在使用工况下，其断开处必须封闭并加设栏杆；在升降工况下，架体开口处必须有可靠的防止人员及物料坠落的措施。

26. 木工在支模时支模模架向建筑外伸出的距离不要大于15mm。

【答案】错误

【解析】与土建施工项目部协调，要求木工在支模时支模架向建筑外伸出的距离不要大于20mm。

27. 中继站可将由中央检测显示仪发来的扫描脉冲信号分配至所属各传感器。

【答案】正确

【解析】在每个电动葫芦与机位之间串联安装一个机械式荷载传感器，每四只荷载传感器为一组并联至中继站，各中继站用一根电源线与信号线合一的多芯电缆线串联至自动监测显示仪。由自动监测显示仪向中继站每秒发出一组扫描脉冲信号，并接收各中继站的反馈信号，进行监测、显示。

28. 特种作业人员逾期未申办证书延期复核手续的，操作证书继续有效。

【答案】错误

【解析】考核发证机关应当注销资格证书：（1）依法不予延期的；（2）持证人逾期未申请办理延期复核手续的；（3）持证人死亡或者不具有完全民事行为能力的；（4）考核发证机关规定应当注销的其他情形。

29. 脚手架在安装时，主框架的垂直偏差应小于2‰。

【答案】错误

【解析】在安装过程中随时注意调整架体竖向主框架的垂直偏差，应不大于主框架的5‰和不超过60mm，并及时将搭设好的架体与建筑物内支撑脚手架或楼面预埋管连接。

30. 每搭完一步脚手架后，应按照允许偏差规定校正步距、纵距、横距及立杆的垂直度。

【答案】正确

31. 作业人员无权拒绝违章指挥和强令冒险作业。

【答案】错误

【解析】作业人员有权拒绝违章指挥和强令冒险作业。

32. 作业人员无权了解施工现场和工作岗位存在的危险因素、防范措施等。

【答案】错误

【解析】作业人员有权了解施工现场和工作岗位存在的危险因素、防范措施等。

33. 对钢丝绳定期进行系统润滑，可保证钢丝绳的性能，延长使用寿命。

【答案】正确

34. 钢丝绳的润滑油应与公司和制造商使用的原始润滑油一致。

【答案】正确

35. 物体的重心相对物体的位置是一定的，它不会随物体放置的位置改变而改变。

【答案】正确

36. 附着式升降脚手架在第一次下降前须对脚手架进行矫正及建筑垃圾的清理。

【答案】正确

37. 机械式荷载传感器有防撞、防水等自身防护措施。

【答案】正确

38. 附着式升降脚手架进行升降作业时，操作人员可以停留在架体上。

【答案】错误

【解析】附着式升降脚手架进行升降作业时，架体上严禁进行任何其他作业，禁止人员在架体上停留。

39. 对附着式升降脚手架在升降过程中实施有效监控是保证附着式升降脚手架安全施工的关键。

【答案】正确

40. 附着式升降脚手架在安装前，安装作业人员应当对附着升降架结构件、构配件以及建筑工程结构附着点等进行检查验收。

【答案】正确

二、单选题

1. 吊车荷载属于(　　)。

A. 可变荷载　　B. 偶然荷载　　C. 随遇荷载　　D. 永久荷载

【答案】A

【解析】可变作用（可变荷载或活荷载）：在设计基准期内，其值随时间变化。如安装荷载、屋面与楼面上的活荷载、雪荷载、风荷载、吊车荷载、积灰荷载等。

2. 土压力属于(　　)。

A. 可变荷载　　B. 永久荷载　　C. 随遇荷载　　D. 偶然荷载

【答案】B

【解析】永久作用（永久荷载或恒载）：在设计基准期内，其值不随时间变化；或其变化可以忽略不计。如：结构自重、土压力、预加应力、混凝土收缩、基础沉降、焊接变形等。

3. 一栋房屋的全套施工图的编排顺序是：(　　)。

A. 图纸目录、建筑设计总说明、总平面图、建施、结施、水施、暖施、电施

B. 建筑设计总说明、图纸目录、总平面图、建施、结施、水施、暖施、电施

C. 图纸目录、总平面图、建筑设计总说明、建施、结施、水施、暖施、电施

D. 建筑设计总说明、图纸目录、总平面图、结施、建施、水施、暖施、电施

【答案】A

【解析】一套施工图通常由几个专业的几张、几十张，甚至几百张图纸组成。为了方便识读，应按统一的顺序装订。一般按图纸目录、总说明、材料做法表、总平面图、建筑施工图、结构施工图、给排水施工图、采暖通风施工图、电气施工图的顺序来编排。各专业施工图应按图纸内容的主次关系来排列。全局性的图纸在前，局部性的图纸在后，如基础图在前，详图在后；主要部分在前，次要部分在后；先施工的图在前，后施工的图在后等顺序编排。

4. 房屋施工图中，横向编号应用(　　)标写，从(　　)按顺序编号。

A. 阿拉伯数字；右至左　　B. 阿拉伯数字；左至右

C. 大写拉丁字母；右至左　　D. 大写拉丁字母；左至右

【答案】B

【解析】横向编号应用阿拉伯数字标写，从左至右按顺序编号；纵向编号应用大写英文字母，从下至上按顺序编号，其中英文字母中的 I、O、Z 不能用于轴线号，以避免与 1、0、2 混淆。

5. 看图的基本方法是：(　　)。

A. 由外向里看，由大到小看，由粗向细看

B. 由里向外看，由大到小看，由粗向细看

C. 由外向里看，由小到大看，由粗向细看

D. 由外向里看，由大到小看，由细向粗看

【答案】A

【解析】一般看图的方法是：由外向里看，由大到小看，由粗至细看，图样与说明互相看，建筑图与结构图对照看；重点看轴线及各种尺寸关系。

6. 我国使用量最多，应用最普遍的一种脚手架是(　　)。

A. 扣件式钢管脚手架　　B. 门式脚手架

C. 碗扣式脚手架　　D. 悬挑式脚手架

【答案】A

7. 下列不属于脚手架主要功能的是(　　)。

A. 可以使操作人员在不同部位进行施工操作

B. 按照规定要求在脚手架上堆放建筑材料

C. 进行长距离垂直运输

D. 保证施工人员在高处作业时的安全

【答案】C

【解析】脚手架主要功能的是：(1) 使操作人员在不同部位进行施工操作；(2) 按照规定要求在脚手架上堆放建筑材料；(3) 保证施工人员在高处作业时的安全。

8. 下列附着式升降脚手架不属于按架体的升降方法分类的是(　　)。

A. 单跨式附着升降脚手架　　B. 两跨式附着升降脚手架

C. 多跨式附着升降脚手架　　D. 整体式附着升降脚手架

【答案】B

【解析】附着式升降脚手架按架体的升降方法不同，可分为单跨附着式升降脚手架、多跨附着式升降脚手架、整体附着式升降脚手架、互爬式附着式升降脚手架四种。

9. 下列附着式升降脚手架不属于按附着支撑结构的形式分类的是(　　)。

A. 导轨式　　B. 吊拉式　　C. 套框式　　D. 斜拉式

【答案】D

【解析】附着式升降脚手架按附着支撑结构的形式可分为吊拉式、吊轨式、导轨式、导座式、套框式、挑轨式、套轨式、锚轨式等，在工程中常见的附着支撑形式有吊拉式附着支撑、导轨式附着支撑和套框式附着支撑 3 种，其他附着支撑形式基本上是这 3 种形式的改型和扩展。

10. 下列附着式升降脚手架不属于按升降机构的类型分类的是(　　)。

A. 摇杆式　　B. 电动葫芦式　　C. 卷扬式　　D. 液压式

【答案】A

【解析】按升降机构的类型不同，附着式升降脚手架可分为手拉环链葫芦、电动葫

芦、电动卷扬机、液压动力设备等。

11. 下列不属于附着式脚手架特点的是(　　)。

A. 耐高温的内脚手架　　B. 有自身升降设备

C. 可随工程结构施工逐层爬升或下降　　D. 具有防倾覆，防坠落装置

【答案】A

【解析】附着式脚手架特点的是有自身升降设备，可随工程结构施工逐层爬升或下降，具有防倾覆、防坠落装置等。

12. 下列哪个不是附着式升降脚手架架体结构的组成部分(　　)。

A. 竖向主框架　　B. 水平支撑桁架

C. 工作脚手架　　D. 附着支承结构

【答案】C

【解析】附着式升降脚手架应由竖向主框架、水平支撑桁架、架体构架、附着支承结构、防倾装置、防坠装置组成。

13. 附着式升降脚手架架体结构、附着支承结构、防倾装置、防坠装置的承载能力应按(　　)的要求进行设计。

A. 概率极限状态设计法　　B. 正态极限状态设计法

C. 概率一般状态设计法　　D. 正态一般状态设计法

【答案】A

【解析】附着式升降脚手架的架体结构和附着支承结构应按“概率极限状态法”进行设计计算。

14. 不需要根据正常使用极限状态的要求验算变形的是(　　)。

A. 竖向主框架　　B. 水平支承桁架　　C. 架体构架　　D. 横向主框架

【答案】D

【解析】竖向主框架、水平支承桁架、架体构架应根据正常使用极限状态的要求验算变形。

15. 附着式升降脚手架的索具、吊具应按有关机械设计规定，按(　　)进行设计。

A. 容许应变法　　B. 容许应力法　　C. 最小应变法　　D. 最小应力法

【答案】B

16. 附着式升降脚手架架体结构高度不得大于(　　)倍楼层高。

A. 5　　B. 6　　C. 7　　D. 8

【答案】A

17. 附着式升降脚手架架体宽度不得大于(　　)m。

A. 1.0　　B. 1.1　　C. 1.2　　D. 1.3

【答案】C

18. 附着式升降脚手架直线布置的架体支撑跨度不得大于(　　)，折线或曲线布置的架体，相邻两主框架支撑点处的架体外侧距离不得大于(　　)。

A. 5m；3.6m　　B. 5m；5.4m　　C. 7m；3.6m　　D. 7m；5.4m

【答案】D

【解析】附着式升降脚手架直线布置的架体支承跨度不应大于 7m，折线或曲线布置的架体，相邻两主框架支撑点处的架体外侧距离不得大于 5.4m。

19. 附着式升降脚手架架体的水平悬挑长度不得大于(　　)m，且不得大于跨度的(　　)。

A. 1；1/2　　B. 2；1/2　　C. 1；1/3　　D. 2；1/3

【答案】B

【解析】架体的水平悬挑长度不得大于 2m，且不得大于跨度的 1/2。架体全高与支承跨度的乘积不应大于 $110m^2$。

20. 附着式升降脚手架架体全高与支承跨度的乘积不应大于(　　)m^2。

A. 110　　B. 120　　C. 130　　D. 140

【答案】A

【解析】架体的水平悬挑长度不得大于 2m，且不得大于跨度的 1/2。架体全高与支承跨度的乘积不应大于 $110m^2$。

21. 水平支撑桁架上下弦应采用(　　)杆件，或设置刚性接头。

A. 多根连接　　B. 交叉连接　　C. 整根通长　　D. 重叠连接

【答案】C

【解析】桁架上、下弦应采用整根通长杆件，或设置刚性接头；腹杆上、下弦连接应采用螺栓或焊接连接。

22. 竖向主框架所覆盖的每(　　)处应设置一道附墙支座。

A. 一层　　B. 二层　　C. 三层　　D. 四层

【答案】A

23. 附墙支座应采用锚固螺栓与建筑物连接，受拉螺栓的螺母不得少于(　　)或应采用(　　)加单螺母。

A. 一个；弹簧垫圈　　B. 二个；弹簧垫圈

C. 一个；木垫圈　　D. 二个；木垫圈

【答案】B

【解析】附墙支座应采用锚固螺栓与建筑物连接，受拉螺栓的螺母不得少于两个。或应采用弹簧螺杆垫圈加单螺母，露出螺母端部长度应不少于 3 扣，并不得小于 10mm，垫板尺寸应由设计确定，且不得小于 100mm×100mm×10mm。

24. 附墙支座支承在建筑物上连接处混凝土的强度应按设计要求确定，且不得小于(　　)。

A. C40　　B. C30　　C. C20　　D. C10

【答案】D

25. 水平支撑桁架最底层应设置脚手板，在脚手板的下面应用(　　)

A. 桁架兜底　　B. 木板兜底

C. 安全网兜底　　D. 都可以

【答案】C

【解析】水平支承桁架最底层应设置脚手板，并应铺满铺牢，与建筑物墙面之间也应设置脚手板全封闭，宜设置可翻转的密封翻版。在脚手板的下面应采用安全网兜底。

26. 架体悬臂高度不得大于架体高度的(　　)，且不得大于(　　)m。

A. 1/5；5　　B. 1/5；6

C. 2/5；6　　D. 2/5；5

【答案】C

【解析】升降和使用工况下，架体悬臂高度均不应大于6.0m和2/5架体高度。

27. 物料平台(　　)与附着式升降脚手架各部位和各结构构件相连，其荷载应(　　)传递给建筑工程结构。

A. 不得；直接　　B. 不得；间接

C. 应；直接　　D. 应；间接

【答案】A

28. 剪刀撑斜杆水平夹角应为(　　)。

A. 30°～45°　　B. 45°～60°

C. 60°～75°　　D. 75°～90°

【答案】B

【解析】架体外立面应沿全高连续设置剪刀撑，并应将竖向主框架、水平支承桁架和架体架连成一体，剪刀撑斜杆水平夹角为45°～60°

29. 架体在以下哪些部位应采取可靠的加强构造措施(　　)。

①与附墙支座的连接处　　②架体上提升机构的设置处

③架体吊拉点设置处　　④架体平面的转角处

A. ①②③　　B. ①②④

C. ②③④　　D. ①②③④

【答案】D

【解析】架体结构在以下部位应采取可靠的加强构造措施：(1) 与附着支承结构的连接处；(2) 架体上升降机构的设置处；(3) 架体上防倾、防坠装置的设置处；(4) 架体吊拉点设置处；(5) 架体平面的转角处；(6) 架体因碰到塔吊、施工电梯、物料平台等设施而需要断开或开洞处；(7) 其他有加强要求的部位。

30. 附着式升降脚手架作业层外侧应设置(　　)m高的防护栏杆和(　　)mm高的挡脚板。

A. 1.2；150　　B. 1.2；180

C. 1.5；150　　D. 1.2；150

【答案】B

31. 下图导轨式附着升降脚手架升降原理示意图分别表示什么工况(　　)。

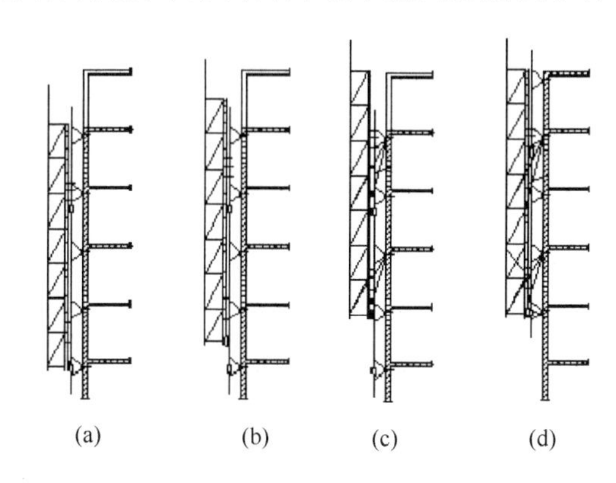

A. 准备提升；提升；提升完成；准备下次提升

B. 准备提升；提升；准备下次提升；提升完成

C. 准备提升；准备下次提升；提升；提升完成

D. 准备提升；提升完成；准备下次提升；提升

【答案】A

【解析】工况是：启动提升葫芦，架子沿着导轨上升，提升到要求位置后固定；将底部空出的导轨及连墙挂板拆除，装到上升部位的顶部，将提升挂座移到上部，准备下次提升。

32. 可将由中央监测显示仪发来的扫描脉冲信号分配至所属各传感器的机械式荷载预警系统组件为(　　)。

A. 中继站　　B. 机械式荷载传感器

C. 中央监测显示仪　　D. 转换器

【答案】A

【解析】在每个电动葫芦与机位之间串联安装一个机械式荷载传感器，每四只荷载传感器为一组并联至中继站，各中继站用一根电源线与信号线合一的多芯电缆线串联至自动监测显示仪。由自动监测显示仪向中继站每秒发出一组扫描脉冲信号，并接收各中继站的反馈信号，进行监测、显示。

33. 当各机位荷载正常（$10kN < P < 50kN$）时，总预警(　　)常亮，各机位(　　)常亮。

A. 红灯　　B. 黄灯　　C. 绿灯　　D. 蓝灯

【答案】C

【解析】自动检测显示仪面板上每个机位有一个红、黄、绿变光显示灯，当机位荷载超出上限值时，灯光显示红色，表示机位超载；当机位荷载低于下限值时，灯光显示黄色，表示机位欠载；当机位荷载在上、下限值之间时，灯光显示绿色，表示正常。

34. 当某机位超载（$P \geqslant 50kN$）时，蜂鸣器发出报警声响，总预警(　　)常亮。

A. 红灯　　B. 黄灯　　C. 绿灯　　D. 蓝灯

【答案】A

【解析】自动检测显示仪面板上每个机位有一个红、黄、绿变光显示灯，当机位荷载超出上限值时，灯光显示红色，表示机位超载；当机位荷载低于下限值时，灯光显示黄色，表示机位欠载；当机位荷载在上、下限值之间时，灯光显示绿色，表示正常。

35. 当某机位欠载（$P \leqslant 10kN$）时，蜂鸣器发出报警声响，总预警(　　)常亮。

A. 红灯　　B. 黄灯　　C. 绿灯　　D. 蓝灯

【答案】B

【解析】自动检测显示仪面板上每个机位有一个红、黄、绿变光显示灯，当机位荷载超出上限值时，灯光显示红色，表示机位超载；当机位荷载低于下限值时，灯光显示黄色，表示机位欠载；当机位荷载在上、下限值之间时，灯光显示绿色，表示正常。

36. 附着式升降脚手架重心位置较高，而吊心位置在重心下面，使附着式升降脚手架架体极易向外或向内倾斜，而导致(　　)。

A. 坠落事故　　B. 倾覆事故　　C. 都不是　　D. 皆可发生

【答案】B

【解析】架体机位平面布置不当，可造成整个架体重心偏移，如多个机位连成整片后，整个架体重心位置取决于建筑物外形变化以及提升吊点的位置。架体重心向外偏移，易造成该段架体向外倾覆；架体重心向内偏移，易造成该段架体向里倾覆。

37. 从事附着式升降脚手架安装、升降和拆卸活动的单位应当依法取得建设主管部门颁发的(　　)。

A. 附着式升降脚手架专业承包资质

B. 建筑施工企业安全生产许可证

C. 附着式升降脚手架专业承包资质和建筑施工企业安全生产许可证

D. 两者皆不需要

【答案】C

38. 工程总承包单位必须将附着式升降脚手架专业工程发包给(　　)的专业承包队伍。

A. 具有工程经验　　B. 要价较低　　C. 工作效率高　　D. 具有相应资质

【答案】D

【解析】施工总承包单位必须将附着式升降脚手架专业工程发包给具有相应资质等级的附着式升降脚手架专业承包队伍，签订专业工程承包合同，并明确双方的安全生产责任。

39. 从事附着式升降脚手架安装、升降和拆卸的操作人员应当年满(　　)周岁，具备(　　)文化程度。

A. 18；小学以上　　B. 18；初中以上　　C. 20；小学以上　　D. 20；无限制

【答案】B

【解析】建筑架子工属于特种作业人员，应年满18周岁，具有初中以上文化程度，接受专门安全操作知识培训，经建设主管部门考核合格，取得“建筑施工特种作业操作资格证书”，方可在建筑施工现场从事落地式脚手架、悬挑式脚手架、模板支架、外电防护架、卸料平台、洞口临边防护等登高架设、维护、拆除作业。

40. 从事附着式升降脚手架安装、升降和拆卸的操作人员应经过专门培训，并经建设主管部门考核合格，取得(　　)。

A. 建筑施工人员操作资格证书　　B. 施工特种作业人员操作资格证书

C. 建筑施工特种作业人员操作资格证书　　D. 建筑人员特种工作操作资格证书

【答案】C

【解析】建筑施工特种作业人员必须经建设主管部门考核合格，取得建筑施工特种作业人员操作资格证书，方可上岗从事相应作业。

41. 遇有(　　)及以上大风和雨、大雪、大雾等影响安全作业的恶劣气候时，应停止安装、提升、下降、拆卸作业。

A. 4级　　B. 5级　　C. 6级　　D. 7级

【答案】B

【解析】遇五级（含五级）以上大风和大雨、大雪、浓雾和雷雨等恶劣天气时，禁止进行升降和拆卸作业。并应预先对架体采取加固措施。夜间禁止进行升降作业。

42. 附着式脚手架工程提升≥(　　)m时，属于危险性较大的分部分项工程，必须经过专家论证。

A. 50　　B. 100　　C. 150　　D. 200

【答案】C

【解析】需要专家论证的脚手架工程有：

(1) 搭设高度50m及以上落地式钢管脚手架工程。

(2) 提升高度150m及以上附着式整体和分片提升脚手架工程。

(3) 分段架体搭设高度20m及以上悬挑式脚手架工程。

43. 防坠安全制动器在架体坠落时，其制动距离不得大于(　　)mm。

A. 50　　B. 70　　C. 80　　D. 100

【答案】C

【解析】防坠装置必须灵敏、可靠，其制动距离对于整体式附着式升降脚手架不得大于 80mm，对于单片式附着式升降脚手架不得大于 150mm。

44. 下列附着式升降脚手架的部件中，需要有防尘、防雨、防砸措施的是(　　)。

①升降动力设备　②动力控制柜　③防坠安全控制器　④荷载控制系统

A. ①②③　　B. ①②④　　C. ②③④　　D. ①②③④

【答案】D

【解析】需要有防尘、防雨、防砸措施的是升降动力设备、动力控制柜、防坠安全控制器和荷载控制系统。

45. 附着式升降脚手架四个层高范围内每个机位位置上部第三层楼面和下部第一层楼面须各安装一套(　　)装置。

A. 吊拉钢梁　　B. 防坠钢梁　　C. 抗倾覆导向　　D. 抗倾斜

【答案】C

【解析】每个机位须在相隔两层的位置安装抗倾覆导向轮，附着式升降脚手架上升时在第二层和第四层楼面位置安装抗倾覆导向轮，附着式升降脚手架下降时在第一层和第三层楼面位置安装抗倾覆导向轮。

46. 下列对拆除的安全保护措施描述不正确的是(　　)。

A. 操作人员一律系好安全带

B. 操作人员一律挂好保险钩

C. 操作人员应熟悉拆除方法顺序注意事项

D. 拆除过程中必须佩戴手套

【答案】D

【解析】拆除的安全保护措施包括操作人员一律系好安全带、操作人员一律挂好保险钩、操作人员应熟悉拆除方法、顺序、注意事项等。

47. 拆除的(　　)严禁向下抛扔。

A. 钢管、扣件、脚手板、安全网　　B. 钢管、扣件、安全网

C. 钢管、脚手板、安全网　　D. 扣件、脚手板、安全网

【答案】A

【解析】拆除时应有可靠的防止人员与物料坠落的措施，拆除的材料及设备严禁抛扔。

48. 在提升情况下下吊钩的链轮内有混凝土、石子等杂物时，附着式升降脚手架升降时会出现(　　)的故障。

A. 升降时架体与支模架相碰　　B. 提升时架体向外倾斜

C. 升降时低速环链葫芦断链　　　　D. 防坠制动器失灵

【答案】C

【解析】产生升降时低速环链电动葫芦断链故障的原因：大多数情况是在提升情况下吊钩的链轮内有混凝土、石子等杂物，当运转时链条在链轮内的节距已改变而拉坏链条；低速环链电动葫芦运转时有翻链的情况，翻链的链条被拉坏。

49. 当土建施工时支模板架向建筑外伸出距离太大，并进入附着式升降脚手架内时，附着式升降脚手架升降时会出现(　　)的故障。

A. 升降时架体与支模架相碰　　　　B. 提升时架体向外倾斜

C. 升降时低速环链葫芦断链　　　　D. 防坠制动器失灵

【答案】A

【解析】产生升降时架体与支模架相碰故障的原因：土建施工时支模架向建筑外伸出距离太大并进入附着式升降脚手架内，附着式升降脚手架在提升时硬是把模板支撑系统或脚手架架体拉坏。

50. 机位处抗倾覆导向轮没有安装或安装不正确时，附着式升降脚手架升降时会出现(　　)的故障。

A. 升降时架体与支模架相碰　　　　B. 防坠制动器失灵

C. 升降时低速环链葫芦断链　　　　D. 提升时架体向外倾斜

【答案】D

【解析】产生提升时架体向外倾斜故障的原因：机位处抗倾覆导向轮没有安装或安装不正确；附着式升降脚手架机位与建筑物之间的距离较大，倾覆导向轮向外伸出距离太大或太软，抗倾覆效果较差。

51. 防止附着式升降脚手架升降时架体与支模架相碰的处置方法是(　　)。

A. 要求木工在支模时支模模架向建筑外伸出的距离不要大于 20mm

B. 升降前清理链轮内的建筑垃圾，并加油润滑链条

C. 在适当位置安装抗倾覆导向轮

D. 清理垃圾，保证防坠制动杆的长度

【答案】A

【解析】处置方法：与土建施工项目部协调，要求木工在支模时支模架向建筑外伸出的距离不要大于 20mm。

52. 防止附着式升降脚手架提升时架体向外倾斜的处置方法是(　　)。

A. 要求木工在支模时支模模架向建筑外伸出的距离不要大于 20mm

B. 升降前清理链轮内的建筑垃圾，并加油润滑链条

C. 在适当位置安装抗倾覆导向轮

D. 清理垃圾，保证防坠制动杆的长度

【答案】C

【解析】处置方法：每个机位须在相隔两层的位置安装抗倾覆导向轮，附着式升降脚手架上升时在第二层和第四层楼面位置安装抗倾覆导向轮，附着式升降脚手架下降时在第一层和第三层楼面位置安装抗倾覆导向轮。

53. 附着式升降脚手架的总配电容量太小而不能正常启动时，会出现什么故障(　　)。

A. 斜拉杆附着边梁拉裂　　B. 荷载控制器失灵

C. 升时电控柜控制开关跳闸　　D. 脚手架架体倾斜

【答案】C

【解析】升降时电控柜控制开关跳闸产生原因：附着式升降脚手架的总配电容量太小而不能正常启动；电气设备漏电。

54. 防倾装置安装不当或失灵时，会出现(　　)故障。

A. 斜拉杆附着边梁拉裂　　B. 荷载控制器失灵

C. 升时电控柜控制开关跳闸　　D. 脚手架架体倾斜

【答案】D

【解析】通常情况下，是由于防倾装置安装不当或失灵，导致架体向内或向外倾斜。

55. 防止附着式升降脚手架升时电控柜控制开关跳闸的处置方法是(　　)。

A. 有防雨措施并对线路经常检查，发现问题及时修复

B. 混凝土强度要满足附墙装置的要求

C. 供电线路应单独敷设，并要有足够的用电容量

D. 检查防倾装置安装是否正确，是否有效

【答案】C

【解析】附着式升降脚手架的供电线路应单独敷设，并要有足够的用电容量。查找漏电原因，进行处理。

56. 防止附着式升降脚手架架体倾斜的处置方法是(　　)。

A. 有防雨措施并对线路经常检查，发现问题及时修复

B. 混凝土强度要满足附墙装置的要求

C. 供电线路应单独敷设，并要有足够的用电容量

D. 检查防倾装置安装是否正确，是否有效

【答案】D

【解析】处置方法为：

(1) 检查防倾装置安装是否正确，若防倾装置数量不足应根据设计加装；若防倾装置间距过小按设计要求进行调整；若防倾装置安装位置不正确，例如最高一组防倾

装置的安装高度低于架体的重心位置，应按设计要求进行调整；若防倾装置的支撑臂调整不当，应进行调整直至架体满足垂直度要求。

（2）检查防倾装置是否有效，若部件损坏，应及时更换；若防倾装置与建筑结构附着不当，应按设计要求进行安装或调整。若可滑动导向件与导轨的间隙过大，应及时调整。

57.《建筑制图标准》规定，尺寸单位除总平面图和标高以米（m）为单位外，其余均以（　　）为单位。

A. mm　　B. cm　　C. dm　　D. 英寸

【答案】A

【解析】《房屋建筑制图统一标准》GB/T50001—2017 规定，施工图上的尺寸大小应以标注的尺寸数字为准，不应在图中直接量取；尺寸单位除总平面图和标高以米（m）为单位外，其余均以毫米（mm）为单位。

58. 在竖向主框架的底部应设置水平支承，水平支承结构构造应符合下列规定（　　）。

① 桁架各杆件的轴线应相交于节点上，并宜用节点板构造连接，节点板的厚度不得小于 6mm。

② 桁架上、下弦应采用整根通长杆件，或于跨中设一拼接的刚性接头。腹杆上、下弦连接应采用焊接或螺栓连接。

③ 桁架斜腹杆宜沿受拉方向布置。

④ 架体构架的立杆底端必须放置在上弦节点各轴线的交汇处。

A. ①②③　　B. ①②④　　C. ②③④　　D. ①②③④

【答案】D

【解析】在竖向主框架的底部应设置水平支承桁架，其宽度与主框架相同，平行于墙面，其高度不宜小于 1.8m。水平支承桁架结构构造应符合下列规定：

（1）桁架各杆件的轴线应相交于节点上，并宜用节点板构造连接，节点板的厚度不得小于 6mm。

（2）桁架上、下弦应采用整根通长杆件，或设置刚性接头。腹杆上、下弦连接应采用焊接或螺栓连接。

（3）桁架与主框架连接处的斜腹杆宜设计成拉杆。

（4）架体构架的立杆底端应放置在上弦节点各轴线的交汇处。

（5）内外两片水平桁架的上弦和下弦之间应设置水平支撑杆件，各节点必须是焊接或螺栓连接。

（6）水平支撑桁架的两端与主框架的连接，可采用杆件轴线交汇于一点，且能活动的铰接点；或可将水平支承桁架放在竖向主框架的底端的桁架框中。

59. 架体结构在以下哪些部位应采取可靠的加强构造措施：（　　）。

① 与附着支承结构的连接处。

② 架体上液压爬升动力设备的设置处。

③ 架体上防坠、防倾装置的设置处。

④ 架体吊拉点设置处。

⑤ 架体平面的转角处。

⑥ 架体因碰到塔吊、施工电梯、物料平台等设施而需要断开或开洞处。

⑦ 其他有加强要求的部位。

A. ①②③④⑤　　B. ①②③④⑤⑥

C. ①②③⑤⑥⑦　　D. ①②③④⑤⑥⑦

【答案】D

60. 附墙支座设计应进行(　　)计算和(　　)验算。

A. 抗弯、抗压、抗剪、焊缝强度；稳定性（平面内外）、锚固螺栓计算和变形验算

B. 抗弯、抗压、抗剪、焊缝强度；稳定性（平面内外）计算和变形验算

C. 抗弯、抗压、焊缝强度；稳定性（平面内外）、锚固螺栓计算和变形验算

D. 抗弯、抗剪、焊缝强度；稳定性（平面内外）、锚固螺栓计算和变形验算

【答案】A

【解析】附墙支座设计应符合下列规定：

（1）每一楼层处均应设置附墙支座，而每一附墙支座均应能承受该机位范围内的全部荷载的设计值，并乘以荷载不均匀系数 2 或冲击系数 2；

（2）应进行抗弯、抗压、抗剪、焊缝、平面内外稳定性、锚固螺栓计算和变形验算。

三、多选题

1. 以下属于建筑施工图的是(　　)。

A. 建筑总平面图　B. 平面图　C. 剖面图　D. 立面图

【答案】ABCD

【解析】建筑施工图：主要表示新建建筑物的外部造型、内部各层平面布置以及细部构造、屋顶平面、内外装修和施工要求等，包括建筑总平面图、建筑物的平面图、立面图、剖面图和详图。

2. 尺寸标注由(　　)组成。

A. 尺寸线　B. 尺寸界线　C. 尺寸起止符号　D. 尺寸数字

【答案】ABCD

【解析】尺寸标注由尺寸线、尺寸界线、尺寸起止符号（45°短线或箭头）和尺寸数字组成。

3. 机械式荷载预警系统主要由(　　)组成。

A. 机械式荷载接收器　　B. 机械式荷载传感器

C. 中继站　　D. 中央自动监测显示仪

【答案】BCD

【解析】在每个电动葫芦与机位之间串联安装一个机械式荷载传感器，每四只荷载传感器为一组并联至中继站，各中继站用一根电源线与信号线合一的多芯电缆线串联至自动监测显示仪。由自动监测显示仪向中继站每秒发出一组扫描脉冲信号，并接收各中继站的反馈信号，进行监测、显示。当任意一个机位的荷载超出允许荷载的上限值，或低于允许荷载的下限值时，该机位上的荷载传感器立即向总电气控制台发出预警信号，指示异常机位的位置与异常情况的类型，切断总电源，使整体脚手架停止下降，并发出声、光报警信号。

4. 摆针式防坠器的特点是(　　)。

A. 滑移量大　　B. 滑移量小　　C. 冲击力大　　D. 冲击力小

【答案】AC

【解析】摆针式防坠落装置在架体坠落时不能立即制动，需要下落一定的距离才能起作用，属于硬性阻击坠落。当架体荷载很大时，产生的冲击力较大，容易造成限位装置损坏。

5. 附着式升降脚手架在正常使用过程中，严禁进行(　　)作业。

A. 利用架体吊运物料　　B. 在架体内推车

C. 利用架体支撑模板　　D. 利用架体做吊装点和张拉点

【答案】ABCD

【解析】附着式升降脚手架在使用过程中严禁进行下列作业：

(1) 利用架体吊运物料。

(2) 在架体上拉结吊装缆绳（索）。

(3) 在架体上推车。

(4) 任意拆除结构件或松动连结件。

(5) 拆除或移动架体上的安全防护设施。

(6) 起吊物料碰撞或扯动架体。

(7) 利用架体支顶模板。

(8) 使用中的物料平台与架体仍连接在一起。

(9) 其他影响架体安全的作业。

6. 为防止低速环链葫芦断链的处置方法有(　　)。

A. 清理链轮内的建筑垃圾　　B. 清理链轮内的混凝土

C. 加油润滑链条　　D. 经常检查

【答案】ABCD

【解析】附着式升降脚手架每次升降前应清理链轮内的建筑垃圾和混凝土，并加油润滑链条。

7. 附着式升降脚手架在下降时，应在(　　)楼面位置安装抗倾覆导向轮。

A. 第一层　　B. 第二层

C. 第三层　　D. 第四层

【答案】AC

【解析】每个机位须在相隔两层的位置安装抗倾覆导向轮，附着式升降脚手架上升时在第二层和第四层楼面位置安装抗倾覆导向轮，附着式升降脚手架下降时在第一层和第三层楼面位置安装抗倾覆导向轮。

8. 提升架体时向外倾斜的原因有(　　)。

A. 机位处抗倾覆导向轮没有安装　　B. 机位处抗倾覆导向轮安装不正确

C. 机位与建筑物之间的距离较大　　D. 倾覆导向轮向外伸出距离太大

【答案】ABCD

【解析】提升时架体向外倾斜产生原因：机位处抗倾覆导向轮没有安装或安装不正确；附着式升降脚手架机位与建筑物之间的距离较大；倾覆导向轮向外伸出距离太大或太软，抗倾覆效果较差。

9. 为避免附着式升降脚手架升降时电控柜控制开关跳闸，处置方法有(　　)。

A. 供电线路单独敷设　　B. 供电线路混合敷设

C. 供电线路保证足够的用电容量　　D. 查找漏电原因

【答案】ACD

【解析】附着式升降脚手架的供电线路应单独敷设，并要有足够的用电容量。查找漏电原因，进行处理。

10. 脚手架按搭设材料分为(　　)。

A. 钢管脚手架　　B. 木脚手架　　C. 竹脚手架　　D. 铁脚手架

【答案】ABC

【解析】按脚手架材料分：木脚手架，竹脚手架，金属（钢、铝）脚手架等。

11. 附着式升降脚手架按动力形式分为(　　)。

A. 手动葫芦式　　B. 电动葫芦式　　C. 卷扬式　　D. 液压式

【答案】ABCD

【解析】附着式升降脚手架提升用的动力设备种类很多，在建筑工程中常用的有：手拉葫芦、环链式电动葫芦、液压千斤顶、螺杆升降机、升板机、卷扬机等。由于电动葫芦使用方便、比较省力、容易控制，所以在工程中应用最多。

12. 架体结构在以下(　　)部位应采取可靠的加强构造措施。

A. 与附墙支座的连接处　　B. 架体吊拉点设置处

C. 架体平面的转角处　　　　　　　　D. 架体上提升机构的设置处

【答案】ABCD

【解析】架体结构在以下部位应采取可靠的加强构造措施：（1）与附着支承结构的连接处；（2）架体上升降机构的设置处；（3）架体上防倾、防坠装置的设置处；（4）架体吊拉点设置处；（5）架体平面的转角处；（6）架体因碰到塔吊、施工电梯、物料平台等设施而需要断开或开洞处；（7）其他有加强要求的部位。

13. 千斤顶使用注意事项有（　　）。

A. 使用前应拆洗干净

B. 使用时应放在平整坚实的地面上

C. 应存放在干燥无灰尘的地方

D. 严格按照千斤顶的额定起重量使用千斤顶

【答案】ABCD

【解析】千斤顶在使用中应注意以下事项：

（1）在使用前，应通过顶杆起落检查内部机构装配和传动的灵活性情况，检查油路是否畅通，还要检查油箱是否有足够的油量，油质是否符合要求。

（2）在使用过程中，千斤顶必须垂直安放在平整、坚实、可靠的地面上，并在其下面垫枕木、木板或钢板来扩大受压面积，以防设备滑动。

（3）千斤顶不得超负荷使用，顶升的高度不准超过活塞上的标志线。如无标志线，每次顶升量不得超过螺杆螺纹或活塞总高的3/4，以免将螺杆或活塞全部顶起。不准任意加长手柄，强迫液压千斤顶超负荷工作。

（4）顶升过程中应随构件的升高及时用枕木垫牢，应防止千斤顶顶斜或回油引起活塞突然下降。

（5）在顶升设备中途停止作业时，为防止大活塞突然下降，要进行衬垫，垫在大活塞顶端边沿与油缸上口的间隙中间。

（6）保持储油池的清洁，防止沙、灰尘等进入储油池内堵塞油路。千斤顶应放在干燥无尘土的地方，不可日晒雨淋，使用前应将其擦拭干净。

（7）液压千斤顶在落顶时，要微开油门，使其缓慢下降，应防止下降过快，以免损坏千斤顶。使用齿条式千斤顶时，在落顶时要手握摇把，缓慢地下落，防止摇把自转伤人或落顶过快造成事故。

（8）几个千斤顶联合使用时，各千斤顶应同步升降，每个千斤顶的起重能力不得小于其计算荷载的1.2倍。

14. 千斤顶的基本类型有（　　）。

A. 链条型　　B. 齿条型　　C. 螺旋式　　D. 液压式

【答案】BCD

【解析】千斤顶是一种用比较小的力就能把重物升高、降低或移动的机具，其结构简单，使用方便。千斤顶按其构造形式可分为螺旋千斤顶、液压千斤顶和齿条千斤顶，实际工程中应用广泛的是螺旋千斤顶和液压千斤顶。

15. 按组架方式，附着式升降脚手架可分为(　　)。

A. 单跨式　　B. 双跨式　　C. 多跨式　　D. 整体式

【答案】ACD

【解析】附着式升降脚手架按架体的升降方法不同，可分为单跨附着式升降脚手架、多跨附着式升降脚手架、整体附着式升降脚手架、互爬式附着式升降脚手架四种。

16. 附着式升降脚手架结构构造的尺寸应符合(　　)。

A. 架体结构高度不得大于 3 倍楼层高

B. 架体宽度不得大于 1.2m

C. 架体的水平悬挑长度不得大于 2m，且不得大于跨度的 1/2

D. 架体全高与支撑跨度的乘积不应大于 $110m^2$

【答案】BCD

【解析】附着式升降脚手架结构构造的尺寸主要包括以下规定：

(1) 架体结构高度不应大于 5 倍楼层高。

(2) 架体宽度不应大于 1.2m。

(3) 直线布置的架体支承跨度不应大于 7m，折线或曲线布置的架体相邻两主框架支承点处架体外侧距离不得大于 5.4m。

(4) 架体的水平悬挑长度不得大于 2m，且不得大于跨度的 1/2。架体全高与支承跨度的乘积不应大于 $110m^2$。

17. 脚手架的基本要求是(　　)。

A. 满足工人操作、材料堆放及运输的要求

B. 有足够的强度、刚度及稳定性

C. 有材料堆放及运输的功能

D. 造价经济

【答案】ABD

【解析】无论哪一种脚手架，必须满足以下基本要求：

(1) 满足施工的使用要求。脚手架要有足够的作业面（如：适当的宽度、步架高度、离墙距离等），以保证施工工人操作、材料堆放及运输的要求。

(2) 构架稳定、承载可靠、使用安全。脚手架要有足够的强度、刚度及稳定性，施工期间在规定的天气条件和允许荷载作用下，脚手架不变形、不摇晃、不倾斜。

(3) 脚手架的构造要简单。构造简单使搭设和拆除以及搬运方便，能多次周转使用。

（4）脚手架造价要经济。脚手架所使用的材料应因地制宜，就地取材，尽量利用自备和可租赁的脚手架材料，节省脚手架费用。

18. 脚手架按用途分为（　　）。

A. 运输脚手架　　B. 操作脚手架

C. 防护用脚手架　　D. 承重、支撑脚手架

【答案】BCD

【解析】按脚手架的用途分：操作用脚手架，防护用脚手架，承重、支撑用脚手架。

19. 吊索一般用（　　）钢丝绳制成。

A. 6×61　　B. 6×37

C. 5×61　　D. 5×37

【答案】AB

【解析】钢丝绳的规格，应根据不同的用途来选择。如作用起吊重物或穿绕滑轮用的钢丝绳，可选用 6×37、6×61 规格的钢丝绳；用作缆绳或牵引绳用的钢丝绳，可选择 6×19 规格的钢丝绳。

20. 附着支承结构的构造应符合（　　）。

A. 竖向主框架所覆盖的每个楼层处应设置一道附墙支座

B. 附墙支座支承在建筑物上连接处混凝土的强度应符合设计要求且不能小于 C10

C. 架体悬臂高度不得大于架体高度的 2/5，且不得大于 6m

D. 架体外立面必须沿全高设置剪刀撑

【答案】ABCD

【解析】附着支承结构的构造应符合竖向主框架所覆盖的每个楼层处应设置一道附墙支座；附墙支座支承在建筑物上连接处混凝土的强度应符合设计要求且不能小于 C10；架体悬臂高度不得大于架体高度的 2/5，且不得大于 6m；架体外立面必须沿全高设置剪刀撑等。

21. 液压系统的主要元件是（　　）。

A. 动力元件　　B. 执行元件　　C. 传导元件　　D. 控制元件

【答案】ABD

【解析】一个液压传动系统主要由动力元件、执行元件、控制元件、辅助元件和工作液体组成。

22. 螺栓连接主要有（　　）。

A. 弹性螺栓连接　　B. 普通螺栓连接　　C. 塑性螺栓连接　　D. 高强螺栓连接

【答案】BD

【解析】螺栓连接是一种广泛使用的可拆卸的固定连接，具有结构简单、连接可靠、装拆方便等优点。螺栓连接又可分为普通螺栓连接和高强度螺栓连接。

23. 下列属于建筑施工特种作业的（　　）。

A. 建筑电工作业　　B. 建筑架子工作业

C. 建筑起重信号司索作业　　D. 建筑起重机械司机作业

E. 高处作业吊篮安装拆卸作业

【答案】ABCDE

【解析】建筑施工特种作业包括：（1）建筑电工；（2）建筑架子工；（3）建筑起重信号司索工；（4）建筑起重机械司机；（5）建筑起重机械安装拆卸工；（6）高处作业吊篮安装拆卸工；（7）经省级以上人民政府建设主管部门认定的其他特种作业。

24. 建筑施工特种作业人员在资格证书有效期内，有下列情形之一的，延期复核结果为不合格（　　）。

A. 超过相应工种规定年龄要求的

B. 身体健康状况不再适应相应特种作业岗位的

C. 对生产安全事故负有责任的

D. 两年内违章操作记录到 3 次以上的

E. 未按规定参加年度安全教育培训或者继续教育的

【答案】ABCDE

【解析】建筑施工特种作业人员在资格证书有效期内，有下列情形之一的，延期复核结果为不合格：（1）超过相关工种规定年龄要求的；（2）身体健康状况不再适应相应特种作业岗位的；（3）对生产安全事故负有责任的；（4）2 年内违章操作记录达 3 次（含 3 次）以上的；（5）未按规定参加年度安全教育培训或者继续教育的；（6）考核发证机关规定的其他情形。

四、案例题

案例一：某工程的脚手架的附着高度在 17 层至 19 层，此脚手架附着支撑形式为“吊拉式”，随脚手架的升降，其斜拉杆的悬吊位置也需随之进行改变。当作业人员将 1 号主框架拉杆逐渐拆除到 5 号主框架时，脚手架主框架便从 1 号主框架依次向 5 号主框架倒塌过来，造成 4 名作业人员随脚手架坠落死亡。经检查该附着式升降脚手架的附墙支架及吊环经改造加长后，焊缝未达到设计和规范要求，且该脚手架上铺设了 7 层脚手板，作业人员随意上下。请回答以下问题：

（1）判断题

1）吊拉式附着式升降脚手架的提升属于中心提升，在升降过程中外倾力矩比较小，对架体的抗倾覆有利。

【答案】正确

2）脚手架属侧向支撑结构，架体荷载通过主框架、斜拉杆及附墙架传给建筑结构。

【答案】正确

（2）单选题

1）吊拉式附着式升降脚手架升降原理排序正确的是（　　）

① 启动升降机构，架体在上下两道防倾覆装置的限制下，沿着建筑物外墙面升降。

② 如需再升降一层，将升降机构、提升挑梁和上拉杆一起转移到下一层，并与建筑物主体结构连接。

③ 架体提升前，安装好升降机构和上下两道防倾覆装置，拆除架体附墙拉结杆，拆除下拉杆与建筑物之间的连接，准备进行提升。

④ 架体升降至预定位置后，安装好下拉杆及每层楼面的附墙拉结杆，架体成为固定状态，架体的垂直荷载又转由下拉杆承受。

A. ①②③④　　B. ③①④②　　C. ②④①③　　D. ②③①④

【答案】B

2）该事故发生的技术方面原因分析合理的是（　　）

① 在改变斜拉杆位置时，作业人员应该先进行一榀主框架拉杆拆除，并按新位置将附墙支架固定后，才能进行另一榀主框架的拆除和固定。

② 作业人员采取了将数榀主框架附墙架同时拆除的方法，使脚手架支撑点明显减少，造成架体失稳倒塌。

③ 焊缝未达到设计和规范要求，未经检查确认就盲目使用，受力后导致破坏，使脚手架失去支撑坍塌。

④ 附着式升降脚手架质量不符合要求。

A. ①②③　　B. ①②④　　C. ②③④　　D. ①②③④

【答案】D

（3）多选题

该事故的管理方面原因分析合理的是（　　）

A. 该脚手架在极端恶劣天气下违规工作，现场管理人员未及时制止

B. 现场实时监控人员未履行责任，没有及时监控脚手架安全状态

C. 该脚手架没有严格执行交接验收，致使作业人员随意上下，在脚手架没有足够的附着支撑情况下安排人员上架作业，导致脚手架失稳

D. 脚手架在进行装修作业时，规定同时作业不得超过 3 层，而该脚手架上铺设了 7 层脚手板，作业层数严重超标

【答案】BCD

案例二：2012 年某月某日，某建设工地发生附着式升降脚手架坠落事故，造成 10 人死亡、2 人受伤，是该省首次发生的房屋建筑施工重大安全生产事故。据相关专家分析，作业人员违规、违章使用电动葫芦是造成该起事故发生的主要原因。请回答以下问题：

（1）判断题

1）电动葫芦附着式升降脚手架运行平稳，制动灵敏可靠，但不适用群体使用时的电控操作。

【答案】错误

2）在升降过程中，电动葫芦应用塑料薄膜包封，防止水和杂物落在其上面；操作人员应随时观察电动葫芦的使用状况，以便发现问题及时处理，严禁非专业人员拆卸修理。

【答案】正确

（2）单选题

1）该事故发生的技术方面原因是（　　）。

① 附着式脚手架在准备下降时，应先悬挂电动葫芦，然后撤离架体上的人员，最后拆除定位承力构件，方可进行下降。

② 架体本身安装的防坠落装置未能有效起作用，在架体一断开处下坠后，由于不能及时制动，导致连锁反应，架体坠落。

③ 操作过程中未能撤清架体上人员的情况下就直接进行脚手架下降作业。

A. ①②③　　B. ①②　　C. ②③　　D. ①③

【答案】A

2）下列不属于电动式附着式升降脚手架电动葫芦的使用注意事项的是（　　）。

A. 外接电源必须符合说明书要求

B. 起吊时严禁人员在重物下做任何工作或行走

C. 可以在扭转、打结的情况下使用

D. 严禁超载使用

【答案】C

（3）多选题

下列发生该事故发生的管理方面原因合理的是（　　）。

A. 租赁单位资质存在挂靠、违法分包等现象

B. 为了节约成本，电动葫芦配置数量不够

C. 电动葫芦安装不到位情况未能及时处理，施工现场管理混乱

D. 现场技术人员培训不到位，未能按照操作规程操作

【答案】ABCD

案例三：2018 年某月，某城市商住楼工地单元架体在下运行过程中，由于一个机位防坠器故障卡阻了导轨，造成架体下运行过程中架体严重变形，导致结构件损坏无法使用，只得做拆除处理。请回答以下问题：

（1）判断题

1）钢吊杆式的防坠器是依靠钢吊杆的运行速度触发的。

【答案】正确

2）转轮式防坠器是靠架体运行路程触发，一般靠弹簧或转轮自重复位。

【答案】错误

（2）单选题

1）该事故发生的技术方面原因分析合理的是（　　）

① 防坠器构件设计不合理，防坠器在下运行过程中容易失效。

② 架体防坠器长期没有进行维护保养，导致不能正常工作。

③ 同步荷载控制系统对失载和超载情况不能及时报警。

④ 同步荷载控制系统不能在失载和超载情况下自动停机。

A. ①②③　　B. ①②③④　　C. ②③④　　D. ①②④

【答案】B

2）下列哪项不属于该事故发生的管理方面原因（　　）

A. 在运行过程中现场监督不到位，运行时操作人员配备不足

B. 操作人员责任心不强，导致巡查不到位，出现问题不能及时发现

C. 现场管理人员对架体关键部位检查不严或检查出问题后不能及时采取有效处理措施

D. 安全意识薄弱，对工人监管不严，没有严格执行安全技术交底制度

E. 使用单位、监理单位在运行过程中派人进行旁站监督

【答案】E

（3）多选题

该事故给我们的教训和警示主要有（　　）

A. 脚手架施工单位必须严格按照施工方案和操作规程进行施工，制定合理的检查制度，对架体安全装置定期检查和保养，发现问题及时整改，消除安全隐患

B. 严格执行安全技术交底制度，确保架体安全装置齐全有效，确保架体各结构件正常

C. 脚手架使用单位必须严格监督脚手架施工单位严格落实安全专项施工方案，认真履行各项安全制度，对架体结构进行仔细检查，核实脚手架型式、构配件等是否与鉴定产品一致

D. 在架体搭拆、升降作业时派专人监督，在架体使用和运行前严格落实检查制度并旁站监督

【答案】ABCD

案例四：2019 年 3 月某工程工地发生一起附着式升降脚手架坍塌事故，致多人死伤。施工中，其违规采用钢丝绳替代爬架提升支座，人为拆除爬架所有防坠器防倾覆装置，并拔掉同步控制装置信号线，在架体邻近吊点荷载增大，引起局部损坏时，架

体失去超载保护和停机功能，产生连锁反应，造成架体整体坠落，是事故发生的直接原因。作业人员违规在下降的架体上作业和在落地架上交叉作业是导致事故后果扩大的直接原因。

（1）判断题

1）钢丝绳的强度足以替代爬架提升支座。

【答案】错误

2）防坠器和防倾覆装置在施工过程中可视情况进行拆除。

【答案】错误

（2）单选题

1）防止附着式升降脚手架荷载控制器失灵的处置方法是（　　）。

A. 有防雨措施并对线路经常检查，发现问题及时修复

B. 混凝土强度要满足附墙装置的要求

C. 供电线路应单独敷设，并要有足够的用电容量

D. 检查防倾装置安装是否正确，是否有效

【答案】A

2）为使附着式升降脚手架能够水平均匀升降，要设置同步控制装置，严格控制升降过程中的（　　）和（　　），防止出现因偏斜受力超载而坠落事故。

A. 同步性；水平度

B. 水平度；垂直度

C. 精准度；垂直度

D. 水平度；稳定性

【答案】A

3）下列说法不正确的是（　　）。

A. 监督部门应加强脚手架产品的动态管理，保证产品不出问题

B. 生产厂家应严格按规范进行生产

C. 施工单位应加强有关技术人员的培训

D. 施工单位可以用“没出事”“没死人”作为自己管理没有问题的理由

【答案】D

（3）多选题

该事故发生的管理方面原因是（　　）。

A. 项目管理混乱

B. 违章指挥

C. 工程项目存在挂靠、违法分包和架子工持假证等问题

D. 工程监理不到位

E. 监管责任落实不力

【答案】ABCDE

参 考 文 献

[1] 《建筑施工安全检查标准》JGJ 59—2011

[2] 《建筑施工工具式脚手架安全技术规范》JGJ 202—2010

[3] 《建筑施工升降设备设施检验标准》JGJ 305—2013

[4] 胡曙海．附着式升降脚手架的工程应用研究[J]. 国外建材科技，2006.

[5] 谢永超．附着式升降脚手架在超高层建筑施工中的应用[J]. 施工技术，2006.

[6] 岳伟保，赵守方．建筑施工附着式升降脚手架的设计计算分析[J]. 山西建筑，2006.

[7] 张强．附着式升降脚手架的监理研究[J]. 山西建筑，2009.

[8] 姚兴国，丁阳华，郭正兴．两起电动整体升降脚手架坠落事故的分析与思考[J]. 建筑施工，1998.

[9] 胡曙海．附着式升降脚手架技术与管理研究[D]. 武汉：武汉理工大学，2005.

[10] 李海军．高层建筑附着式升降脚手架施工技术[J]. 中外建筑，2011.

[11] 冯光灿．高层建筑附着式升降脚手架施工技术探讨[J]. 四川建筑科学研究，2012.

[12] 岳峰，李国强．高层建筑施工附着整体升降钢管脚手架[M]. 上海：同济大学出版社，2007.

[13] 任彦斌，张鸿文．建筑架子工(附着式升降脚手架)[M]. 北京：中国劳动社会保障出版社，2011.

[14] 吴兴国，吴志平．架子工[M]. 北京：中国环境科学出版社，2006.

[15] 《建筑施工高处作业安全技术规范》JGJ 80—2016

[16] 李继业，黄延麟．脚手架基础知识与施工技术[M]. 北京：中国建材工业出版社，2012.

[17] 叶刚．架子工实用技术手册[M]. 北京：金盾出版社，2016.

[18] 高原．架子工[M]. 北京：中国计划出版社，2017.

[19] 任莉莉．架子工基本技能[M]. 北京：中国林业出版社，2009.